面向新工科专业建设计算机系列教材

Flink编程基础

（Scala版）

林子雨　陶继平◎编著

清華大学出版社
北京

内 容 简 介

本书以 Scala 作为开发 Flink 应用程序的编程语言，系统地介绍了 Flink 编程的基础知识。全书共 8 章，内容包括大数据技术概述、Scala 语言基础、Flink 的设计与运行原理、Flink 环境搭建和使用方法、DataStream API、DataSet API、Table API&SQL、FlinkCEP。本书主要章节都安排了入门级的编程实践操作，以便读者更好地学习和掌握 Flink 编程方法。本书官网免费提供了全套的在线教学资源，包括讲义 PPT、习题、源代码、软件、数据集、授课视频、上机实验指南等。

本书可作为高等院校大数据、计算机、软件工程等专业的进阶级"大数据"课程教材，用于指导 Flink 编程实践，也可供相关技术人员参考。

图书在版编目(CIP)数据

Flink 编程基础：Scala 版/林子雨，陶继平编著.—北京：清华大学出版社，2021.7
面向新工科专业建设计算机系列教材
ISBN 978-7-302-58367-7

Ⅰ.①F… Ⅱ.①林… ②陶… Ⅲ.①数据处理软件－高等学校－教材 Ⅳ.①TP274

中国版本图书馆 CIP 数据核字(2021)第 111154 号

责任编辑： 白立军 杨 帆
封面设计： 刘 乾
责任校对： 胡伟民
责任印制： 沈 露

出版发行： 清华大学出版社
网 址： http://www.tup.com.cn，http://www.wqbook.com
地 址： 北京清华大学学研大厦 A 座 **邮 编：** 100084
社 总 机： 010-62770175 **邮 购：** 010-83470235
投稿与读者服务： 010-62776969，c-service@tup.tsinghua.edu.cn
质量反馈： 010-62772015，zhiliang@tup.tsinghua.edu.cn
课件下载： http://www.tup.com.cn，010-83470236
印 装 者： 三河市龙大印装有限公司
经 销： 全国新华书店
开 本： 185mm×260mm **印 张：** 20.75 **字 数：** 518 千字
版 次： 2021 年 9 月第 1 版 **印 次：** 2021 年 9 月第 1 次印刷
定 价： 69.80 元

产品编号：091658-01

出版说明

一、系列教材背景

人类已经进入智能时代,云计算、大数据、物联网、人工智能、机器人、量子计算等是这个时代最重要的技术热点。为了适应和满足时代发展对人才培养的需要,2017 年 2 月以来,教育部积极推进新工科建设,先后形成了"复旦共识""天大行动"和"北京指南",并发布了《教育部高等教育司关于开展新工科研究与实践的通知》《教育部办公厅关于推荐新工科研究与实践项目的通知》,全力探索形成领跑全球工程教育的中国模式、中国经验,助力高等教育强国建设。新工科有两个内涵:一是新的工科专业;二是传统工科专业的新需求。新工科建设将促进一批新专业的发展,这批新专业有的是依托于现有计算机类专业派生、扩展而成的,有的是多个专业有机整合而成的。由计算机类专业派生、扩展形成的新工科专业有计算机科学与技术、软件工程、网络工程、物联网工程、信息管理与信息系统、数据科学与大数据技术等。由计算机类学科交叉融合形成的新工科专业有网络空间安全、人工智能、机器人工程、数字媒体技术、智能科学与技术等。

在新工科建设的"九个一批"中,明确提出"建设一批体现产业和技术最新发展的新课程""建设一批产业急需的新兴工科专业"。新课程和新专业的持续建设,都需要以适应新工科教育的教材作为支撑。由于各个专业之间的课程相互交叉,但是又不能相互包含,所以在选题方向上,既考虑由计算机类专业派生、扩展形成的新工科专业的选题,又考虑由计算机类专业交叉融合形成的新工科专业的选题,特别是网络空间安全专业、智能科学与技术专业的选题。基于此,清华大学出版社计划出版"面向新工科专业建设计算机系列教材"。

二、教材定位

教材使用对象为"211 工程"高校或同等水平及以上高校计算机类专业及相关专业学生。

三、教材编写原则

(1) 借鉴 *Computer Science Curricula* 2013(以下简称 CS2013)。CS2013 的核心知识领域包括算法与复杂度、体系结构与组织、计算科学、离散结构、图形学与可视化、人机交互、信息保障与安全、信息管理、智能系统、网络与通信、操作系统、基于平台的开发、并行与分布式计算、程序设计语言、软件开发基础、软件工程、系统基础、社会问题与专业实践等内容。

(2) 处理好理论与技能培养的关系,注重理论与实践相结合,加强对学生思维方式的训练和计算思维的培养。计算机专业学生能力的培养特别强调理论学习、计算思维培养和实践训练。本系列教材以"重视理论,加强计算思维培养,突出案例和实践应用"为主要目标。

(3) 为便于教学,在纸质教材的基础上,融合多种形式的教学辅助材料。每本教材可以有主教材、教师用书、习题解答、实验指导等。特别是在数字资源建设方面,可以结合当前出版融合的趋势,做好立体化教材建设,可考虑加上微课、微视频、二维码、MOOC 等扩展资源。

四、教材特点

1. 满足新工科专业建设的需要

系列教材涵盖计算机科学与技术、软件工程、物联网工程、数据科学与大数据技术、网络空间安全、人工智能等专业的课程。

2. 案例体现传统工科专业的新需求

编写时,以案例驱动,任务引导,特别是有一些新应用场景的案例。

3. 循序渐进,内容全面

讲解基础知识和实用案例时,由简单到复杂,循序渐进,系统讲解。

4. 资源丰富,立体化建设

除了教学课件外,还可以提供教学大纲、教学计划、微视频等扩展资源,以方便教学。

五、优先出版

1. 精品课程配套教材

主要包括国家级或省级的精品课程和精品资源共享课的配套教材。

2. 传统优秀改版教材

对于已经出版、得到市场认可的优秀教材,由于新技术的发展,计划给图书配上新的教学形式、教学资源的改版教材。

3. 前沿技术与热点教材

反映计算机前沿和当前热点的相关教材，例如云计算、大数据、人工智能、物联网、网络空间安全等方面的教材。

六、联系方式

联系人：白立军

联系电话：010-83470179

联系和投稿邮箱：bailj@tup.tsinghua.edu.cn

面向新工科专业建设计算机系列教材编委会

2019年6月

面向新工科专业建设计算机系列教材编委会

数据科学与大数据技术专业核心教材体系建设——建议使用时间

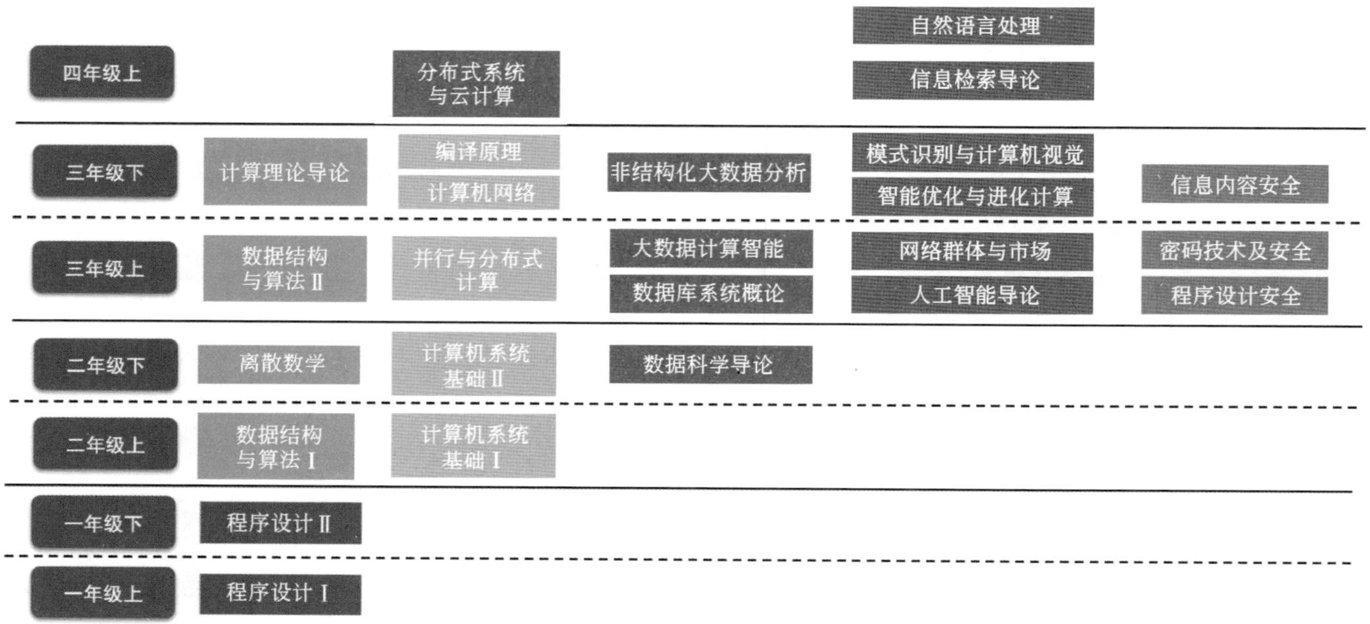

四年级上		分布式系统与云计算		自然语言处理 信息检索导论	
三年级下	计算理论导论	编译原理 计算机网络	非结构化大数据分析	模式识别与计算机视觉 智能优化与进化计算	信息内容安全
三年级上	数据结构与算法Ⅱ	并行与分布式计算	大数据计算智能 数据库系统概论	网络群体与市场 人工智能导论	密码技术及安全 程序设计安全
二年级下	离散数学	计算机系统基础Ⅱ	数据科学导论		
二年级上	数据结构与算法Ⅰ	计算机系统基础Ⅰ			
一年级下	程序设计Ⅱ				
一年级上	程序设计Ⅰ				

FOREWORD

前言

大数据技术正处于快速发展之中，不断有新的技术涌现，Hadoop和Spark等技术成为其中的佼佼者。在Spark流行之前，Hadoop俨然已成为大数据技术的事实标准，在企业中得到了广泛的应用，但其本身还存在诸多缺陷，最主要的缺陷是MapReduce计算模型延迟过高，无法胜任实时、快速计算的需求，因而只适用离线批处理的应用场景。Spark在设计上充分吸收和借鉴了MapReduce的精髓并加以改进，同时，采用了先进的DAG执行引擎，以支持循环数据流与内存计算，因此，在性能上比MapReduce有了大幅度的提升，迅速获得了学界和业界的广泛关注。作为大数据计算平台的后起之秀，Spark在2014年打破了Hadoop保持的基准排序纪录，此后逐渐发展成为大数据领域最热门的大数据计算平台之一。

但是，Spark的短板在于无法满足毫秒级别的企业实时数据分析需求。Spark的流计算组件Spark Streaming的核心思路是将流数据分解成一系列短小的批处理作业，每个短小的批处理作业都可以使用Spark Core进行快速处理。但是，Spark Streaming在实现高吞吐和容错性的同时，却牺牲了低延迟和实时处理能力，最快只能满足秒级的实时计算需求，无法满足毫秒级的实时计算需求。由于Spark Streaming组件的延迟较高，最快响应时间都要在秒级，无法满足一些需要更快响应时间的企业应用的需求，所以，Spark社区又推出了Structured Streaming。Structured Streaming是一种基于Spark SQL引擎构建的、可扩展且容错的流处理引擎。Structured Streaming包括微批处理和持续处理两种处理模型。采用微批处理时，最快响应时间需要100ms，无法支持毫秒级别响应。采用持续处理模型时，可以支持毫秒级别响应，但是，只能做到"至少一次"一致性，无法做到"精确一次"一致性。

因此，市场需要一款能够实现毫秒级别响应并且支持"精确一次"一致性的、高吞吐、高性能的流计算框架，而Flink是当前唯一能够满足上述要求的产品，它正在成为大数据领域流处理的标配组件。

笔者带领的厦门大学计算机科学系数据库实验室团队，是国内高校较早从事大数据教学的团队之一。在写本书之前，我们已经做了大量前期的相关工作。从2013年至今，已经出版了8本大数据教材，内容涵盖导论课、入门课、进阶课和实训课，包括《大数据导论(通识课版)》(用于开设全校公共选修课)、《大数据导论》(用于开设大数据专业导论课)、《大数据技术原理与应用》(用于开设入门级大数据专业课)、《大数据基础编程、实验和案例教程》(用于开设入门级大数据专业课)、《Spark 编程基础(Scala 版)》(用于开设进阶级大数据专业课)、《Spark 编程基础(Python 版)》(用于开设进阶级大数据专业课)、《大数据实训案例之电影推荐系统(Scala 版)》(用于开设大数据实训课程)和《大数据实训案例之电信用户行为分析(Scala 版)》(用于开设大数据实训课程)。这些教材已经在国内高校得到了广泛使用,其中,《大数据技术原理与应用》教材的销量已经突破了 15 万册,得到了广大一线教师的高度认可和好评。学习 Flink 需要有一定的大数据基础知识,因此,建议读者在学习本书之前,先学习《大数据技术原理与应用》。为了帮助读者更好地学习本书,我们为教材配套建设了"高校大数据课程公共服务平台",截至目前,平台累计访问量已经突破 1000 万,在全国高校形成了广泛的影响力,并荣获"2018 年厦门大学教学成果特等奖"和"2018 年福建省教学成果二等奖"。为了帮助高校教师更好地教授大数据课程,我们每年都举办大数据师资培训交流班,目前已经累计为全国 400 多所高校培养了 600 余位大数据教师。上述所有工作,使笔者对于撰写一本优秀的 Flink 教材有了更深的认识和更强的信心。

本书共 8 章,详细介绍了 Flink 的环境搭建和基础编程方法。第 1 章介绍大数据技术,帮助读者形成对大数据技术的总体性认识以及 Flink 在其中所扮演的角色;第 2 章介绍 Scala 语言基础知识,为学习基于 Scala 语言的 Flink 编程奠定基础;第 3 章介绍 Flink 的设计与运行原理;第 4 章介绍 Flink 环境搭建和使用方法,为开展 Flink 编程实践铺平道路;第 5 章介绍 DataStream API,包括 DataStream 编程模型、窗口的划分、时间概念、窗口计算、水位线、状态编程;第 6 章介绍 DataSet API,包括 DataSet 编程模型、数据源、数据转换、数据输出、迭代计算和广播变量;第 7 章介绍 Table API&SQL,包括编程模型、Flink Table API、Flink SQL 和自定义函数;第 8 章介绍 FlinkCEP,包括 Pattern API 和模式的检测等。

本书面向高校大数据、计算机、软件工程等专业的学生,可以作为专业必修课或选修课教材。本书由林子雨和陶继平执笔,其中,林子雨负责书稿规划、统稿、校对和在线资源创作,并撰写第 1、3、4、5、6、7、8 章的内容,陶继平负责撰写第 2 章的内容。

在本书的撰写过程中,厦门大学计算机科学系硕士研究生郑宛玉、陈杰祥、陈绍纬、周伟敬、阮敏朝、刘官山和黄连福等做了大量辅助性工作,在此,向这些同学的辛勤工作表示衷心的感谢。同时,感谢夏小云老师在书稿校对过程中的辛勤付出。

本书官方网站免费提供了全部配套资源的在线浏览和下载,并接受错误反馈和发布勘误信息。同时,Flink 作为大数据进阶课程,在学习过程中会涉及大量相关的大数据基础知识以及各种大数据软件的安装和使用方法,因此,推荐读者访问厦门大学数据库实验室建设的国内高校首个大数据课程公共服务平台,来获得必要的辅助学习内容。

在本书的撰写过程中,参考了大量网络资料和相关书籍,对 Flink 技术进行了系统梳理,有选择性地把一些重要知识纳入本书。由于笔者能力有限,本书难免存在不足之处,望广大读者不吝赐教。

林子雨
厦门大学计算机科学系数据库实验室
2021 年 6 月

CONTENTS

目录

第1章

大数据技术概述

大数据时代的来临，给各行各业带来了深刻变革。大数据像能源、原材料一样，已经成为提升国家和企业竞争力的关键要素，被称为“未来的新石油”。正如电力技术的应用引发了生产模式的变革一样，基于互联网技术而发展起来的大数据应用，将会对人们的生产和生活产生颠覆性影响。

本章首先介绍大数据概念与关键技术，其次重点介绍有代表性的大数据技术，包括 Hadoop、Spark、Flink、Beam，最后探讨本教程编程语言的选择，并给出与本教程配套的相关在线资源。

1.1 大数据概念与关键技术

随着大数据时代的到来，“大数据”已经成为互联网信息技术行业的流行词汇。本节介绍大数据概念与关键技术。

1.1.1 大数据概念

关于“什么是大数据”这个问题，学界和业界比较认可关于大数据的 4V 说法。大数据的 4V，或者说是大数据的 4 个特点：数据量大(Volume)、数据类型繁多(Variety)、处理速度快(Velocity)和价值密度低(Value)。

(1) 数据量大。根据著名咨询机构 IDC(Internet Data Center)做出的估测，人类社会产生的数据一直都在以每年 50%的速度增长，也就是说，每两年就增加一倍，这被称为“大数据摩尔定律”。这意味着，人类在最近两年产生的数据量相当于之前产生的全部数据量之和。2020 年，全球总共拥有约 44 ZB 的数据量，与 2010 年相比，数据量增长近 40 倍。

(2) 数据类型繁多。大数据的数据类型丰富，包括结构化数据和非结构化数据，其中，前者占 10%左右，主要是指存储在关系数据库中的数据；后者占 90%左右，种类繁多，主要包括邮件、音频、视频、微信、微博、位置信息、链接信息、手机呼叫信息、网络日志等。

(3) 处理速度快。大数据时代的很多应用，都需要基于快速生成的数据给出实时分析结果，用于指导生产和生活实践。因此，数据处理和分析的速度通常要达到秒级响应，这一点和传统的数据挖掘技术有着本质的不同，后者通常不要求给出实时分析结果。

(4) 价值密度低。大数据价值密度却远远低于传统关系数据库中已经有的那些数据,在大数据时代,很多有价值的信息都是分散在海量数据中的。

1.1.2 大数据关键技术

大数据的基本处理流程,主要包括数据采集、存储管理、处理分析、结果呈现等环节。因此,从数据分析全流程的角度,大数据技术主要包括数据采集与预处理、数据存储和管理、数据处理与分析、数据可视化、数据安全和隐私保护等 5 个层面的内容(具体见表 1-1)。

表 1-1 大数据技术的不同层面及其功能

技术层面	功 能
数据采集与预处理	利用 ETL(Extraction-Transformation-Loading)工具将分布的、异构数据源中的数据,如关系数据、平面数据文件等,抽取到临时中间层后进行清洗、转换、集成,最后加载到数据仓库或数据集市中,成为联机分析处理、数据挖掘的基础;也可以利用日志采集工具(如 Flume、Kafka 等)把实时采集的数据作为流计算系统的输入,进行实时处理分析
数据存储和管理	利用分布式文件系统、数据仓库、关系数据库、NoSQL 数据库、云数据库等,实现对结构化、半结构化和非结构化海量数据的存储和管理
数据处理与分析	利用分布式并行编程模型和计算框架(如 MapReduce、Spark 和 Flink 等),结合机器学习和数据挖掘算法,实现对海量数据的处理和分析
数据可视化	对分析结果进行可视化呈现,帮助人们更好地理解数据、分析数据
数据安全和隐私保护	在从大数据中挖掘潜在的巨大商业价值和学术价值的同时,构建隐私数据保护体系和数据安全体系,有效保护个人隐私和数据安全

此外,大数据技术及其代表性软件种类繁多,不同的技术都有其适用和不适用的场景。总体而言,不同的企业应用场景,都对应着不同的大数据计算模式,根据不同的大数据计算模式,可以选择相应的大数据计算产品,具体如表 1-2 所示。

表 1-2 大数据计算模式及其代表产品

大数据计算模式	解 决 问 题	代 表 产 品
批处理计算	针对大规模数据的批量处理	MapReduce、Spark 等
流计算	针对流数据的实时计算	Flink、Storm、Spark Streaming、S4、Flume、Streams、Puma、DStream、Super Mario、银河流数据处理平台等
图计算	针对大规模图结构数据的处理	Pregel、GraphX、Giraph、PowerGraph、Hama、GoldenOrb 等
查询分析计算	大规模数据的存储管理和查询分析	Dremel、Hive、Cassandra、Impala 等

批处理计算主要解决针对大规模数据的批量处理,也是我们日常数据分析工作中非常常见的一类数据处理需求。例如,爬虫程序把大量网页抓取过来存储到数据库中以后,可以使用 MapReduce 对这些网页数据进行批量处理,生成索引,加快搜索引擎的查询速度。代表性的批处理框架包括 MapReduce、Spark 等。

流计算主要是实时处理来自不同数据源的、连续到达的流数据，经过实时分析处理，给出有价值的分析结果。例如，用户在访问淘宝网等电子商务网站时，用户在网页中的每次点击的相关信息(如选取了什么商品)都会像水流一样实时传播到大数据分析平台，平台采用流计算技术对这些数据进行实时处理分析，构建用户“画像”，为其推荐可能感兴趣的其他相关商品。代表性的流计算框架包括 Flink 和 Storm 等。Storm 是一个免费、开源的分布式实时计算系统，Storm 对于实时计算的意义类似于 Hadoop 对于批处理的意义，Storm 可以简单、高效、可靠地处理流数据，并支持多种编程语言。Storm 框架可以方便地与数据库系统进行整合，从而开发出强大的实时计算系统。Storm 可用于许多领域中，如实时分析、在线机器学习、持续计算、远程 RPC、数据提取加载转换等。由于 Storm 具有可扩展、高容错性、能可靠地处理消息等特点，目前它已经广泛应用于流计算中。

在大数据时代，许多大数据都是以大规模图或网络的形式呈现，如社交网络、传染病传播途径、交通事故对路网的影响等，此外，许多非图结构的大数据，也常常会被转换为图模型后再进行处理分析。图计算软件是专门针对图结构数据开发的，在处理大规模图结构数据时可以获得很好的性能。谷歌公司的 Pregel 是一种基于 BSP 模型实现的图计算框架。为了解决大型图的分布式计算问题，Pregel 搭建了一套可扩展的、有容错机制的平台，该平台提供了一套非常灵活的应用程序接口(Application Programming Interface，API)，可以描述各种各样的图计算。Pregel 作为分布式图计算的计算框架，主要用于图遍历、最短路径、PageRank 计算等。

查询分析计算也是一种在企业中常见的应用场景，主要是面向大规模数据的存储管理和查询分析，用户一般只需要输入查询语句(如 SQL)，就可以快速得到相关的查询结果。典型的查询分析计算产品包括 Dremel、Hive、Cassandra、Impala 等。其中，Dremel 是一种可扩展的、交互式的实时查询系统，用于只读嵌套数据的分析。通过结合多级树状执行过程和列式数据结构，它能做到几秒内完成对万亿个表的聚合查询。系统可以扩展到成千上万的 CPU 上，满足谷歌公司上万用户操作 PB 级的数据，并且可以在 2～3s 完成 PB 级别数据的查询。Hive 是一个构建于 Hadoop 顶层的数据仓库工具，允许用户输入 SQL 语句进行查询。Hive 在某种程度上可以看作用户编程接口，其本身并不存储和处理数据，而是依赖 HDFS 来存储数据，依赖 MapReduce 来处理数据。Hive 作为现有比较流行的数据仓库分析工具之一，得到了广泛的应用，但是由于 Hive 采用 MapReduce 来完成批量数据处理，因此，实时性不好，查询延迟较高。Impala 作为新一代开源大数据分析引擎，支持实时计算，它提供了与 Hive 类似的功能，通过 SQL 语句能查询存储在 Hadoop 的 HDFS 和 HBase 上的 PB 级别海量数据，并在性能上比 Hive 高出 3～30 倍。

1.2 代表性大数据技术

大数据技术的发展步伐很快，不断有新的技术涌现，这里着重介绍几种目前市场上具有代表性的一些大数据技术，包括 Hadoop、Spark、Flink、Beam 等。

1.2.1 Hadoop

Hadoop 是 Apache 软件基金会旗下的一个开源分布式计算平台,为用户提供了系统底层细节透明的分布式计算架构。Hadoop 是基于 Java 语言开发的,具有很好的跨平台特性,并且可以部署在廉价的计算机集群中。Hadoop 的核心是 Hadoop 分布式文件系统(Hadoop Distributed File System,HDFS)和 MapReduce。借助于 Hadoop,程序员可以轻松地编写分布式并行程序,将其运行在廉价的计算机集群上,完成海量数据的存储与计算。经过多年的发展,Hadoop 生态系统不断完善和成熟,目前已经包含多个子项目(见图 1-1)。除了核心的 HDFS 和 MapReduce 以外,Hadoop 生态系统还包括 YARN、Zookeeper、HBase、Hive、Pig、Mahout、Sqoop、Flume、Ambari 等功能组件。

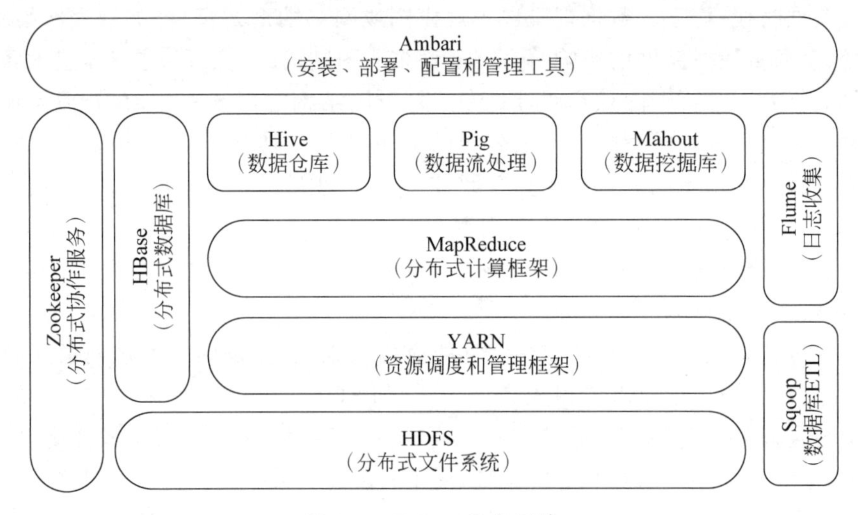

图 1-1 Hadoop 生态系统

这里简要介绍一下这些组件的功能,要了解 Hadoop 的更多细节内容,可以访问本书官网,学习《大数据技术原理与应用》在线视频的内容。

1. HDFS

HDFS 是针对谷歌文件系统(Google File System,GFS)的开源实现,它是 Hadoop 两大核心组成部分之一,提供了在廉价服务器集群中进行大规模分布式文件存储的能力。HDFS 具有很好的容错能力,并且兼容廉价的硬件设备,因此,可以以较低的成本利用现有机器实现大流量和大数据量的读写。

HDFS 采用了主从(Master/Slave)结构模型,一个 HDFS 集群包括一个名称节点和若干数据节点(见图 1-2)。名称节点作为中心服务器,负责管理文件系统的命名空间及客户端对文件的访问。集群中的数据节点一般是一个节点运行一个数据节点进程,负责处理文件系统客户端的读写请求,在名称节点的统一调度下进行数据块的创建、删除和复制等操作。

用户在使用 HDFS 时,仍然可以像在普通文件系统中那样,使用文件名存储和访问

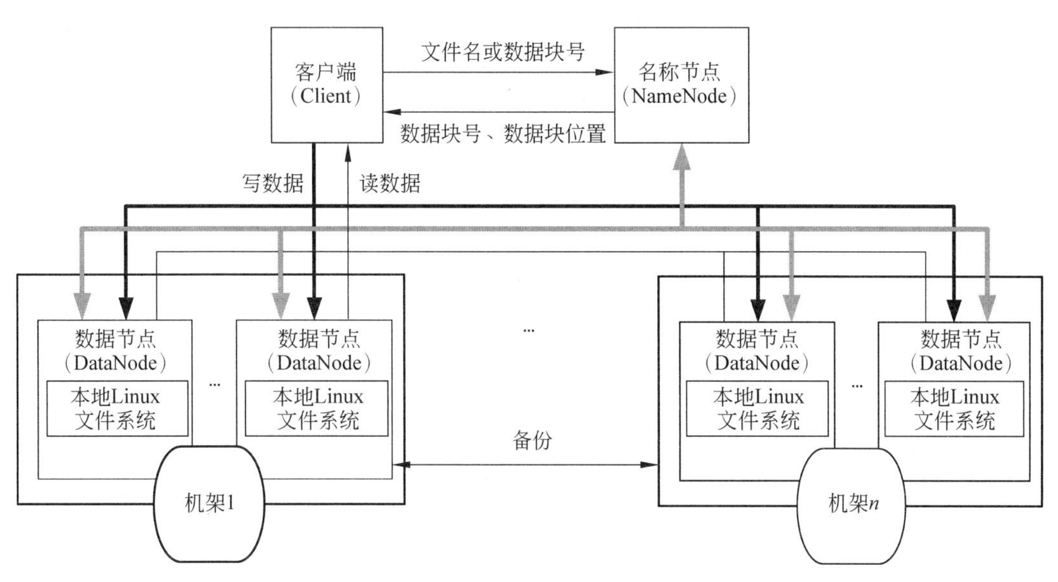

图 1-2　HDFS 的体系结构

文件。实际上,在系统内部,一个文件会被切分成若干数据块,这些数据块被分布存储到若干数据节点上。当客户端需要访问一个文件时,首先把文件名发送给名称节点,名称节点根据文件名找到对应的数据块(一个文件可能包括多个数据块),再根据每个数据块信息找到实际存储各个数据块的数据节点的位置,并把数据节点位置发送给客户端,最后,客户端直接访问这些数据节点获取数据。在整个访问过程中,名称节点并不参与数据的传输。这种设计方式,使得一个文件的数据能够在不同的数据节点上实现并发访问,大大提高了数据访问速度。

2. MapReduce

在大数据时代,数据处理任务往往需要对全量数据进行计算,而全量数据很难使用传统关系数据库进行批量计算,因为,关系数据库适用在线事务处理的场景,查询和更新是其设计的要点,索引是主要的设计方案,但是,在大数据集的场景下,索引的效率往往不如全表扫描。因此,MapReduce 应运而生。MapReduce 是一种分布式并行编程模型,用于大规模数据集(大于 1 TB)的并行运算,它将复杂的、运行于大规模集群上的并行计算过程高度抽象到两个函数: Map 和 Reduce。MapReduce 极大方便了分布式编程工作,编程人员在不会分布式并行编程的情况下,也可以很容易将自己的程序运行在分布式系统上,完成海量数据集的计算。

在 MapReduce 中(见图 1-3),一个存储在分布式文件系统中的大规模数据集,会被切分成许多独立的小数据块,这些小数据块可以被多个 Map 任务并行处理。MapReduce 框架会为每个 Map 任务输入一个数据子集,Map 任务生成的结果会继续作为 Reduce 任务的输入,最终由 Reduce 任务输出最后结果,并写入分布式文件系统。

MapReduce 设计的一个理念就是“计算向数据靠拢”,而不是“数据向计算靠拢”,因为移动数据需要大量的网络传输开销,尤其是在大规模数据环境下,这种开销尤为惊人,

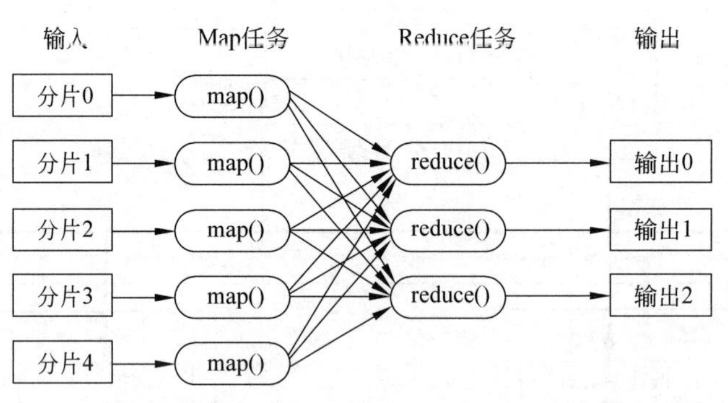

图 1-3 MapReduce 的工作流程

所以,移动计算要比移动数据更加经济。本着这个理念,在一个集群中,只要有可能,MapReduce 框架就会将 Map 程序就近地在 HDFS 数据所在的节点运行,即将计算节点和存储节点放在一起运行,从而减少了节点间的数据移动开销。

3. YARN

YARN 是负责集群资源调度管理的组件。YARN 的目标就是实现"一个集群多个框架",即在一个集群上部署一个统一的资源调度管理框架 YARN,在 YARN 之上可以部署其他各种计算框架(见图 1-4),如 MapReduce、Tez、Storm、Giraph、Spark、OpenMPI 等,由 YARN 为这些计算框架提供统一的资源调度管理服务(包括 CPU、内存等资源),并且能够根据各种计算框架的负载需求,调整各自占用的资源,实现集群资源共享和资源弹性收缩。通过这种方式,可以实现一个集群上的不同应用负载混搭,有效提高了集群的利用率,同时,不同计算框架可以共享底层存储,在一个集群上集成多个数据集,使用多个计算框架来访问这些数据集,从而避免了数据集跨集群移动,最后,这种部署方式也大大降低了企业运维成本。目前,可以运行在 YARN 之上的计算框架包括离线批处理框架 MapReduce、内存计算框架 Spark、流计算框架 Storm 和 DAG 计算框架 Tez 等。和 YARN 一样提供类似功能的其他资源管理调度框架还包括 Mesos、Torca、Corona、Borg 等。

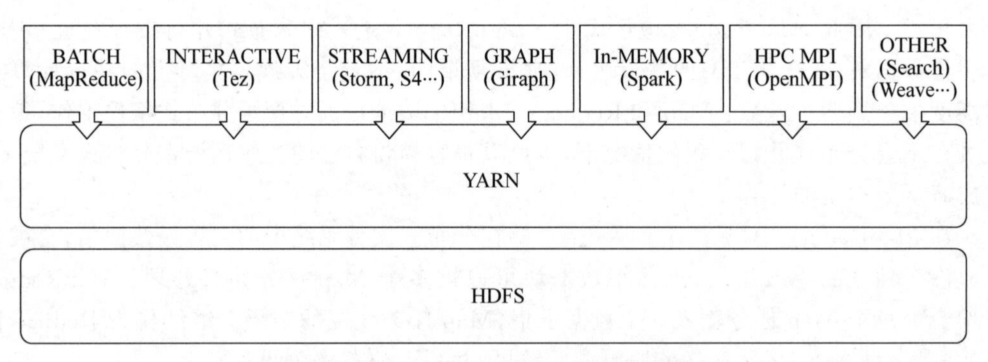

图 1-4 在 YARN 上部署各种计算框架

4. HBase

HBase是针对谷歌BigTable的开源实现，是一个高可靠、高性能、面向列、可伸缩的分布式数据库，主要用来存储非结构化和半结构化的松散数据。HBase可以支持超大规模数据存储，它可以通过水平扩展的方式，利用廉价计算机集群处理由超过10亿行数据和数百万列元素组成的数据表。

图1-5描述了Hadoop生态系统中HBase与其他部分的关系。HBase利用MapReduce来处理HBase中的海量数据，实现高性能计算；利用Zookeeper作为协同服务，实现稳定服务和失败恢复；使用HDFS作为高可靠的底层存储，利用廉价集群提供海量数据存储能力，当然，HBase也可以在单机模式下使用，直接使用本地文件系统而不用HDFS作为底层数据存储方式，不过，为了提高数据可靠性和系统的健壮性，发挥HBase处理大数据量等功能，一般都使用HDFS作为HBase的底层数据存储方式。此外，为了方便在HBase上进行数据处理，Sqoop为HBase提供了高效、便捷的RDBMS数据导入功能，Pig和Hive为HBase提供了高层语言支持。

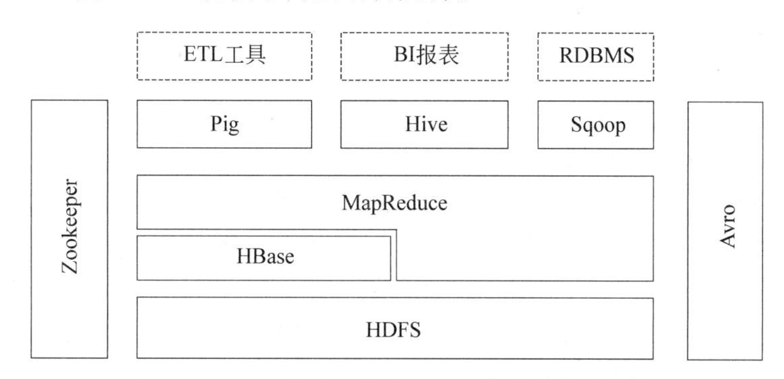

图1-5 Hadoop生态系统中HBase与其他部分的关系

5. Hive

Hive是一个基于Hadoop的数据仓库工具，可以用于对存储在Hadoop文件中的数据集进行数据整理、特殊查询和分析处理。Hive的学习门槛比较低，因为它提供了类似于关系数据库结构化查询语言——HiveQL，可以通过HiveQL语句快速实现简单的MapReduce统计，Hive自身可以自动将HiveQL语句快速转换成MapReduce任务进行运行，而不必开发专门的MapReduce应用程序，因而十分适合数据仓库的统计分析。

6. Flume

Flume是Cloudera公司开发的一个高可用的、高可靠的、分布式的海量日志采集、聚合和传输系统。Flume支持在日志系统中定制各类数据发送方，用于收集数据；同时，Flume提供对数据进行简单处理，并写到各种数据接收方的能力。

7. Sqoop

Sqoop 是 SQL-to-Hadoop 的缩写,主要用来在 Hadoop 和关系数据库之间交换数据,可以改进数据的互操作性。通过 Sqoop,可以方便地将数据从 MySQL、Oracle、PostgreSQL 等关系数据库中导入 Hadoop(如导入 HDFS、HBase 或 Hive 中),或者将数据从 Hadoop 导出到关系数据库,使得传统关系数据库和 Hadoop 之间的数据迁移变得非常方便。

1.2.2 Spark

1. Spark 简介

Spark 最初诞生于美国加州大学伯克利分校的 AMP 实验室,是一个可应用于大规模数据处理的快速、通用引擎,如今是 Apache 软件基金会下的顶级开源项目之一。Spark 最初的设计目标是使数据分析更快——不仅运行速度快,也要能快速、容易地编写程序。为了使程序运行更快,Spark 提供了内存计算和基于 DAG 的任务调度执行机制,减少了迭代计算时的 I/O 开销;而为了使编写程序更容易,Spark 使用简练、优雅的 Scala 语言编写,基于 Scala 提供了交互式的编程体验。同时,Spark 支持 Scala、Java、Python、R 等多种编程语言。

Spark 的设计遵循"一个软件栈满足不同应用场景"的理念,逐渐形成了一套完整的生态系统,既能够提供内存计算框架,也可以支持 SQL 即席查询(Spark SQL)、流式计算(Spark Streaming)、机器学习(MLlib)和图计算(GraphX)等。Spark 可以部署在资源管理器 YARN 之上,提供一站式的大数据解决方案。因此,Spark 所提供的生态系统同时支持批处理、交互式查询和流数据处理。

2. Spark 与 Hadoop 的对比

Hadoop 虽然已成为大数据技术的事实标准,但其本身还存在诸多缺陷,最主要的缺陷是 MapReduce 计算模型延迟过高,无法胜任实时、快速计算的需求,因而只适用离线批处理的应用场景。总体而言,Hadoop 中的 MapReduce 计算框架主要存在以下缺点。

(1) 表达能力有限。计算都必须要转换成 Map 和 Reduce 两个操作,但这并不适合所有的情况,难以描述复杂的数据处理过程。

(2) 磁盘 I/O 开销大。每次执行时都需要从磁盘读取数据,并且在计算完成后需要将中间结果写入磁盘中,I/O 开销较大。

(3) 延迟高。一次计算可能需要分解成一系列按顺序执行的 MapReduce 任务,任务之间的衔接由于涉及 I/O 开销,会产生较高延迟。而且,在前一个任务执行完成之前,其他任务无法开始,因此,难以胜任复杂、多阶段的计算任务。

Spark 在借鉴 MapReduce 优点的同时,很好地解决了 MapReduce 所面临的问题。相比于 MapReduce,Spark 主要具有如下优点。

(1) Spark 的计算模式也属于 MapReduce,但不局限于 Map 和 Reduce 操作,还提供了多种数据集操作类型,编程模型比 MapReduce 更灵活。

(2) Spark 提供了内存计算,中间结果直接放到内存中,带来了更高的迭代运算效率。

(3) Spark 基于 DAG 的任务调度执行机制,要优于 MapReduce 的迭代执行机制。

如图 1-6 所示,对比 Hadoop MapReduce 与 Spark 的执行流程可以看到,Spark 最大的特点就是将计算数据、中间结果都存储在内存中,大大减少了 I/O 开销,因而,Spark 更适合迭代运算比较多的数据挖掘与机器学习运算。

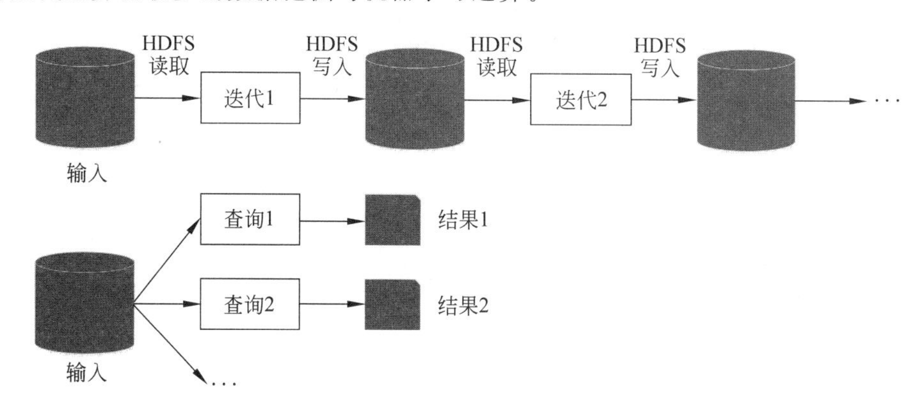

(a) Hadoop MapReduce执行流程

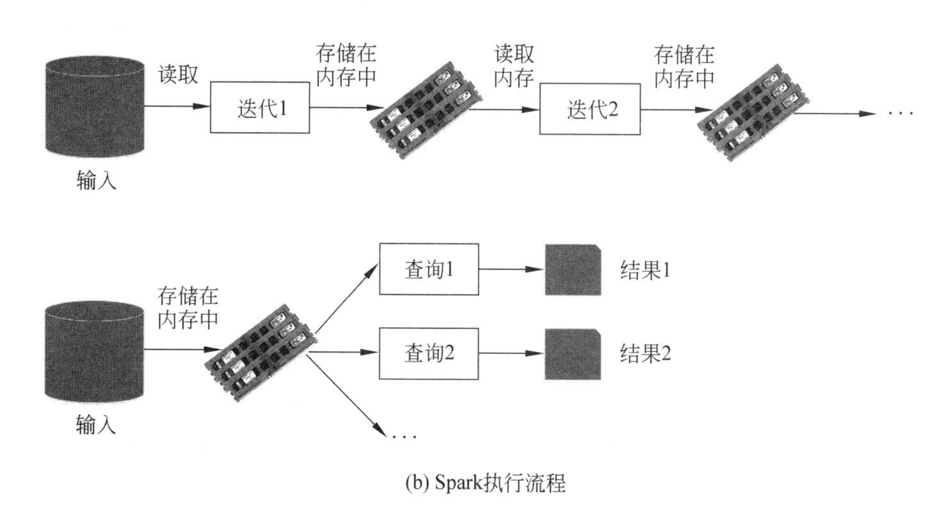

(b) Spark执行流程

图 1-6 Hadoop MapReduce 与 Spark 的执行流程对比

使用 Hadoop MapReduce 进行迭代计算非常耗资源,因为每次迭代都需要从磁盘中写入、读取中间数据,I/O 开销大。而 Spark 将数据载入内存后,之后的迭代计算都可以直接使用内存中的中间结果作运算,避免了从磁盘中频繁读取数据。如图 1-7 所示,Hadoop 与 Spark 在执行逻辑斯蒂回归(Logistic Regression)时所需的时间相差巨大。

在实际进行开发时,使用 Hadoop 需要编写不少相对底层的代码,不够高效。相对而言,Spark 提供了多种高层次、简洁的 API,在通常情况下,对于实现相同功能的应用程序,Spark 的代码量要比 Hadoop 简洁很多。更重要的是,Spark 提供了实时交互式编程

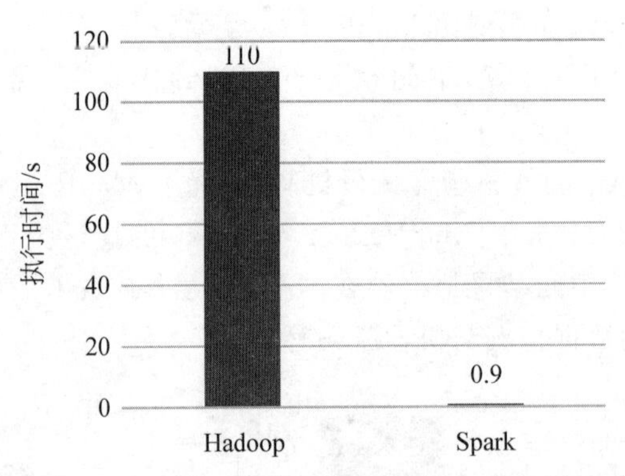

图 1-7 Hadoop 与 Spark 执行逻辑斯蒂回归的时间对比

反馈,可以方便地验证、调整算法。

近几年来,大数据机器学习和数据挖掘的并行化算法研究,成为大数据领域一个较为重要的研究热点。在 Spark 崛起之前,学界和业界普遍关注的是 Hadoop 平台上的并行化算法设计。但是,MapReduce 的网络和磁盘读写开销大,难以高效地实现需要大量迭代计算的机器学习并行化算法。因此,近年来国内外的研究重点开始转向如何在 Spark 平台上实现各种机器学习和数据挖掘的并行化算法设计。为了方便一般应用领域的数据分析人员,使用所熟悉的 R 语言在 Spark 平台上完成数据分析,Spark 提供了一个 Spark R 的编程接口,使得一般应用领域的数据分析人员,可以在 R 语言的环境里方便地使用 Spark 的并行化编程接口和强大计算能力。

3. Spark 与 Hadoop 的统一部署

Spark 以其结构一体化、功能多元化的优势,逐渐成为当今大数据领域最热门的大数据计算平台之一。目前,越来越多的企业放弃 MapReduce,转而使用 Spark 开发企业应用。但是,需要指出的是,Spark 作为计算框架,只是取代了 Hadoop 生态系统中的计算框架 MapReduce,而 Hadoop 中的其他组件依然在企业大数据系统中发挥着重要的作用。例如,企业依然需要依赖 HDFS 和 HBase 来实现不同类型数据的存储和管理,并借助 YARN 实现集群资源的管理和调度。因此,在许多企业实际应用中,Hadoop 和 Spark 的统一部署是一种比较现实合理的选择。由于 MapReduce、Storm 和 Spark 等都可以运行在资源管理框架 YARN 之上,因此,可以在 YARN 之上统一部署各个计算框架(见图 1-8)。这些不同的计算框架统一运行在 YARN 中,可以带来如下好处。

(1) 计算资源按需伸缩。

(2) 不用负载应用混搭,集群利用率高。

(3) 共享底层存储,避免数据跨集群迁移。

1.2.3 Flink

1. Flink 简介

Flink 是 Apache 软件基金会的顶级项目之一,是一个针对流数据和批数据的分布式

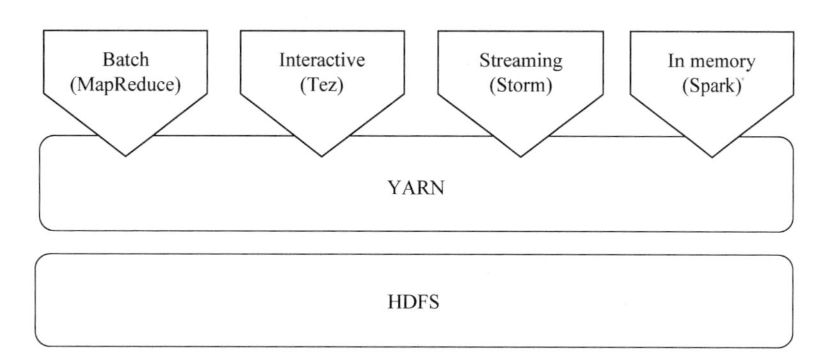

图 1-8 Hadoop 和 Spark 的统一部署

计算框架,设计思想主要来源于 Hadoop、MPP 数据库、流计算系统等。Flink 主要是由 Java 代码实现的(部分模块是由 Scala 代码实现的),目前主要还是依靠开源社区的贡献而发展。Flink 所要处理的主要场景是流数据,批数据只是流数据的一个特例而已,即 Flink 会把所有任务当成流来处理。Flink 可以支持本地的快速迭代以及一些环形的迭代任务。

Flink 的典型特性如下。

(1) 提供了面向流处理的 DataStream API 和面向批处理的 DataSet API。DataStream API 支持 Java 和 Scala,DataSet API 支持 Java、Scala 和 Python。

(2) 提供了多种候选部署方案,如本地模式(Local)、集群模式(Cluster)和云模式(Cloud)。对于集群模式,可以采用独立模式(Standalone)或者 YARN。

(3) 提供了一些类库,包括 Table(处理逻辑表查询)、FlinkML(机器学习)、Gelly(图像处理)和 CEP(复杂事件处理)。

(4) 提供了较好的 Hadoop 兼容性,不仅可以支持 YARN,还可以支持 HDFS、HBase 等数据源。

2. Flink 和 Spark 的比较

目前开源大数据计算引擎有很多选择,典型的流计算框架包括 Storm、Samza、Flink、Kafka Stream、Spark Streaming 等,典型的批处理框架包括 Spark、Hive、Pig、Flink 等。而同时支持流处理和批处理的计算引擎,只有两种选择:一种是 Apache Spark;另一种是 Apache Flink。因此,这里有必要对二者做比较。

Spark 和 Flink 都是 Apache 软件基金会旗下的顶级项目,二者具有很多共同点,具体如下。

(1) 都是基于内存的计算框架,因此,都可以获得较好的实时计算性能。

(2) 都有统一的批处理和流处理 API,都支持类似 SQL 的编程接口。

(3) 都支持很多相同的转换操作,编程都是用类似 Scala Collection API 的函数式编程模式。

(4) 都有完善的错误恢复机制。

(5) 都支持"精确一次"(Exactly Once)的语义一致性。

表 1-3、1-4 和 1-5 分别给出了 Spark 和 Flink 在 API、支持语言、部署模式方面的比较，从中也可以看出二者具有很大相似性。

表 1-3 Spark 和 Flink 在 API 方面的比较

API	Spark	Flink
底层 API	RDD	Process Function
核心 API	DataFrame/DataSet	DataStream/DataSet
SQL	Spark SQL	Table API&SQL
机器学习	MLlib	FlinkML
图计算	GraphX	Gelly
其他		FlinkCEP

表 1-4 Spark 和 Flink 在支持语言方面的比较

支持语言	Spark	Flink
Java	√	√
Scala	√	√
Python	√	√
R	√	第三方
SQL	√	√

表 1-5 Spark 和 Flink 在部署环境方面的比较

部署环境	Spark	Flink
Local(Single JVM)	√	√
Standalone Cluster	√	√
YARN	√	√
Mesos	√	√
Kubernetes	√	√

同时，Spark 和 Flink 还存在一些明显的区别，具体如下：

(1) Spark 的技术理念是基于批处理来模拟流计算。而 Flink 则完全相反，它采用的是基于流计算来模拟批处理。从技术发展方向看，用批处理来模拟流计算有一定的技术局限性，并且这个局限性可能很难突破。而 Flink 基于流计算来模拟批处理，在技术上有更好的扩展性。

(2) Spark 和 Flink 都支持流计算，二者的区别在于，Flink 是一条一条地处理数据，而 Spark 是基于 RDD 的小批量处理，所以，Spark 在流处理方面，不可避免地会增加一些延时，实时性没有 Flink 好。Flink 的流计算性能和 Storm 差不多，可以支持毫秒级的响应,而 Spark 则只能支持秒级响应。

(3) 当全部运行在 Hadoop YARN 之上时,Flink 的性能要略好于 Spark,因为,Flink 支持增量迭代,具有对迭代进行自动优化的功能。

总体而言,Spark 和 Flink 都是非常优秀的基于内存的分布式计算框架,二者各有优势。Spark 在生态上更加完善,在机器学习的集成和易用性上更有优势;Flink 在流计算上有绝对优势,并且在核心架构和模型上更加通透、灵活。相信在未来很长一段时期内,二者将互相促进,共同成长。

1.2.4 Beam

在大数据处理领域,开发者经常要用到很多不同的技术、框架、API、开发语言和 SDK。根据不同的企业业务系统开发需求,开发者很可能会用 MapReduce 进行批处理,用 Spark SQL 进行交互式查询,用 Flink 实现实时流处理,还有可能用到基于云端的机器学习框架。大量的开源大数据产品(如 MapReduce、Spark、Flink、Storm、Apex 等),为大数据开发者提供了丰富的工具的同时,也增加了开发者选择合适工具的难度,尤其对于新入行的开发者更是如此。新的分布式处理框架可能带来更高的性能、更强大的功能和更低的延迟,但是,用户切换到新的分布式处理框架的代价也非常大——需要学习一个新的大数据处理框架,并重写所有的业务逻辑。解决这个问题的思路包括两部分:首先,需要一个编程范式,能够统一、规范分布式数据处理的需求,例如,统一批处理和流处理的需求;其次,生成的分布式数据处理任务,应该能够在各个分布式执行引擎(如 Spark、Flink 等)上执行,用户可以自由切换分布式数据处理任务的执行引擎与执行环境。Apache Beam 的出现,就是为了解决这个问题。

Beam 是由谷歌公司贡献的 Apache 顶级项目,它的目标是为开发者提供一个易于使用,却又很强大的数据并行处理模型,能够支持流处理和批处理,并兼容多个运行平台。Beam 是一个开源的统一的编程模型,开发者可以使用 Beam SDK 来创建数据处理管道,然后,这些程序可以在任何支持的执行引擎上运行,如运行在 Apex、Spark、Flink、Cloud Dataflow 上。Beam SDK 定义了开发分布式数据处理任务业务逻辑的 API,即提供一个统一的编程接口给到上层应用的开发者,开发者不需要了解底层具体大数据平台的开发接口是什么,直接通过 Beam SDK 的接口,就可以开发数据处理的加工流程,不管输入是用于批处理的有限数据集,还是用于流处理的无限数据集。对于有限或无限的输入数据,Beam SDK 都使用相同的类来表现,并且使用相同的转换操作进行处理。

如图 1-9 所示,终端用户用 Beam 来实现自己所需的流计算功能,使用的终端语言可能是 Python、Java 等,Beam 为每种语言提供了一个对应的 SDK,用户可以使用相应的 SDK 创建数据处理管道,用户写出的程序可以被运行在各个 Runner 上,每个 Runner 都实现了从 Beam 管道到平台功能的映射。目前主流的大数据处理框架 Flink、Spark、Apex 以及谷歌公司的 Cloud Dataflow 等,都有了支持 Beam 的 Runner。通过这种方式,Beam 使用一套高层抽象的 API 屏蔽了多种计算引擎的区别,开发者只需要编写一套代码就可以运行在不同的计算引擎之上(如 Apex、Spark、Flink、Cloud Dataflow 等)。

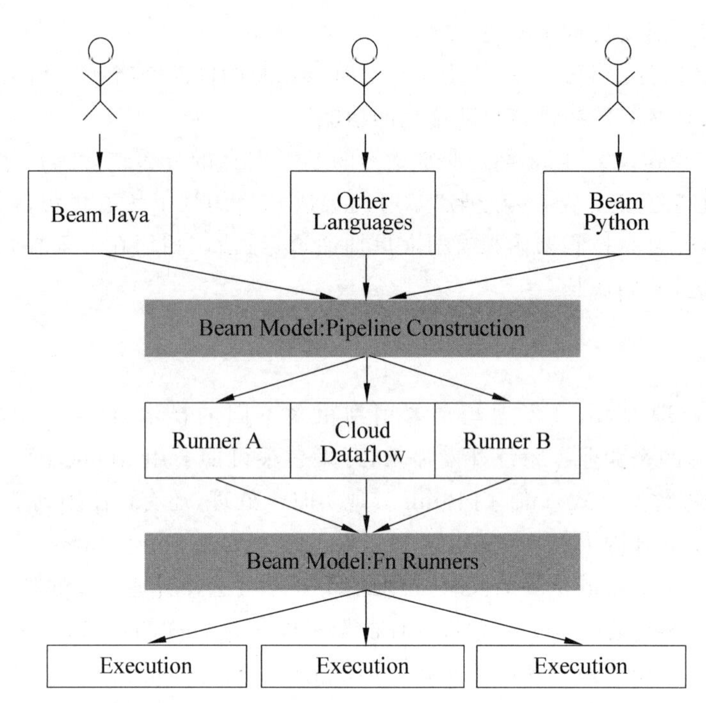

图 1-9 Beam 使用一套高层抽象的 API 屏蔽多种计算引擎的区别

1.3 编程语言的选择

大数据处理框架 Hadoop、Spark、Flink 等,都支持多种类型的编程语言。例如,Hadoop 可以支持 C、C++、Java、Python 等,Spark 可以支持 Java、Scala、Python 和 R 等,Flink 可以支持 Java、Scala 和 Python 等。因此,在使用 Flink 等大数据处理框架进行应用程序开发之前,需要选择一门合适的编程语言。

R 是专门为统计和数据分析开发的语言,具有数据建模、统计分析和可视化等功能,简单易上手。Python 是目前国内外很多大学里流行的入门语言,学习门槛低,简单易用,开发员可以使用 Python 来构建桌面应用程序和 Web 应用程序,此外,Python 语言在学术界备受欢迎,常被用于科学计算、数据分析和生物信息学等领域。R 和 Python 都是比较流行的数据分析语言,相对而言,数学和统计领域的工作人员更多使用 R 语言,而计算机领域的工作人员更多使用 Python 语言。

Java 是目前最热门的编程语言,虽然 Java 没有和 R、Python 一样好的可视化功能,也不是统计建模的最佳工具,但是,如果需要建立一个庞大的应用系统,那么 Java 通常会是较为理想的选择。由于 Java 语言具有简单、面向对象、分布式、鲁棒、安全、体系结构中立、可移植、高性能、多线程以及动态性等诸多优良特性,因此,被大量应用于企业大型系统开发中,企业对于 Java 人才的需求一直比较旺盛。

Scala 是一门类似 Java 的多范式语言,它整合了面向对象编程和函数式编程的最佳特性。本书采用 Scala 语言编写 Flink 应用程序,主要基于以下 4 方面的因素。

(1) Scala 具备强大的并发性，支持函数式编程，可以更好地支持分布式系统。在大数据时代，为了提高应用程序的并发性，函数式编程日益受到关注。Scala 提供的函数式编程风格，已经吸引了大量的开发者。

(2) Scala 兼容 Java，可以与 Java 互操作。Scala 代码文件会被编译成 Java 的 class 文件(在 JVM 上运行的字节码)。开发者可以从 Scala 中调用所有的 Java 类库，也同样可以从 Java 应用程序中调用 Scala 的代码。此外，Java 是最为热门的编程语言，在企业中有大量的 Java 开发人员，国内高校大多数也都开设了 Java 课程。因此，学习 Scala 可以很好地实现与 Java 的衔接，让之前在 Java 方面的学习和工作成果能够得到延续。

(3) Scala 代码简洁优雅。Scala 语言非常精练，实现同样功能的程序，Scala 所需的代码量通常比 Java 少一半或者更多。短小精悍的代码常常意味着更易维护，拥有其他语言编程经验的编程人员很容易读懂 Scala 代码。

(4) Scala 支持高效的交互式编程。Scala 提供了交互式解释器(Read-Eval-Print Loop，REPL)，因此，在 Scala Shell 中可进行交互式编程(表达式计算完成就会输出结果，而不必等到整个程序运行完毕，因此，可即时查看中间结果，并对程序进行修改)，这样可以在很大程度上提升开发效率。

需要说明的是，虽然本书采用 Scala 语言开发 Flink 应用程序，但是，读者通过学习本教程熟悉了 Flink 的运行原理和编程方法以后，就可以很容易通过阅读相关工具书和网络资料，快速学习如何使用 Java 和 Python 等语言开发 Flink 应用程序。

1.4　在线资源

本教程官网(http://dblab.xmu.edu.cn/post/flink/)提供了全部配套资源的在线浏览和下载，包括源代码、讲义 PPT、授课视频、技术资料、实验习题、大数据软件、数据集等(见表 1-6)。

表 1-6　教程官网的栏目内容说明

官网栏目	内容说明
命令行和代码	在网页上给出了教程每页内容中出现的所有命令行语句、代码、配置文件等，读者可以直接从网页中复制代码执行，不需要自己手动敲入代码
实验指南	详细介绍了教程中涉及的各种软件安装方法和编程实践细节
下载专区	包含了本教程内各个章节所涉及的软件、代码文件、讲义 PPT、习题和答案、数据集等
在线视频	包含了与本教程配套的在线授课视频
先修课程	包含了与本教程相关的先修课程及其配套资源，为更好学习本教程提供了相关大数据基础知识的补充；需要强调的是，只是建议学习，不是必须学习，即使不学习先修课程，也可以顺利完成本教程的学习
综合案例	提供了免费共享的 Flink 课程综合实验案例
大数据课程公共服务平台	提供大数据教学资源一站式"免费"在线服务，包括课程教材、讲义 PPT、课程习题、实验指南、学习指南、备课指南、授课视频和技术资料等，本教程中涉及的相关大数据技术，在平台上都有相关的配套学习资源

需要说明的是,本教程属于进阶级大数据课程,在学习本教程之前,建议(不是必须)读者具备一定的大数据基础知识,了解大数据基本概念以及 Hadoop、HDFS、MapReduce、HBase、Hive 等大数据技术。在本教程官网中提供了与本教程配套的两本入门级教材及其配套在线资源,包括《大数据技术原理与应用》和《大数据基础编程、实验和案例教程》,可以作为本教程的先修课程教材。其中,《大数据技术原理与应用》教材以"构建知识体系、阐明基本原理、开展初级实践、了解相关应用"为原则,旨在为读者搭建通向大数据知识空间的桥梁和纽带,为读者在大数据领域深耕细作奠定基础、指明方向,教材系统论述了大数据的基本概念、大数据处理架构 Hadoop、分布式文件系统 HDFS、分布式数据库 HBase、NoSQL 数据库、云数据库、分布式并行编程模型 MapReduce、数据仓库 Hive、大数据处理架构 Spark、流计算、流计算框架 Flink、图计算、数据可视化,以及大数据在互联网、生物医学和物流等各个领域的应用;《大数据基础编程、实验和案例教程》是《大数据技术原理与应用》教材的配套实验指导书,侧重于介绍大数据软件的安装、使用和基础编程方法,并提供了丰富的实验和案例。

1.5 本章小结

大数据时代已经全面开启,大数据技术在不断发展进步。大数据技术是一个庞杂的知识体系,Flink 作为基于内存的分布式计算框架,只是其中一种代表性技术。在具体学习 Flink 之前,非常有必要建立对大数据技术体系的整体性认识,了解 Flink 和其他大数据技术之间的相互关系。因此,本章从总体上介绍了大数据关键技术以及具有代表性的大数据计算框架。

与教程配套的相关资源的建设,是帮助读者更加快速、高效学习本教程的重要保障,因此,本章最后详细列出了与本教程配套的各种在线资源,读者可以通过网络自由免费访问。

1.6 习题

1. 简述大数据处理的基本流程。
2. 简述大数据的计算模式及其代表产品。
3. 列举 Hadoop 生态系统的各个组件及其功能。
4. HDFS 的名称节点和数据节点的功能分别是什么?
5. 简述 MapReduce 的基本设计思想。
6. YARN 的主要功能是什么?使用 YARN 可以带来哪些好处?
7. 简述 Hadoop 生态系统中 HBase 与其他部分的关系。
8. 数据仓库 Hive 的主要功能是什么?
9. Hadoop 主要有哪些缺点?相比之下,Spark 具有哪些优点?
10. 如何实现 Spark 与 Hadoop 的统一部署?
11. 相对于 Spark,Flink 在实现机制上有哪些不同?

12. Beam 的设计目的是什么？具有哪些优点？

实验 1 Linux 系统的安装和常用命令

1. 实验目的

（1）掌握 Linux 虚拟机的安装方法。Flink 和 Hadoop 等大数据软件在 Linux 系统上运行可以发挥最佳性能，因此，本教程中，Flink 都是在 Linux 系统中进行相关操作，同时，第 2 章的 Scala 语言也会在 Linux 系统中安装和操作。鉴于目前很多读者正在使用 Windows 系统，因此，为了顺利完成本教程的后续实验，这里有必要通过本实验，让读者掌握在 Windows 系统上搭建 Linux 虚拟机的方法。当然，安装 Linux 虚拟机只是安装 Linux 系统的其中一种方式，实际上，读者也可以不用虚拟机，而是采用双系统的方式安装 Linux 系统。本教程推荐使用虚拟机方式。

（2）熟悉 Linux 系统的基本使用方法。本教程全部在 Linux 环境下进行实验，因此，需要读者提前熟悉 Linux 系统的基本用法，尤其是一些常用命令的使用方法。

2. 实验平台

操作系统：Windows 和 Ubuntu（推荐）。

虚拟机软件：推荐使用的开源虚拟机软件为 VirtualBox。VirtualBox 是一款功能强大的免费虚拟机软件，它不仅具有丰富的特色，性能也很优异，且简单易用，可虚拟的系统包括 Windows、macOS、Linux、OpenBSD、Solaris、IBM OS2 和 Android 4.0 等操作系统。读者可以在 Windows 系统上安装 VirtualBox 软件，然后在 VirtualBox 上安装并且运行 Linux 系统。本次实验默认的 Linux 发行版为 Ubuntu 18.04.5。

3. 实验内容和要求

1）安装 Linux 虚拟机

登录 Windows 系统，下载 VirtualBox 软件和 Ubuntu 18.04.5 镜像文件。

VirtualBox 软件的下载地址：https://www.virtualbox.org/wiki/Downloads。

Ubuntu 18.04.5 的镜像文件下载地址：http://cdimage.ubuntu.com/ubuntukylin/releases/18.04/release/。

或者也可以直接到本教程官网“下载专区”栏目的“软件”中下载 Ubuntu 安装文件 ubuntukylin-18.04.5-desktop-amd64.iso。

首先在 Windows 系统上安装虚拟机软件 VirtualBox，然后在虚拟机软件 VirtualBox 上安装 Ubuntu 18.04.5 系统，具体参考本教程官网“实验指南”栏目的“在 Windows 中使用 VirtualBox 安装 Ubuntu”。

2）使用 Linux 系统的常用命令

启动 Linux 虚拟机，进入 Linux 系统，通过查阅相关 Linux 书籍和网络资料，或者参考本教程官网“实验指南”栏目的“Linux 系统常用命令”，完成如下操作。

(1) 切换到目录 /usr/bin。

(2) 查看目录/usr/local 下所有的文件。

(3) 进入/usr 目录,创建一个名为 test 的目录,并查看有多少目录存在。

(4) 在/usr 下新建目录 test1,再复制这个目录内容到/tmp。

(5) 将上面的/tmp/test1 目录重命名为 test2。

(6) 在/tmp/test2 目录下新建 word.txt 文件并输入一些字符串保存退出。

(7) 查看 word.txt 文件内容。

(8) 将 word.txt 文件所有者改为 root 账号,并查看属性。

(9) 找出/tmp 目录下文件名为 test2 的文件。

(10) 在/目录下新建文件夹 test,然后在/目录下打包成 test.tar.gz。

(11) 将 test.tar.gz 解压缩到/tmp 目录。

3) 在 Windows 系统和 Linux 系统之间互传文件

本教程大量实验都是在 Linux 虚拟机上完成,因此,需要掌握如何把 Windows 系统中的文件上传到 Linux 系统,以及如何把 Linux 系统中的文件下载到 Windows 系统中。

首先,到本教程官网"下载专区"栏目的"软件"目录中,下载 FTP 软件 FileZilla 的安装文件 FileZilla_3.17.0.0_win64_setup.exe,把 FileZilla 安装到 Windows 系统中;然后,参考本教程官网"实验指南"栏目的"在 Windows 系统中利用 FTP 软件向 Ubuntu 系统上传文件",完成以下操作:

(1) 在 Windows 系统中新建一个文本文件 test.txt,并通过 FTP 软件 FileZilla,上传 test.txt 到 Linux 系统中的"/home/hadoop/下载"目录下,利用 Linux 命令把该文件名修改为 test1.txt;

(2) 通过 FTP 软件 FileZilla,下载 Linux 系统中的"/home/hadoop/下载"目录下的 test1.txt 文件到 Windows 系统的某个目录下。

4. 实验报告

《Flink 编程基础(Scala 版)》实验报告		
题目:	姓名:	日期:
实验环境:		
实验内容与完成情况:		
出现的问题:		
解决方案(列出遇到的问题和解决办法,列出没有解决的问题):		

第2章

Scala 语言基础

Flink 作为一个通用的分布式并行计算框架，可以支持采用 Scala、Java 和 Python 语言开发的应用程序。本教程采用 Scala 语言开发 Flink 应用程序。

本章对 Scala 语言进行概要介绍。需要强调的是，本章的目的是为读者学习 Flink 编程提供基本的 Scala 语言预备知识，而不是系统阐述 Scala 语言的完整特性。因此，本章只介绍 Scala 的常用核心语言特性，而忽略了许多高级特性（包括 Scala 的并发模型、高级参数类型以及元编程等）。

本章首先简要介绍 Scala 语言以及 Scala 的安装和使用方法；其次，阐述 Scala 编程的基础知识，包括基本数据类型和变量、常用容器类型、输入输出和控制结构等；最后，分别介绍面向对象编程和函数式编程的基础知识。

2.1 Scala 语言概述

本节首先对计算模型的理论研究历史和编程范式的发展进行了简要的概述，其次介绍了 Scala 语言的发展背景及基本特性，最后详细介绍了 Scala 的安装方法和各种运行方式。

2.1.1 计算机的缘起

从 20 世纪 30 年代开始，一些数学家开始关注如何设计一台拥有无穷计算能力的超级机器，来帮人类自动完成一些计算问题。

数学家阿隆佐·丘奇（Alonzo Church）提出了“λ 演算”的概念，这是一套用于研究函数定义、函数应用和递归的形式系统。λ 演算被视为最小的通用程序设计语言，它包括一条变换规则（变量替换）和一个函数定义方式。λ 演算的通用性就体现在，任何一个可计算函数都能用这种形式来表达和求值。λ 演算强调的是变换规则的运用，而非实现它们的具体机器。可以认为这是一种更接近软件而非硬件的方式。它是一个数理逻辑形式系统，使用变量代入和置换来研究基于函数定义和应用的计算。

英国数学家艾伦·麦席森·图灵（Alan Mathison Turing）采用了完全不同的设计思路，提出了一种全新的抽象计算模型，即将人们使用纸笔进行数学运算的过程进行抽象，由一个虚拟的机器替代人们进行数学运算。图灵机就是指一个抽象的机器,如图 2-1 所示,它有一条无限长的纸带,纸带分成了一个一个的小方格,每个方格有不同的颜色。有一个机器头在纸带上移来移去。机器头有一组内部状态,还有一些固定的程序。在每个时刻,机器头都要从当前纸带上读入一个方格信息,然后结合自己的内部状态查找程序表,根据程序输出信息到纸带方格上,并转换自己的内部状态,然后进行移动。这种理论计算模型后来被称为图灵机,它是现代计算机的鼻祖。现有理论已经证明,λ 演算和图灵机的计算能力是等价的。

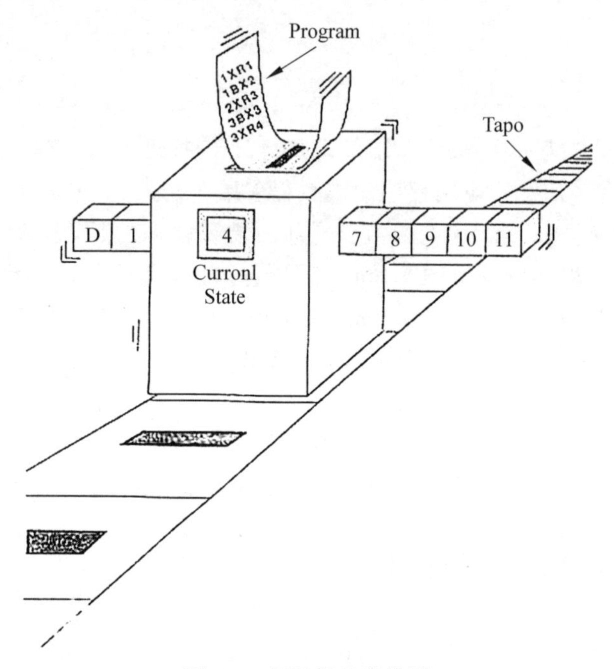

图 2-1 图灵机示意模型

如果说艾伦·麦席森·图灵奠定的是计算机的理论基础,那么冯·诺依曼(John von Neumann)则是将艾伦·麦席森·图灵的理论物化成为实际的物理实体,成为了计算机体系结构的奠基者。1945 年 6 月,冯·诺依曼提出了在数字计算机内部的存储器中存放程序的概念,这是所有现代计算机的范式,被称为冯·诺依曼结构,按这一结构建造的计算机被称为存储程序计算机,又称通用计算机。冯·诺依曼机主要由运算器、控制器、存储器和输入输出设备组成,它的特点是,程序以二进制代码的形式存放在存储器中,所有的指令都是由操作码和地址码组成的,指令在其存储过程中按照执行的顺序,以运算器和控制器作为计算机结构的中心等。从第一台冯·诺依曼机诞生至今已经过去很多年了,计算机的技术与性能也都发生了巨大的变化,但是,整个主流体系结构依然是冯·诺依曼结构。

2.1.2 编程范式

编程范式是指计算机编程的基本风格或典范模式。常见的编程范式主要包括命令式编程和函数式编程。面向对象编程就属于命令式编程,如 C++、Java 等。

命令式编程是植根于冯·诺依曼体系的，一个命令式程序就是一个冯·诺依曼机的指令序列，给机器提供一条又一条的命令序列让其原封不动地执行。函数式编程又称泛函编程，它将计算机的计算视为数学上的函数计算，并且避免状态以及可变数据。函数式语言最重要的基础是 λ 演算，而且 λ 演算的函数可以接受函数当作输入和输出，因此，λ 演算对函数式编程特别是 Lisp 语言有着巨大的影响。典型的函数式语言包括 Haskell、Erlang 和 Lisp 等。

从理论上说，函数式语言并不是通过冯·诺依曼机运行的，而是通过 λ 演算来运行的，但是，由于现代计算机都是采用冯·诺依曼结构，所以，函数式程序还是会被编译成冯·诺依曼机的指令来执行。

一个很自然的问题是，既然已经有了命令式编程，为什么还需要函数式编程呢？为什么在 C++、Java 等命令式编程流行了很多年以后，近些年函数式编程会迅速升温呢？这个问题的答案需要从 CPU 制造技术的变化说起。从 20 世纪 80 年代至今，CPU 的制造工艺不断提升，晶体管数量不断增加，运行频率不断提高，如图 2-2 所示，在 40 年的时间里，CPU 的处理速度已经有了大幅提升。但是，CPU 的制造工艺不可能无限提升，单个 CPU 内集成的晶体管数量不可能无限增加，因此，从 2005 年以来，计算机计算能力的增长已经不依赖 CPU 主频的增长，而是依赖 CPU 核数的增多，CPU 开始从单核发展到双核，再到四核甚至更多核数。

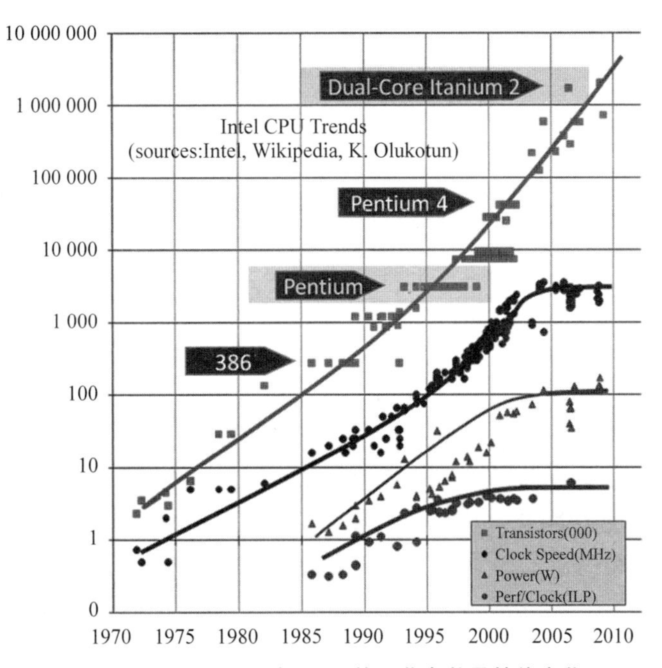

图 2-2 1970—2010 年 CPU 的工艺参数及性能变化

对于命令式编程而言，由于涉及多线程之间的状态共享，就需要引入锁机制实现并发控制。而函数式编程则不会在多个线程之间共享状态，不会造成资源争用，也就不需要用锁机制来保护可变状态，自然也就不会出现死锁，这样可以更好地实现并行处理。因此，函数式编程能够更好地利用多个处理器(核)提供的并行处理能力,所以,函数式编程开始受到更多的关注。此外,由于函数式语言是面向数学的抽象,更接近人的语言,而不是机器语言,因此,函数式语言的代码会更加简洁,也更容易被理解。

2.1.3 Scala 简介

编程语言的流行主要归功于其技术上的优势以及其对某种时代性需求的适应性。例如,Java 的流行主要归功于其跨平台特性和互联网应用的广泛需求。从 2010 年开始,随着物联网及大数据等技术的发展,编程语言面对的是高并发性、异构性以及快速开发等应用场景,这些场景使得函数式编程可以大施拳脚。但传统的面向对象编程的统治地位远没有结束,因此,能够将二者结合起来的混合式编程范式是适应当前需求的最好解决方案。Scala 语言正是在这一背景下开始流行起来的。

Scala 是由瑞士洛桑联邦理工学院(EPFL)的 Martin Odersky 教授,于 2001 年基于 Funnel 的工作开始设计的。Scala 是一门类 Java 的多范式语言,它整合了面向对象编程和函数式编程的最佳特性。

(1) Scala 运行于 Java 虚拟机(Java Virtual Machine,JVM)之上,并且兼容现有的 Java 程序,可以与 Java 类进行互操作,包括调用 Java 方法、创建 Java 对象、继承 Java 类和实现 Java 接口。

(2) Scala 是一门纯粹的面向对象的语言。在 Scala 语言中,每个值都是对象,每个操作都是方法调用。对象的数据类型以及行为由类和特质描述。类抽象机制的扩展有两种途径:一种途径是子类继承;另一种途径是灵活的混入(Mixin)机制,这两种途径能避免多重继承的诸多问题。

(3) Scala 也是一门函数式语言。在 Scala 语言中,每个函数都是一个对象,并且和其他类型(如整数、字符串等)的值处于同一地位。Scala 提供了轻量级的语法用以定义匿名函数,同时支持高阶函数,允许嵌套多层函数,并支持柯里化(Currying)。

Scala 语言的名称来自 Scalable,意为"可伸展的语言"。Scala 的可伸展性归功于其集成了面向对象和函数式语言的优点。使用 Scala 的一种常用的方式是通过解释器输入单行表达式来即时运行并观察结果,因此,对于某些应用来说,Scala 就像是一种脚本语言,它的语法简单,在变量类型自动推断机制下,无须时刻关注变量的类型,但却保留了强制静态类型的诸多优势。同时,Scala 编写的程序也可以编译打包发布,其生成的代码与 Java 是一样的。已经有许多大型的业务系统或框架采用 Scala 作为首选的开发语言,包括 Spark、Twitter 和 LinkedIn 等。

2.1.4 Scala 的安装

Scala 于 2004 年 1 月公开发布 1.0 版本,目前仍处于快速发展阶段,每隔几个月就有新的版本发布。因为本教程使用的 Fink 版本是 1.11.2,其对应的 Scala 版本是 2.12,所以,本教程中的 Scala 选用 2020 年 7 月发布的 2.12.12 版本。

Scala 运行在 JVM 之上,因此只要安装有相应的 Java 虚拟机,所有的操作系统都可以运行 Scala 程序,包括 Windows、Linux、UNIX、macOS 等。本教程后续的 Flink 操作都是在 Linux 系统下进行的，因此，这里以 Linux 系统（选用 Ubuntu 发行版）为例，简要介绍 Scala 的安装及环境配置。

首先，需要安装 Linux 系统，具体安装方法参见本教程官网“实验指南”栏目的“Linux 系统的安装”。此外，在安装 Scala 之前，确保本机 Linux 系统中已经安装了 Java 8 或以上版本的 JDK（Scala 2.12 需要 Java 8 支持），具体安装方法参考本教程官网“实验指南”栏目的“Linux 系统中 Java 的安装”。

然后，下载相应的二进制包完成 Scala 的安装。以 2.12.12 版本为例，通过官方网站（https://www.scala-lang.org/download/2.12.12.html）下载 Linux 系统对应的安装压缩包 scala-2.12.12.tgz，或者也可以直接从本教程官网“下载专区”栏目的“软件”目录中下载 scala-2.12.12.tgz；在 Linux 系统中下载和解压缩文件的具体方法，可以参考本教程官网“实验指南”栏目的“Linux 系统中下载安装文件和解压缩方法”。下载后，将 scala-2.12.12.tgz 解压缩到 Linux 系统的本地文件夹下，例如/usr/local，这时会在该目录下生成一个新的文件夹 scala-2.12.12，编译器及各种库文件即位于该文件夹下，为以后方便启动 Scala，可以把 scala-2.12.12 重命名为 scala，并建议将其下的 bin 目录添加到 PATH 环境变量。在终端（Linux Shell 环境）中运行“scala -version”查看是否正确安装，如果已经正确安装，则会显示 Scala 编译器的版本信息。

2.1.5 HelloWorld

开始学习 Scala 的最简单的方法是使用 Scala REPL（REPL 是 Read、Eval、Print、Loop 的缩写）。与 Python 及 MATLAB 等语言的解释器一样，Scala REPL 是一个运行 Scala 表达式和程序的交互式 Shell，在 REPL 里输入一个表达式，它将计算这个表达式并打印结果值。在 Linux 系统中打开一个终端（可以按 Ctrl＋Alt＋T 键），输入如下命令启动 Scala REPL：

```
$cd /usr/local/scala                    #这是 Scala 的安装目录
$./bin/scala
```

正常启动后，终端将出现“scala>”提示符，此时即可输入 Scala 表达式，在默认情况下一行代表一个表达式或语句，按 Enter 键后 Scala 即运行该语句或表达式并提示结果，如果一条语句需要占用多行，只需要在一行以一个不能合法作为语句结尾的字符结束（如句点或未封闭的括号与引号中间的字符），则 REPL 会自动在下一行以“|”开头，提示用户继续输入。图 2-3 是几个输入的示例，其中，关于函数 show()的定义语句占用了多行。

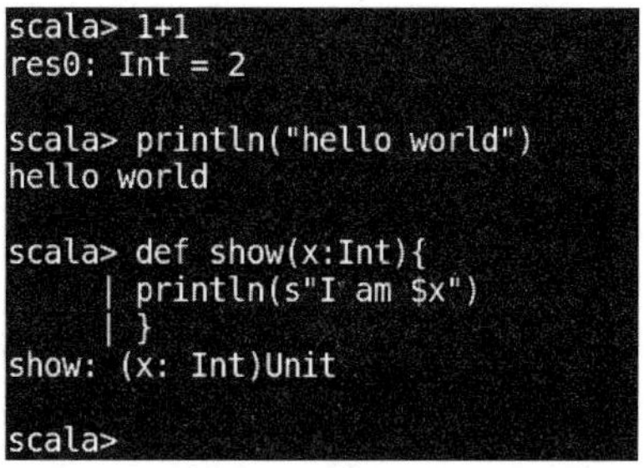

```
scala> 1+1
res0: Int = 2

scala> println("hello world")
hello world

scala> def show(x:Int){
     | println(s"I am $x")
     | }
show: (x: Int)Unit

scala>
```

图 2-3 在 Scala REPL 中一条语句占用多行的效果

直接在解释器里编写程序，一次只能运行一行。如果想运行多行，可以用脚本的方式运行，只需要将多行程序保存为文本文件，然后在 Linux Shell 中用“scala 文件名”这种命令形式来运行即可，或者在 Scala 解释器终端用“:load 文件名”的形式装载执行。下面在Linux系统中打开一个终端，在/usr/local/scala/目录下创建一个mycode子目录，在mycode目录下，使用文本编辑器(如vim)创建一个代码文件Test.scala(文本编辑器vim的使用方法可以参见本教程官网“实验指南”栏目的“Linux系统中vim编辑器的安装和使用方法”)。Test.scala的内容如下：

```
//代码文件为/usr/local/scala/mycode/Test.scala
println("This is the first line")
println("This is the second line")
println("This is the third line")
```

然后，可以在Scala REPL中执行如下命令运行该代码文件：

```
scala>: load /usr/local/scala/mycode/Test.scala
Loading /usr/local/scala/mycode/Test.scala…
This is the first line
This is the second line
This is the third line
```

除了使用Scala解释器运行Scala程序之外，还可以通过编译打包的方式运行Scala程序。

首先，在Linux系统中创建一个代码文件HelloWorld.scala，内容如下：

```
//代码文件为/usr/local/scala/mycode/HelloWorld.scala
object HelloWorld {
    def main(args: Array[String]) {
    println("Hello, world!");
  }
}
```

使用如下命令对代码文件HelloWorld.scala进行编译：

```
$cd /usr/local/scala/mycode
$scalac HelloWorld.scala
```

编译成功后，将会生成HelloWorld$.class及HelloWorld.class两个文件，其文件名即程序中用object关键字定义的对象名，后一个文件即可以在JVM上运行的字节码文件，然后可以使用如下命令运行该程序：

```
$scala -classpath . HelloWorld
```

注意，上面命令中一定要加入“-classpath .”，否则可能会出现“No such file or class on classpath: HelloWorld”错误。可以看出，这与编译和运行Java的HelloWorld程序非常类似，事实上，Scala的编译和执行模型与Java是等效的，上面编译后的字节码文件也可以直接用Java执行，命令如下：

```
$java -classpath .:/usr/local/scala/lib/scala-library.jar HelloWorld
```

其中，scala-library.jar为Scala类库。

关于上面的 Scala 源文件 HelloWorld.scala，这里对照 Java 做 3 点简要说明。

(1) HelloWorld 是用关键字 object 定义的单例对象(Singleton Object)，它提供了一个 main 方法用作应用程序的入口。这里要注意 Scala 的 main 方法与 Java 的 main 方法之间的区别，Java 中是用静态方法，如 public static void main(String[] args)，而 Scala 没有提供静态方法，改为使用单例对象方法。每个独立应用程序都必须有一个定义在单例对象中的 main 方法。

(2) 尽管对象的名字 HelloWorld 与源文件名称 HelloWorld.scala 一致，但是对于 Scala 而言，这并不是必须的。实际上，可以任意命名源文件，例如这里可以把源文件命名为 Test.scala，源文件里面的单例对象名称使用 HelloWorld。可以看出，在这方面，Scala 和 Java 是不同的，按照 Java 的命名要求，这里的文件名称只能为 HelloWorld.scala，即文件名称必须和文件中定义的类(Class)名称保持一致。虽然 Scala 没有要求文件名和单例对象名称一致，但是，这里仍然推荐像在 Java 里那样按照所包含的类名来命名文件，这样程序员可以通过查看文件名的方式方便地找到类。

(3) Scala 是大小写敏感的语言，采用分号“;”分隔语句，但与 Java 不同的是，一行 Scala 程序的最后一条语句末尾的分号是可以省略的。在 HelloWorld.scala 中，第三行末尾的分号是可以省略的。

2.2　Scala 的基础编程知识

本节介绍 Scala 的基础编程知识，包括基本数据类型和变量的定义、输入输出、控制结构和数据结构。

2.2.1　基本数据类型和变量

1. 基本数据类型

表 2-1 给出了 Scala 的 9 种基本数据类型及其取值范围。其中，类型 Byte、Short、Int、Long 和 Char 统称为整数类型，Float 和 Double 称为浮点数类型。可以看出，Scala 与 Java 有着相同的基本数据类型，只是类型修饰符的首字母大小写不同，Scala 中所有基本类型的首字母都采用大写，而 Java 中除了字符串类型用首字母大写的 String 之外，其他 8 种基本类型都采用首字母小写的修饰符。

Scala 是一门纯粹的面向对象的语言，每个值都是对象，也就是说 Scala 没有 Java 中的原生类型，表 2-1 中列出的数据类型都有相应的类与之对应。在 Scala 中，除了 String 类型是在 java.lang 包中被声明之外，其余类型都是包 scala 的成员。例如，Int 的全名是 scala.Int。由于包 scala 和 java.lang 的所有成员都被每个 Scala 源文件自动引用，因此可以省略包名，而只用 Int、Boolean 等简化名。

除了以上 9 种基本类型，Scala 还提供了一个 Unit 类型，类似 Java 中的 void 类型，表示“什么都不是”，主要作为不返回任何结果的函数的返回类型。

表 2-1 Scala 的基本数据类型及其取值范围

数据类型	取值范围	数据类型	取值范围
Byte	8 位有符号的补码整数$[-2^7, 2^7-1]$	String	字符串
Short	16 位有符号的补码整数$[-2^{15}, 2^{15}-1]$	Float	32 位 IEEE 754 单精度浮点数
Int	32 位有符号的补码整数$[-2^{31}, 2^{31}-1]$	Double	64 位 IEEE 754 多精度浮点数
Long	64 位有符号的补码整数$[-2^{63}, 2^{63}-1]$	Boolean	true 或 false
Char	16 位无符号的 Unicode 字符$[0, 2^{16}-1]$		

2. 字面量

字面量是直接在源代码里书写常量值的一种方式。不同类型的字面量书写语法如下。

1) 整数字面量

整数字面量有两种格式：十进制和十六进制。十进制数开始于非零数字，十六进制数开始于 0x 或 0X 前缀。需要注意的是，不论用什么进制的字面量进行初始化，Scala 的 Shell 始终打印输出十进制整数值。整型字面量被编译器解释为 Int 类型，如果需要表示 Long，需要在数字后面添加大写 L 或者小写 l 作为后缀。

2) 浮点数字面量

浮点数字面量是由十进制数字、小数点和可选的 E 或 e 及指数部分组成的。如果以 F 或 f 结尾，会被编译器解释为 Float 类型，否则就是 Double 类型。

3) 布尔型字面量

布尔型只有 true 和 false 两种字面量。

4) 字符及字符串字面量

字符字面量是在半角单引号之间的任何 Unicode 字符，还可以用反斜杠“\”表示转义字符。字符串字面量用半角双引号包括一系列字符表示，如果需要表示多行文本，则用 3 个双引号包括。举例如下：

```
scala>val c='A'
c: Char =A
scala>var c1='\u0045'
c1: Char =E
scala>c1='\''
c1: Char ='
scala>val s ="hello world"
s: String =hello world
scala>val ss =""" the first line
    | the second line
    | the third line"""
ss: String =
```

```
" the first line
the second line
the third line"
```

5) Unit 字面量

Unit 类型只有一个唯一的值,用空的圆括号表示,即()。

3. 操作符

Scala 为它的基本类型提供了丰富的操作符集。

(1) 算术运算符:加(+)、减(-)、乘(*)、除(/)、余数(%)。

(2) 关系运算符:大于(>)、小于(<)、等于(==)、不等于(!=)、大于或等于(>=)、小于或等于(<=)。

(3) 逻辑运算符:逻辑与(&&)、逻辑或(||)、逻辑非(!)。

(4) 位运算符:按位与(&)、按位或(|)、按位异或(^)、按位取反(~)、左移(<<)、右移(>>)、无符号右移(>>>)。

(5) 赋值运算符:"="及其与其他运算符结合的扩展赋值运算符,例如+=、%=。需要强调的是,尽管这些基本操作符在使用上与 Java 基本一致,但是,Scala 的操作符实际上是方法,也就是说,在 Scala 中,每个操作都是方法调用,操作符不过是对象方法调用的一种简写形式。例如,5 + 3 和 5.+(3)是等价的,因为 Scala 作为一门纯粹的面向对象语言,它的每个值都是一个对象,即这里的数值 5 也是一个 Int 类型的对象,由于 Int 类有一个名为"+"的方法,它接收一个 Int 型参数并返回一个 Int 型的结果,因此,5.+(3)就表示在 5 这个对象上调用名称为"+"的方法,把 3 作为参数传递给该方法,完成加法计算。实际上,Int 类型还包含了许多带不同参数类型的重载加法方法,例如,有一个名为"+",参数和返回类型都为 Double 的方法,所以,5+3.5 会返回 Double 型的 8.5,相当于调用了 5.+(3.5)。另外,与 Java 不同的是,Scala 中各种赋值表达式的值都是 Unit 类型,因此,尽管"a=b=5"是合法的语句,但不是表示将 a 和 b 的值都赋值为 5;实际上,执行该语句时,首先执行赋值表达式 b=5,使得 b 的值变为 5,b=5 这个赋值表达式的值是 Unit 类型,这样 a 就成为 Unit 类型。

Scala 操作符的优先级和 Java 基本相同,从高到低基本遵循以下顺序。

算术运算符 > 关系运算符 > 逻辑运算符 > 赋值运算符

唯一的例外是,逻辑非(!)有比算术运算符更高的优先级。但是,在实际应用中,没有必要记住所有操作符之间的优先级顺序,推荐的做法是,除了不言自明的优先级以外(例如,乘除法优先级比加减法高),尽量使用括号去厘清表达式中操作符的优先级。

对于基本数据类型,除了以上提到的各种操作符外,Scala 还提供了许多常用运算的方法,只是这些方法不是在基本类里面定义的,而是被封装到一个对应的富包装类中。表 2-1 中每个基本类型都有一个对应的富包装类,例如,Int 有一个对应的 RichInt 类,String 有一个对应的 RichString 类,这些富包装类位于包 scala.runtime 中。当对一个基本数据类型的对象调用其富包装类提供的方法时,Scala 会自动通过隐式转换,将该对象转换为对应的富包装类型,然后再调用相应的方法。例如,执行语句 3 max 5 时,Scala 检测到基本类型 Int 没有提供 max 方法,但是 Int 的富包装类 RichInt 具有 max 方法,这时,Scala 会自动将 3 这个对象转换为 RichInt 类型,然后调用 RichInt 的 max 方法,并将 5 作为参数传给该方法,最后返回的结果是 Int 型的 5。

4. 变量

尽管 Scala 有多种基本数据类型,但是从声明变量的角度看,Scala 只有两种类型的变量,分别使用关键字 val 和 var 进行声明。对于用 val 声明的变量,在声明时就必须被初始化,而且初始化以后就不能再赋新的值;对于用 var 声明的变量,是可变的,可以被多次赋值。声明一个变量的基本语法:

```
val 变量名: 数据类型 =初始值
var 变量名: 数据类型 =初始值
```

Scala 的这种语法结构与 Java 中“变量类型 变量名=值”的语法结构有所区别。同时,Scala 提供了一种类型推断机制(Type Inference),它会根据初始值自动推断变量的类型,这使得定义变量时可以省略具体的数据类型及其前面的冒号。例如,语句 var str="Hello world" 与 var str : String = "Hello world"的作用是一样的,因为使用了一个字符串文本初始化变量 str,Scala 可以自动推断出 str 的类型是 String。同理,var i=1 和 var i:Int=1 也是等价的。但是,如果需要将 i 定义为浮点型,则必须显式指定类型 var i:Double=1,或者用浮点型的值初始化 var i=1.0。

需要注意的是,在 REPL 环境下,可以重复使用同一个变量名来定义变量,而且变量前的修饰符和其类型都可以不一致,REPL 会以最新的一个定义为准。例如:

```
scala>val a ="Xiamen University"
a: String =Xiamen University
scala>var a =50
a: Int =50
```

2.2.2 输入输出

1. 控制台输入输出语句

为了从控制台读写数据,可以使用以 read 为前缀的方法,包括 readInt、readDouble、readByte、readShort、readFloat、readLong、readChar、readBoolean 及 readLine,分别对应 9 种基本数据类型,其中,前 8 种方法没有参数,readLine 可以不提供参数,也可以带一个字符串参数的提示。所有这些函数都属于对象 scala.io.StdIn 的方法,使用前必须导入,或者直接用全称进行调用。使用示例如下:

```
scala>import io.StdIn._
import io.StdIn._
scala>var i =readInt()
54
i: Int =54
```

```
scala>var f =readFloat
1.618
f: Float =1.618
scala>var b =readBoolean
true
b: Boolean =true
scala>var str =readLine("please input your name: ")
please input your name: Li Lei
str: String =Li Lei
```

需要注意的是，在 Scala 的 REPL 中，从键盘读取数据时，看不到用户的输入，需要按 Enter 键后才能看到效果。

为了向控制台输出信息，常用的两个函数是 print()和 println()，可以直接输出字符串或者其他数据类型，两个函数唯一的区别是，后者输出结束时，会默认加一个换行符，而前者没有。例如：

```
scala>val i =345
i: Int =345
scala>print("i =");print(i)                //两条语句位于同一行，不能省略中间的分号
i=345
scala>println("hello ");println("world")
hello
world
```

此外，Scala 还带有 C 语言风格的格式化字符串的 printf 函数。例如：

```
scala>val i =34
i: Int =34
scala>val f =56.5
f: Double =56.5
scala>printf("I am %d years old and weight %.1f kg.","Li Lie",i,f)
I am 34 years old and weight 56.5 kg.
```

上述提到的 3 个输出方法(print、println 和 printf)都是在对象 Predef 中定义的，该对象在默认情况下会自动被所有 Scala 程序引用，因此，可以直接使用 Predef 对象提供的 print、println 和 printf 等方法，而无须使用 scala.Predef.println("Hello World:")这种形式。另外，Scala 提供了字符串插值机制，以方便在字符串字面量中直接嵌入变量的值。为了构造一个插值字符串，只需要在字符串字面量前加一个 s 字符或 f 字符，然后，在字符串中既可以用 $ 插入变量的值，s 插值字符串不支持格式化，f 插值字符串支持在 $ 变量后再跟格式化参数，例如。

```
scala>val i =10
i: Int =10
scala>val f =3.5
f: Double =3.5452
```

```
scala>val s ="hello"
s: String =hello
scala>println(s"$s: i =$i, f =$f")                     //s 插值字符串
hello: i=10, f=3.5452
scala>println(f"$s: i =$i%-4d, f =$f%.1f")
                                                      //f 插值字符串
hello: i =10 , f =3.5
```

2. 读写文件

Scala 使用类 java.io.PrintWriter 实现文本文件的创建与写入。该类由 Java 库提供，这正好体现了 Scala 与 Java 的互操作性。PrintWriter 类提供了 print 和 println 两个写方法，其用法与向控制台输出数据所采用的 print 和 println 完全一样。例如：

```
scala>import java.io.PrintWriter
scala>val outputFile =new PrintWriter("test.txt")
scala>outputFile.println("Hello World")
scala>outputFile.print("Spark is good")
scala>outputFile.close()
```

上面语句中，new PrintWriter("test.txt")中使用了相对路径地址，这意味着，文件 test.txt 会被保存到启动 Scala REPL 时的当前目录下。例如，如果在/usr/local/scala 目录下使用 scala 命令启动进入了 Scala REPL，则 test.txt 会被保存到/usr/local/scala 目录下。如果要把文件保存到一个指定的目录下，就需要在 new PrintWriter()的圆括号中给出文件路径全称，例如，new PrintWriter("/usr/local/scala/mycode/output.txt")。

尽管 PrintWriter 类也提供了 printf 函数，但是，它不能实现数值类型的格式化写入。为了实现数值类型的格式化写入，可以使用 String 类的 format 方法，或者用 f 插值字符串。例如：

```
scala>import java.io.PrintWriter
scala>val outputFile =new PrintWriter("test.txt")
scala>val i =9
scala>outputFile.print("%3d -->%d\n".format(i,i * i))
scala>outputFile.println(f"$i%3d -->${i * i}%d")        //与上句等效
scala>outputFile.close()
```

Scala 使用类 scala.io.Source 实现对文件的读取，最常用的方法是 getLines 方法，它会返回一个包含所有行的迭代器(迭代器是一种数据结构，将在 2.2.4 节数据结构中介绍)。下面是从一个文件读出所有行并输出的实例代码：

```
scala>import scala.io.Source
scala>val inputFile =Source.fromFile("test.txt")
scala>for (line <-inputFile.getLines()) println(line)
scala>inputFile.close()
```

2.2.3　控制结构

同各种高级语言一样，Scala 也包括了内建的选择结构和循环结构。其中，选择结构包括 if 语句，循环结构包括 for 语句和 while 语句。另外，Scala 也有内建的异常处理结构 try-catch。

1. if 条件表达式

if 语句用来实现两个分支的选择结构，基本语法结构：

```
if (表达式) {
    语句块 1
}
else {
    语句块 2
}
```

执行 if 语句时，会首先检查 if 条件表达式是否为真。若为真，则执行语句块 1；若为假，则执行语句块 2。例如：

```
scala>val x =6
x: Int =6
scala>if (x>0) {println("This is a positive number")
   | } else {
   | println("This is not a positive number")
   | }
This is a positivc number
```

Scala 与 Java 类似，if 结构中 else 子句是可选的，而且 if 子句和 else 子句中都支持多层嵌套 if 结构。例如：

```
scala>val x =3
x: Int =3
scala>if (x>0) {
   |     println("This is a positive number")
   | } else if (x ==0) {
   |     println("This is a zero")
   | } else {
   |     println("This is a negative number")
   | }
This is a positive number
```

与 Java 不同的是，Scala 中的 if 表达式会返回一个值，因此，可以将 if 表达式赋值给一个变量，这与 Java 中的三元操作符“?:”有些类似。例如：

```
scala>val a =if (6>0) 1 else -1
```

```
a: Int =1
```

2. while 循环表达式

Scala 的 while 循环结构和 Java 的完全一样,包括以下两种基本结构,只要表达式为真,循环体就会被重复执行,其中,do-while 循环至少被执行一次。

```
while (表达式){
        循环体
}
```

或者

```
do{
        循环体
}while (表达式)
```

3. for 循环表达式

与 Java 的 for 循环相比,Scala 的 for 循环在语法表示上有较大的区别,同时,for 也不是 while 循环的一个替代者,而是提供了各种容器遍历的强大功能,用法也更灵活(容器的概念,将在 2.2.4 节数据结构中介绍)。for 循环最简单的用法就是对一个容器的所有元素进行枚举,基本语法结构:

```
for (变量 <-表达式) {语句块}
```

其中,"变量<-表达式"被称为生成器(Generator),该处的变量不需要关键字 var 或 val 进行声明,其类型为后面的表达式对应的容器中的元素类型,每次枚举,变量就被容器中的一个新元素所初始化。例如:

```
scala>for (i <-1 to 3) println(i)
1
2
3
```

其中,1 to 3 为一个整数的 Range 型容器(将在 2.2.4 节数据结构中介绍 Range),包含 1、2 和 3。i 依次从 1 枚举到 3。for 循环可以对任何类型的容器类进行枚举。例如:

```
scala>for (i <-Array(3,5,6)) println(i)
3
5
6
```

其中,Array(3,5,6)创建了一个数组(将在 2.2.4 节数据结构中进一步介绍),for 循环依次对数组的 3 个元素进行了枚举。可以发现,通过这种方式遍历一个数组,比 Java 语言的表达方法更加简洁高效,而且不需要考虑索引是从 0 还是 1 开始,也不会发生数组越界问题。

for 循环不仅仅可以对一个集合进行完全枚举，还可以通过添加过滤条件对某个子集进行枚举，这些过滤条件被称为守卫式（Guard），基本语法结构：

```
for (变量 <-表达式 if 条件表达式) 语句块
```

此时，只有当变量取值满足 if 后面的条件表达式时，语句块才被执行。例如：

```
scala>for (i <-1 to 5 if i%2==0) println(i)
2
4
```

上面语句执行时，只输出 1～5 能被 2 整除的数。如果需要添加多个过滤条件，可以增加多个 if 语句，并用分号隔开。从功能上讲，上述语句等同于：

```
for (i <-1 to 5)
    if (i%2 ==0) println(i)
```

可以通过添加多个生成器实现嵌套的 for 循环，其中，每个生成器之间用分号隔开。例如：

```
scala>for (i <-1 to 5; j <-1 to 3) println(i * j)
1
2
3
2
...
```

其中，外循环为 1～5，内循环为 1～3。与单个生成器类似，在多个生成器中，每个生成器都可以通过 if 子句添加守卫式进行条件过滤。

以上所有的 for 循环都只是对枚举值进行某些操作即结束，实际上，Scala 的 for 结构更灵活之处体现在，可以在每次执行时创造一个值，然后将包含了所有产生值的容器对象作为 for 循环表达式的结果返回。为了做到这一点，只需要在循环体前加上 yield 关键词，即 for 结构：

```
for (变量 <-表达式) yield {语句块}
```

其中 yield 后的语句块中最后一个表达式的值作为每次循环的返回值，例如：

```
scala>val r=for (i <-Array(1,2,3,4,5) if i%2==0) yield { println(i); i}
2
4
r: Array[Int] =Array(2,4)
```

执行结束后，*r* 为包含元素 2 和 4 的新数组。这种带有 yield 关键字的 for 循环，被称为 for 推导式。也就是说，通过 for 循环遍历一个或多个集合，对集合中的元素进行推导，从而计算得到新的集合，用于后续的其他处理。

4. 异常处理结构

Scala 不支持 Java 中的检查型异常(Checked Exception),将所有异常都当作非检查型,因此,在方法声明中不需要像 Java 中那样使用 throw 子句。和 Java 一样,Scala 也使用 try—catch 结构来捕获异常。例如:

```
import java.io.FileReader
import java.io.FileNotFoundException
import java.io.IOException
try {
    val f =new FileReader("input.txt")
      // 文件操作
} catch {
    case ex: FileNotFoundException =>…                // 文件不存在时的操作
    case ex: IOException =>…                          // 发生 I/O 错误时的操作
} finally {
    file.close()                                      // 确保关闭文件
}
```

若 try 程序体正常被执行,则没有抛出异常;反之,若执行出错,则抛出异常。该异常被 catch 子句捕获,捕获的异常与每个 case 子句中的异常类别进行比较(这里使用了模式匹配,将在 2.3.6 节模式匹配中介绍)。异常如果是 FileNotFoundException,第一个 case 子句将被执行;如果是 IOException 类型,第二个 case 子句将被执行;如果都不是,那么该异常将向上层程序体抛出。其中,finally 子句不管是否发生异常,都会被执行。finally 子句是可选的。与 Java 类似,Scala 也支持使用 throw 关键字手动抛出异常。

5. 对循环的控制

为了提前终止整个循环或者跳到下一个循环,Java 提供了 break 和 continue 两个关键字,但是,Scala 没有提供这两个关键字,而是通过一个称为 Breaks 的类来实现类似的功能,该类位于包 scala.util.control 下。Breaks 类有两个方法用于对循环结构进行控制,即 breakable 和 break,通常都是放在一起配对使用,其基本使用方法如下:

```
breakable{
    …
    if(…) break
    …
}
```

即将需要控制的语句块作为参数放在 breakable 后面,然后,其内部在某个条件满足时调用 break 方法,程序将跳出 breakable 方法。通过这种通用的方式,就可以实现 Java 循环中的 break 和 continue 功能。下面通过一个例子来说明,在 Linux 系统中新建一个代码文件 TestBreak.scala,内容如下:

```
//代码文件为/usr/local/scala/mycode/TestBreak.scala
import util.control.Breaks._     //导入 Breaks 类的所有方法
val array =Array(1,3,10,5,4)
breakable{
    for(i<-array){
        if(i>5) break     //跳出 breakable,终止 for 循环,相当于 Java 中的 break
        println(i)
    }
}
// 上面的 for 语句将输出 1,3

for(i<-array){
    breakable{
        if(i>5) break
                //跳出 breakable,终止当次循环,相当于 Java 中的 continue println(i)
    }
}
// 上面的 for 语句将输出 1,3,5,4
```

可以在 Scala REPL 中使用“:load /usr/local/scala/mycode/TestBreak.scala”执行该代码文件并查看程序执行效果。

2.2.4　数据结构

在 Scala 编程中经常需要用到各种数据结构，如数组(Array)、元组(Tuple)、列表(List)、映射(Map)、集合(Set)等。

1. 数组

数组是一种可变的、可索引的、元素具有相同类型的数据集合，它是各种高级语言中最常用的数据结构。Scala 提供了参数化类型的通用数组类 Array[T]，其中，T 可以是任意的 Scala 类型。Scala 数组与 Java 数组是一一对应的。即 Scala 的 Array[Int]可看作 Java 的 Int[]，Array[Double]可看作 Java 的 Double[]，Array[String]可看作 Java 的 String[]。可以通过显式指定类型或者通过隐式推断来实例化一个数组。例如：

```
scala>val intValueArr =new Array[Int](3)
scala>val myStrArr =Array("BigData","Hadoop","Spark")
```

第一行通过显式给出类型参数 Int 定义一个长度为 3 的整型数组，数组的每个元素默认初始化为 0。第二行省略了数组的类型，而通过具体的 3 个字符串来初始化，Scala 自动推断出为字符串数组，因为 Scala 会选择初始化元素的最近公共类型作为 Array 的参数类型。需要注意的是，第二行中没有像 Java 那样使用 new 关键字来生成一个对象，实际是因为使用了 Scala 中的伴生对象的 apply 方法，具体将在 2.3.2 节对象中介绍。

另外，不同于 Java 的方括号，Scala 使用圆括号来访问数组元素，索引也是从零开始。

例如,对于上述定义的两个数组,可以通过 intValueArr(0)=5 改变数组元素的值,myStrArr(1)返回字符串"Hadoop"。Scala 使用圆括号而不是方括号来访问数组元素,这里涉及 Scala 的伴生对象的 update 方法,具体将在 2.3.2 节对象中介绍。

需要注意的是,尽管两个数组变量都用 val 关键字进行定义,但是,这只是表明这两个变量不能再指向其他的对象,而对象本身是可以改变的,因此可以对数组内容进行改变。

既然 Array[T]类是一个通用的参数化类型,那么就可以很自然地通过给定 T 也为 Array 类型来定义多维数组。Array 提供了函数 ofDim 来定义二维和三维数组,用法如下:

```
val myMatrix =Array.ofDim[Int](3,4)
val myCube =Array.ofDim[String](3,2,4)
```

其中,第一行定义了一个 3 行 4 列的二维整型数组,如果在 REPL 模式下,可以看到其类型实际就是 Array[Array[Int]],即它就是一个普通的数组对象,只不过该数组的元素也是数组类型。同理,第二行定义了一个三维长度分别为 3、2、4 的三维字符串数组,其类型实际是 Array[Array[Array[String]]]。同样可以使用多级圆括号来访问多维数组的元素,例如 myMatrix(0)(1)返回第一行第二列的元素。

2. 元组

Scala 的元组是对多个不同类型对象的一种简单封装。Scala 提供了 TupleN 类(N 为 1~22),用于创建一个包含 N 个元素的元组。构造一个元组的语法很简单,只需把多个元素用逗号分开并用圆括号包围起来就可以了。例如:

```
scala>val tuple =("BigData",2015,45.0)
```

这里定义了包含 3 个元素的元组,3 个元素的类型分别为 String、Int 和 Double,因此实际上该元组的类型为 Tuple3[String,Int,Double]。可以使用下画线(_)加上从 1 开始的索引值,来访问元组的元素。例如,对于刚定义的元组 tuple,tuple._1 的值是字符串"BigData",tuple._3 的值是浮点数 45.0。还可以一次性提取出元组中的元素并赋值给变量。例如,下例展示了直接提取 tuple 的 3 个元素的值,并分别赋值给 3 个变量(实际上这里涉及 Scala 的模式匹配机制,将在 2.3.6 节模式匹配中进一步介绍)。

```
scala>val (t1,t2,t3) =tuple
t1: String =BigData
t2: Int =2015
t3: Double =45.0
```

如果需要在方法里返回多个不同类型的对象,Scala 可以简单地返回一个元组,为了实现相同的功能,Java 通常需要创建一个类去封装多个返回值。

3. 容器

Scala 提供了一套丰富的容器(Collection)库,定义了列表、集合、映射等常用数据结构。根据容器中元素的组织方式和操作方式,可以区分为有序和无序、可变和不可变等不同的容器类别。Scala 用了 3 个包来组织容器类,分别是 scala.collection.immutable、scala.collection.mutable 和 scala.collection。从名字即可看出 scala.collection.immutable 包是指元素不可变的容器;scala.collection.mutable 包指的是元素可变的容器;而 scala.collection 封装了一些可变容器和不可变容器的超类或特质(将在 2.3.5 节特质中介绍,这里可以将其理解为 Java 中的接口),定义了可变容器和不可变容器的一些通用操作。scala.collection 包中的容器通常都具备对应的不可变实现和可变实现。

Scala 为容器的操作精心设计了很多细粒度的特质,但对于用户来说,无须掌握每个特质的使用,因为 Scala 已经通过混入这些特质生成了各种高级的容器。图 2-4 显示了 scala.collection 包中容器的宏观层级结构(省略了很多细粒度的特质)。所有容器的根为 Traverable 特质,表示可遍历的,它为所有的容器类定义了抽象的 foreach 方法,该方法用于对容器元素进行遍历操作。混入 Traverable 特质的容器类必须给出 foreach 方法的具体实现。Traverable 的下一级为 Iterable 特质,表示元素可一个一个地依次迭代,该特质定义了一个抽象的 iterator 方法,混入该特质的容器必须实现 iterator 方法,返回一个迭代器(Iterator),另外,Iterable 特质还给出了其从 Traverable 继承的 foreach 方法的一个默认实现,即通过迭代器进行遍历。

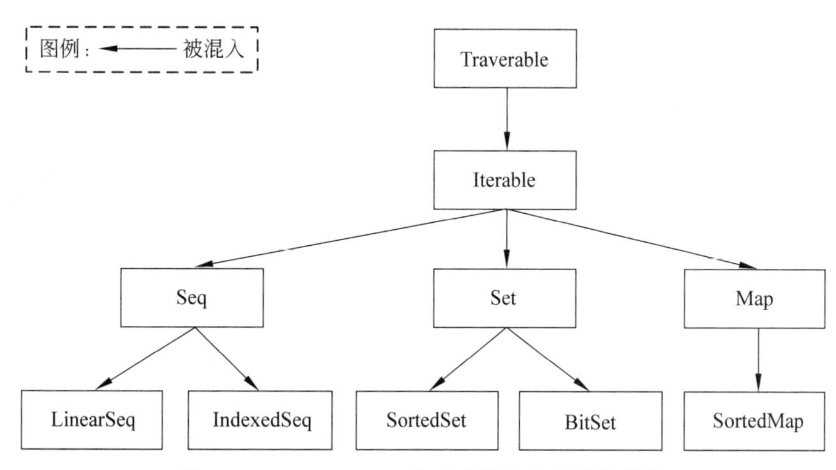

图 2-4　scala.collection 包中容器的宏观层次结构

在 Iterable 下的继承层次包括 3 个特质,分别是序列(Seq)、映射(Map)和集合(Set),这 3 种容器最大的区别是其元素的索引方式,序列是按照从 0 开始的整数进行索引的,映射是按照键值进行索引的,而集合是没有索引的。

4. 序列

序列(Sequence)是指元素可以按照特定的顺序访问的容器。在 Scala 的容器层级中,序列容器的根是 collection.Seq 特质,是对所有可变和不可变序列的抽象。序列中每个元素均带有一个从 0 开始计数的固定索引位置。特质 Seq 具有 LinearSeq 和 IndexedSeq 两个子特质,这两个子特质没有添加任何新的方法,只是针对特殊情况对部分方法进行重载,以提供更高效的实现。LinearSeq 序列具有高效的 head 和 tail 操作,而 IndexedSeq 序列具有高效的随机存储操作。实现了特质 LinearSeq 的常用序列有列表(List)和队列(Queue)。实现了特质 IndexedSeq 的常用序列有可变数组(ArrayBuffer)和向量(Vector)。

这里介绍两种常用的序列,即列表和 Range。

1) 列表

列表是一种共享相同类型的不可变的对象序列,是函数式编程中最常见的数据结构。Scala 的 List 被定义在 scala.collection.immutable 包中。不同于 Java 的 java.util.List,Scala 的 List 一旦被定义,其值就不能改变,因此,声明 List 时必须初始化。例如:

```
scala>var strList=List("BigData","Hadoop","Spark")
```

上面语句定义了一个包含 3 个字符串的列表 strList。这里直接使用了 List,而无须加包前缀 scala.collection.immutable,这是因为 Scala 默认导入了 Predef 对象,而该对象为很多常用的数据类型提供了别名定义,包括列表 scala.collection.immutable.List、不可变集 scala.collection.immutable.Set 和不可变映射 scala.collection.immutable.Map 等。由于 List 是一个特质,因此不能直接用 new 关键字来创建一个列表,这里使用了 List 的 apply 工厂方法创建一个列表 strList(关于 apply 方法将在 2.3.2 节对象中介绍)。创建 List 时也可以显示指定元素类型。例如:

```
scala>val l =List[Double](1,3.4)
l: List[Double] =List(1.0, 3.4)
```

值得注意的是,对于包括 List 在内的所有容器类型,如果没有显式指定元素类型,Scala 会自动选择所有初始值的最近公共类型来作为元素的类型。因为 Scala 的所有对象都来自共同的根 Any,因此,原则上容器内可以容纳任意不同类型的成员(尽管实际上很少这样做)。例如:

```
scala>val x=List(1,3.4,"Spark")
x: List[Any] = List(1, 3.4, Spark)                //1, 3.4, Spark 最近公共类型
为 Any
```

列表有头部和尾部的概念,可以分别使用 head 和 tail 方法来获取。例如,strList.head 将返回字符串"BigData",strList.tail 返回 List("Hadoop","Spark"),即 head 返回的是列表第一个元素的值,而 tail 返回的是除第一个元素外的其他值构成的新列表,这体现出列表具有递归的链表结构。正是基于这一点,常用的构造列表的方法是通过在已有列表前端增加元素,使用的操作符为"::"。例如:

```
scala>val otherList="Apache": : strList
```

其中,strList 是前面已经定义过的列表,执行该语句后,strList 保持不变,而 otherList 将成为一个新的列表 List("Apache","BigData","Hadoop","Spark")。注意,这里的"::"只是 List 类型的一个方法,而且 Scala 规定,当方法名以冒号结尾时,其作为操作符使用时,将执行右结合规则,因此,"Apache":: strList 等效于 strList.::

("Apache")。Scala 还定义了一个空列表对象 Nil，借助 Nil 可以将多个元素用操作符“::”串起来初始化一个列表。例如：

```
scala>val intList =1: : 2: : 3: : Nil
```

该语句与 val intList = List(1,2,3)等效。注意，最后的 Nil 是不能省略的，因为“::”是右结合的，3 是 Int 型，它并没有名为“::”的方法。

列表作为一种特殊的序列，可以支持索引访问。例如，上例的 strList(1)返回字符串"Hadoop"。但是需要注意的是，由于列表采用链表结构，因此，除了 head、tail 以及其他创建新链表的操作是常数时间 $O(1)$，其他诸如按索引访问的操作都需要从头开始遍历，因此是线性时间复杂度 $O(N)$。为了实现所有操作都是常数时间，可以使用向量。例如：

```
scala>val vec1=Vector(1,2)
vec1: scala.collection.immutable.Vector[Int] =Vector(1, 2)
scala>val vec2 =3 +: 4 +: vec1
vec2: scala.collection.immutable.Vector[Int] =Vector(3, 4, 1, 2)
scala>val vec3 =vec2 : +5
vec3: scala.collection.immutable.Vector[Int] =Vector(3, 4, 1, 2, 5)
scala>vec3(3)
res6: Int =2
```

上面语句中的“+=”和“:+”都是继承自特质 Seq 中的方法，用于向序列的前端和尾端添加新元素，注意以“:”结尾的方法是右结合的。

List 和 Vector 都是不可变的，其包含的对象一旦确定就不能增加和删除。List 和 Vector 对应的可变版本是 ListBuffer 和 ArrayBuffer，这两个序列都位于 scala.collection.mutable 中。下面以 ListBuffer 为例子进行说明，ArrayBuffer 的使用完全类似，只是其随机存储效率更高。

```
scala>import scala.collection.mutable.ListBuffer
scala>val mutableL1 =ListBuffer(10,20,30)      //初始长度为 3 的变长列表
mutableL1: scala.collection.mutable.ListBuffer[Int] =ListBuffer(10, 20, 30)
scala>mutableL1 +=40                           //在列表尾部增加一个元素 40
res22: mutableL1.type =ListBuffer(10, 20, 30, 40)
scala>val mutableL2 =mutableL1: +50
                       //在列表尾部增加一个元素 50,并返回这个新列表,原列表保持不变
mutableL2: scala.collection.mutable.ListBuffer[Int] = ListBuffer(10, 20, 30,
40, 50)
scala>mutableL1.insert(2, 60,40)               //从第 2 个索引位置开始,插入 60 和 40
scala>mutableL1
res24: scala.collection.mutable.ListBuffer[Int] = ListBuffer(10, 20, 60, 40,
30, 40)
scala>mutableL1 -=40                           //在数组中删除值为 40 的第一个元素
res25: mutableL1.type =ListBuffer(10, 20, 60, 30, 40)
```

```
scala>var temp=mutableL1.remove(2)           //移除索引为 2 的元素,并将其返回
temp: Int =60
scala>mutableL1
res26: scala.collection.mutable.ListBuffer[Int] =ListBuffer(10, 20, 30, 40)
```

上述代码中需要注意的是,“+=”方法会修改列表本身,而“:+”方法只是利用当前列表创建一个新的列表,并在其前端增加元素,当前列表本身并未改变。为了防止混淆,可以记住一个简单的规则:对于可变序列,包含“=”的方法都会直接修改序列本身,否则,就是创建新序列。例如,“++=”将另一个容器中的元素添加到列表后端,而“++”执行类似操作时,则只是返回新列表,并不会修改原列表。上述规则同样适用于下面将要介绍的可变集合和可变映射。

2) Range

Range 类是一种特殊的、带索引的不可变数字等差序列,其包含的值为从给定起点按一定步长增长(减小)到指定终点的所有数值。可以使用两种方法创建一个 Range 对象,一种方法是直接使用 Range 类的构造函数。例如:

```
scala>val r=new Range(1,5,1)
```

其中,第一个参数为起点,第二个参数为终点(终点本身不会被包含在创建得到的 Range 对象内),最后一个参数为步长。因此,上述语句创建的 Range 对象包括 1、2、3 和 4 共 4 个整数元素,可以使用从 0 开始的索引访问其元素。例如,r(2)的值是 3,还可以分别使用 start 和 end 成员变量访问起点和终点。

另一种构造 Range 的常用方法是使用数值类型的 to 方法,这种方法经常使用在 for 循环结构中。例如,“1 to 5”这个语句将生成一个整数 1～5 的 Range;如果不想包括区间终点,可以使用 until 方法,例如,“1 until 5”这个语句会生成 1～4 的 Range;还可以设置非 1 的步长。例如,“1 to 5 by 2”这个语句将生成包含 1、3 和 5 的 Range。

类似于整数的 Range,还可以生成浮点值或字符型的等差序列。例如,“0.1f to 2f by 0.5f”将生成包含 0.1、0.6、1.1、1.6 的 Range 对象;“'a' to 'e' by 2”将生成包含'a' 'c' 'e'的 Range 对象。实际上,支持 Range 的类型包括 Int、Long、Float、Double、Char、BigInt 和 BigDecimal 等。

5. 集合

Scala 的集合是不重复元素的容器。相对于列表中的元素是按照索引顺序来组织的,集合中的元素并不会记录元素的插入顺序,而是以哈希方法对元素的值进行组织(不可变集在元素很少时会采用其他方式实现),所以,它可以支持快速找到某个元素。集合包括可变集和不可变集,分别位于 scala.collection.mutable 包和 scala.collection.immutable 包,在默认情况下创建的是不可变集。例如:

```
scala>var mySet =Set("Hadoop","Spark")
scala>mySet +="Scala"
```

其中,第一行创建集合的方法与创建数组和列表类似,通过调用 Set 的 apply 工厂方法

来创建一个集合。第二行实际是一条赋值语句的简写形式，等效于 mySet＝mySet＋"Scala"，即调用了 mySet 的名为"＋"的方法，该方法返回一个新的 Set，将这个新的 Set 赋值给可变变量 mySet，因此，如果用 val 修饰这里的 mySet，执行时将会报错。

如果要声明一个可变集，则需要提前引入 scala.collection.mutable.Set。举例如下：

```
scala>import scala.collection.mutable.Set
scala>val myMutableSet =Set("Database","BigData")
scala>myMutableSet +="Cloud Computing"
```

可以看出，创建可变集的方法与创建不可变集是完全一样的。不过需要注意的是，这里创建可变集代码的第三行与上面创建不可变集代码的第二行，虽然看起来形式完全一样，但是二者有着根本的不同。回忆上节介绍的等号规则，"＋＝"方法会直接在原集合上添加一个元素。这里变量 myMutableSet 引用本身并没有改变，因为被 val 修饰，但指向的集对象已经改变了。

6. 映射

映射是一系列键值对的容器。在一个映射中，键是唯一的，但值不一定是唯一的。可以根据键来对值进行快速的检索。Scala 提供了可变映射和不可变映射，分别定义在包 scala.collection.mutable 和 scala.collection.immutable 里。在默认情况下，Scala 使用的是不可变映射。例如：

```
scala> val university =Map("XMU" ->"Xiamen University", "THU" ->"Tsinghua
University","PKU"->"Peking University")
```

这里定义了一个从字符串到字符串的不可变映射，在 REPL 模式下，可以看到其类型为 scala.collection.immutable.Map[String,String]。其中，操作符"－＞"是定义二元组的简写方式，它会返回一个包含调用者和传入参数的二元组，在该例中，即(Sring,String)类型的二元组。

如果要获取映射中的值，可以通过键来获取。对于上述实例，university("XMU")将返回字符串"Xiamen University"，对于这种访问方式，如果给定的键不存在，则会抛出异常，为此，访问前可以先调用 contains 方法来确定键是否存在。例如，在本例中，university.contains("XMU")将返回 true，但 university.contains("Fudan")将返回 false。推荐的用法是使用 get 方法，它会返回 Option[T]类型(见 2.3.3 节关于 Option 的示例)。

对于不可变映射，不能添加新的键值对，也不能修改或者删除已有的键值对。对于可变映射，可以直接修改其元素。如果想使用可变映射，必须明确地导入 scala.collection.mutable.Map。例如：

```
scala>import scala.collection.mutable.Map
scala>val university2 =Map("XMU" ->"Xiamen University", "THU" ->"Tsinghua
University","PKU"->"Peking University")
scala>university2("XMU") ="Ximan University"
scala>university2("FZU") ="Fuzhou University"
```

```
scala>university2 +=("TJU"->"Tianjin University")
```

其中,第三行修改了键为 XMU 的已有元素,第四行通过修改不存在的键 FZU,实现了添加新元素的目的,最后一行直接调用名为"+="的方法增加新元素。映射的两个常用到的方法是 keys 和 values,分别返回由键和值构成的容器对象。

7. 迭代器

迭代器(Iterator)是一种提供了按顺序访问容器元素的数据结构。尽管构造一个迭代器与构造一个容器很类似,但迭代器并不是一个容器类,因为不能随机访问迭代器的元素,而只能按从前往后的顺序依次访问其元素。因此,迭代器常用于需要对容器进行一次遍历的场景。迭代器提供了两个基本操作:next 和 hasNext,可以很方便地对容器实现遍历。next 返回迭代器的下一个元素,并从迭代器中将该元素抛弃;hasNext 用于检测是否还有下一个元素。例如:

```
val iter =Iterator("Hadoop","Spark","Scala")
while (iter.hasNext) {
    println(iter.next())
}
```

该操作执行结束后,迭代器会移动到末尾,就不能再使用了,如果继续执行一次 println(iter.next),就会报错,从这一点可以看出迭代器并不是一个容器,而有些类似 C++ 中指向一个容器元素的指针,但该指针不能前后随意移动,只能逐次向后一个元素一个元素地移动。实际上,迭代器的大部分方法都会改变迭代器的状态。例如,调用 length 方法会返回迭代器元素的个数,但是,调用结束后,迭代器已经没有元素了,再次进行相关操作会报错。因此,建议除 next 和 hasnext 方法外,在对一个迭代器调用了某个方法后,不要再次使用该迭代器。

2.3 面向对象编程基础

作为一个运行在 JVM 上的语言,Scala 毫无疑问是面向对象的语言。尽管在具体的数据处理部分,函数式编程在 Scala 中已成为首选方案,但在上层的架构组织上,仍然需要采用面向对象的模型,这对于大型的应用程序尤其必不可少。本节将对面向对象编程的基础知识进行较为详细的介绍,包括类、对象、继承和特质等基本概念,同时将专门介绍 Scala 中应用灵活的模式匹配功能。

2.3.1 类

类和对象是 Java、C++ 等面向对象编程语言的基础概念。可以将类理解为用来创建对象的蓝图或模板。定义好类以后,就可以使用 new 关键字来创建对象。

1. 类的定义

Scala 的类用关键字 class 声明。最简单的类的定义形式如下:

```
class Counter{
//这里定义类的字段和方法
}
```

其中，Counter 是类名，Scala 中建议类名都用大写字母开头。在类的定义中，字段和方法统称为类的成员（Member）。字段是指对象所包含的变量，它保存了对象的状态或者数据；而方法是使用这些数据对对象进行各种操作的可执行程序块。Scala 中建议字段名和成员名都采用小写字母开头。字段的定义和变量的定义一样，用 val 或 var 关键字进行定义，方法用关键字 def 定义，基本的语法：

```
def 方法名(参数列表): 返回结果类型 ={方法体}
```

例如，下面是一个完整的类定义：

```
class Counter {
  var value =0
  def increment(step: Int): Unit ={value +=step}
  def current(): Int ={value}
}
```

在上面定义的类中，包括一个字段 value 和两个方法。其中，increment 方法接收一个 Int 型的参数，返回值类型为 Unit；current 方法没有参数，返回一个 Int 型的值。与 Java 不同的是，在 Scala 的方法中，不需要依靠 return 语句来为方法返回一个值；对于 Scala，方法里面的最后一个表达式的值就是方法的返回值。有了类的定义，就可以使用 new 关键字来进行实例化，并通过实例对类的成员进行访问。例如：

```
val myCounter =new Counter
myCounter.value =5                          //访问字段
myCounter.add(3)                            //调用方法
println(myCounter.current)             //调用无参数方法时，可以省略方法名后的括号
```

Scala 允许类的嵌套定义，即在一个类定义体里再定义另外一个类。下面在 Linux 中创建一个代码文件 Top.scala：

```
//代码文件为/usr/local/scala/mycode/Top.scala
class Top(name: String, subname: String) {    //顶层类
case class Nested(name: String)               //嵌套类
def show{
    val c=new Nested(subname)
    printf("Top %s includes a Nested %s\n", name, c.name)
}
}
val t =new Top("A","B")
t.show
```

在 Scala REPL 中运行代码文件后，将输出“Top A includes a Nested B”。

2. 类成员的可见性

在 Scala 类中,所有成员的默认可见性为公有,且不需要用 public 关键字进行限定,任何作用域内都能直接访问公有成员。除了默认的公有可见性,Scala 也提供与 Java 类似的可见性选项,包括 private 和 protected。其中,private 成员只对本类型和嵌套类型可见;protected 成员对本类型和其继承类型都可见。

Scala 不推荐将字段的默认可见性设置为公有,而建议将其设置为 private,这是为了实现对这些私有字段的访问,Scala 采用类似 Java 中的 getter 方法和 setter 方法,定义了两个成对的方法 value 和 value_=,其中的 value 是需要向用户暴露的字段名字。例如,对于前面定义的 Counter 类,为了避免直接暴露公有字段 value,可以进行重写,在 Linux 中创建一个代码文件 Counter.scala,内容如下:

```
//代码文件为/usr/local/scala/mycode/Counter.scala
class Counter {
    private var privateValue =0
    def value =privateValue
    def value_=(newValue: Int){
        if (newValue >0) privateValue =newValue
    }
    def increment(step: Int): Unit ={value +=step}
    def current(): Int ={value}
}
```

上例中定义了一个私有字段 privateValue,该字段不能直接从外部访问,而是通过方法 value 和 value_对外进行访问和修改,相当于 Java 中的 getter 方法和 setter 方法。下面在 Scala REPL 中执行如下代码:

```
scala>: load /usr/local/scala/mycode/Counter.scala
Loading /usr/local/scala/mycode/Counter.scala...
defined class Counter
scala>val myCounter =new Counter
myCounter: Counter =Counter@f591271
scala>myCounter.value_=(3)                    //为 privateValue 设置新的值
scala>println(myCounter.value)                //访问 privateValue 的当前值
3
```

上面为了设置 privateValue 的值调用了名为 value_=的方法,这种方式对用户显然不够友好和直观,因此,Scala 语法中有如下规范,当编译器看到以 value 和 value_=这种成对形式出现的方法时,它允许用户删除下画线(_),而采用类似赋值表达式的形式,上面的第二句代码通常可以写为

```
myCounter.value =3                            // 等效于 myCounter.value_=(3)
```

有了该规则以后,用户访问私有字段与访问公有字段的代码,在形式上完全统一,而

实际上是调用了方法。由于类的实现对于用户是透明的，在需要时，可以将直接暴露的公有字段自由地改为通过方法来访问，或者反过来，并且不会影响用户的体验。

3. 方法的定义方式

在 Scala 语言中，方法参数前不能加上 val 或 var 关键字来限定，所有的方法参数都是不可变类型，相当于隐式地使用了 val 关键词限定，如果在方法体里面给参数重新赋值，将不能通过编译。对于无参数的方法，定义时可以省略括号，不过需要注意，如果定义时省略了括号，那么在调用时也不能带有括号；如果无参数方法在定义时带有括号，则调用时可以带括号，也可以不带括号。在调用方法时，方法名后面的圆括号可以用花括号来代替。另外，如果方法只有一个参数，可以省略点号(.)而采用中缀操作符调用方法，形式为“调用者 方法名 参数”。例如，现在对上面定义的 Counter 类进行改写，改写后的代码保存为 Counter1.scala，具体如下：

```
//代码文件为/usr/local/scala/mycode/Counter1.scala
class Counter {
    var value =0
    def increment(step: Int): Unit ={value +=step}
    def current: Int=value
    def getValue(): Int =value
}
```

在这种定义下，对 current 方法的调用不能带括号，对 getValue 的调用可带也可不带括号。下面在 Scala REPL 中通过实例测试一下各种调用方式的效果：

```
scala>: load /usr/local/scala/mycode/Counter1.scala
Loading /usr/local/scala/mycode/Counter1.scala…
defined class Counter
scala>val c =new Counter
c: Counter =Counter@30ab4b0e
scala>c increment 5                 //中缀调用法
scala>c.getValue()                  //getValue 定义中有括号,可以带括号调用
res0: Int =5
scala>c.getValue                    //getValue 定义中有括号,也可不带括号调用
res1: Int =0
scala>c.current()                   //current 定义中没有括号,不可带括号调用
<console>: 13: error: Int does not take parameters
      c.current()

scala>c.current                     // current 定义中没有括号,只能不带括号调用
res3: Int =0
```

当方法的返回结果类型可以从最后的表达式推断出时，方法定义中可以省略结果类型，同时，如果方法体只有一条语句，还可以省略方法体两边的大括号。例如：

```
class Counter {
    var value =0
     def increment(step: Int) =value +=step     //赋值表达式的值为 Unit 类型
    def current() =value               //根据 value 的类型自动推断出返回类型为 Int 型
}
```

另外,如果方法的返回类型为 Unit,可以同时省略返回结果类型和等号,但花括号不能省略。因此,上面的例子还可以改写为

```
class Counter {
    var value =0
    def increment(step: Int) { value +=step }
    def current() =value
}
```

在定义一个方法时,如果只是为了获得方法的“副作用”(如打印信息),那么,就可以采用省略等号的定义方式,这时的方法就相当于其他语言中的过程(Procedure)。值得注意的是,在这种情况下,不管方法体的最后一句表达式的类型是什么,返回的结果类型都是 Unit,因为 Scala 编译器可以将任何类型都转换为 Unit。因此,对于一个方法而言,当我们希望通过类型推断让方法返回正确值时,如果不小心漏写了等号,就会导致方法不能得到正确的返回值。

在 Java 及 C++ 中,方法声明中的参数名对客户端是没有意义的。但是,在 Scala 中,调用方法时可以显式地使用命名参数列表。当方法有多个默认值,而调用者只给出与默认值个数不同的参数时,这一规则将使得程序更简洁,可读性更强。例如:

```
class Position(var x: Double =0,var y: Double =0) {
    def move(deltaX: Double =0,deltaY: Double =0) {
        x +=deltaX;
        y +=deltaY
    }
}
val p=new Position()
p.move(deltaY =5)                    //沿 y 轴移动 5 个单位,deltaX 采用了默认值
```

Scala 允许方法重载。只要方法的完整签名是唯一的,多个方法可以使用相同的方法名。方法的签名包括方法名、参数类型列表、返回类型。另外,如果方法定义包含参数列表,方法名可以与类的字段同名。例如,下面的定义是合法的:

```
class Temp{
    var x: Int =0                    //这里使用 x 作为字段名
    def x(i: Int): Int =x+i          //这里又使用了同名的 x 作为方法名
}
```

Scala 允许方法的嵌套定义,即在一个方法体里再定义另一个方法。例如:

```
def sumPowersOfTwo(a:Int, b:Int):Int ={
```

```
    def powerOfTwo(x:Int):Int ={if(x ==0) 1 else 2 * powerOfTwo(x-1)}
    if(a >b) 0 else powerOfTwo(a) +sumPowersOfTwo(a+1, b)
}
```

这里，sumPowersOfTwo 方法实现求从 a 到 b 的 2 次幂和，该方法先定义了一个嵌套方法 powerOfTwo 来实现求一个整数的 2 次幂，然后再递归调用该方法。嵌套方法仅在其定义的方法里面可见，例如，在上例中，不能在 sumPowersOfTwo 方法外部访问 powerOfTwo 方法。

4. 构造器

在 Scala 中，整个类的定义主体就是类的构造器，称为主构造器，所有位于类方法以外的语句都将在构造过程中被执行。可以像定义方法参数一样，在类名之后用圆括号列出主构造器的参数列表。例如，可以给前面的 Counter 类提供一个字符串类型的参数，代码如下：

```
class Counter(name:String) {
    private var value =0
    def increment(step:Int):Unit ={ value +=step}
    def current():Int ={value}
    def info():Unit ={printf("Name: %s",name)}
}
```

除了主构造器，Scala 还可以包含零个或多个辅助构造器(Auxiliary Constructor)。辅助构造器使用 this 进行定义，this 的返回类型为 Unit。每个辅助构造器的第一个表达式必须是调用一个此前已经定义的辅助构造器或主构造器，调用的形式为“this(参数列表)”，这个规则意味着，每个 Scala 辅助构造器最终都将始于对类的主构造器的调用。下面新建一个代码文件 Counter2.scala，内容如下：

```
//代码文件为/usr/local/scala/mycode/Counter2.scala
class Counter {
    private var value =0
    private var name =""
    private var step =1                         //计算器的默认递进步长
    println("the main constructor")
    def this(name:String){                      //第一个辅助构造器
        this()                                  //调用主构造器
        this.name =name
        printf("the first auxiliary constructor,name: %s\n",name)
    }
    def this (name:String,step:Int){            //第二个辅助构造器
        this(name)                              //调用前一个辅助构造器
        this.step =step
        printf("the second auxiliary constructor,name: %s,step: %d\n",name,step)
    }
```

```
    def increment(step:Int):Unit ={value +=step}
    def current():Int ={value}
}
```

下面新建类的对象,可以观察到主构造器和两个辅助构造器分别被调用,在 Scala REPL 中执行如下代码:

```
scala>:load /usr/local/scala/mycode/Counter2.scala
Loading /usr/local/scala/mycode/Counter2.scala…
defined class Counter
scala>val c1=new Counter
the main constructor
c1: Counter =Counter@319c6b2

scala>val c2=new Counter("the 2nd Counter")
the main constructor
the first auxiliary constructor,name: the 2nd Counter
c2: Counter =Counter@4ed6c602

scala>val c3=new Counter("the 3nd Counter",2)
the main constructor
the first auxiliary constructor,name: the 3nd Counter
the second auxiliary constructor,name: the 3nd Counter,step: 2
c3: Counter =Counter@64fab83b
```

与类方法参数不同的是,主构造器的参数前可以使用 val 或 var 关键字。如果主构造器中使用 val 或 var 关键字修饰参数,Scala 内部将自动为这些参数创建私有字段,并通过前文提到的字段访问规则提供对应的访问方法。例如:

```
scala>class Counter(var name: String)   //定义一个带字符串参数的简单类
defined class Counter
scala>var mycounter =new Counter("Runner")
mycounter: Counter =Counter@17fcc4f7
scala>println(mycounter.name)           //调用读方法
Runner
scala>mycounter.name_=("Timer")         //调用写方法
scala>mycounter.name ="Timer"           //更直观地调用写方法,和上句等效
mycounter.name: String =Timer
```

如果参数是用 val 关键字声明,则只会生成读方法,而不会生成写方法。如果不希望将构造器参数成为类的字段,只需要省略关键字 var 或者 val,在这种情况下,构造器参数在构造器退出后将被丢弃,对用户不再可见。

2.3.2 对象

1. 单例对象

Scala 类中没有 Java 那样的静态成员。Scala 采用单例对象(Singleton Object)来实

现与 Java 静态成员同样的功能。单例对象的定义与类定义类似，只是用 object 关键字替换了 class 关键字。例如：

```
//代码文件为/usr/local/scala/mycode/Person.scala
object Person {
    private var lastId =0                    //一个人的身份编号
    def newPersonId() ={
        lastId +=1
        lastId
    }
}
```

有了这个单例对象，就可以直接通过名字使用它，就像使用一个普通的类实例一样。将上面的代码保存到文件 Person.scala 中，然后，在 Scala REPL 中执行如下代码：

```
scala>:load /usr/local/scala/mycode/Person.scala
Loading /usr/local/scala/mycode/Person.scala…
defined object Person
scala>printf("The first person id: %d.\n",Person.newPersonId())
The first person id: 1.
scala>printf("The second person id: %d.\n",Person.newPersonId())
The second person id: 2.
scala>printf("The third person id: %d.\n",Person.newPersonId())
The third person id: 3.
```

单例对象在第一次被访问的时候初始化。需要强调的是，定义单例对象不是定义类型，即不能实例化 Person 类型的变量，这也是被称为单例的原因。单例对象包括两种：伴生对象(Companion Object)和孤立对象(Standalone Object)。当一个单例对象和它的同名类一起出现时，这时的单例对象被称为这个同名类的伴生对象。没有同名类的单例对象，被称为孤立对象，例如，Scala 程序的入口点 main 方法就是定义在一个孤立对象里。单例对象和类之间的另一个差别是，单例对象的定义不能带有参数列表，实际上这是非常显然的，因为不能用 new 关键字实例化一个单例对象，因此没有机会传递参数给单例对象。

当单例对象与某个类具有相同的名称时，它被称为这个类的伴生对象，相应的类被称为这个单例对象的伴生类(Companion Class)。伴生对象和它的伴生类必须位于同一个文件中，它们之间可以相互访问对方的私有成员。下面建立一个代码文件 Person1.scala，内容如下：

```
//代码文件为/usr/local/scala/mycode/Person1.scala
class Person(val name: String){
    private val id =Person.newPersonId()  //调用了伴生对象中的方法
    def info() {
        printf("The id of %s is %d.\n",name,id)
    }
```

```
}
object Person {
    private var lastId = 0                    //一个人的身份编号
    def newPersonId() = {
        lastId += 1
        lastId
    }
    def main(args: Array[String]) {
        val person1 = new Person("Lilei")
        val person2 = new Person("Hanmei")
        person1.info()
        person2.info()
    }
}
```

上面代码中定义了一个 Person 类,并定义了相应的伴生对象 Person,同时该伴生对象还定义了 main 方法,因此成为程序的入口点。对于包含了伴生类和伴生对象定义的代码文件,不能直接在 Scala REPL 中使用":load"命令来执行,需要首先使用 scalac 命令进行编译,然后再使用 scala 命令来运行,具体如下:

```
$scalac /usr/local/scala/mycode/Person1.scala
$scala -classpath.Person
The id of Lilei is 1.
The id of Hanmei is 2.
```

从上面的结果可以看出,伴生对象中定义的 newPersonId()相当于实现了 Java 中静态方法的功能,所以,对象 person1 调用 newPersonId()方法返回的值是 1,对象 person2 调用 newPersonId()方法返回的值是 2。需要注意的是,伴生对象的方法只能通过伴生对象调用,而不能通过伴生类的实例直接调用。例如,上面的例子,如果执行 person1.newPersonId()会报错。

2. apply 方法

在 2.2.4 节数据结构中曾使用如下代码构建了一个数组对象:

```
val myStrArr = Array("BigData", "Hadoop", "Spark")
```

可以看到,这里并没有使用 new 关键字来创建 Array 对象。采用这种语法格式时,Scala 会自动调用 Array 类的伴生对象(Array 中的一个称为 apply 的方法)来创建一个 Array 对象 myStrArr。在 Scala 中,apply 方法遵循如下的约定被调用:用圆括号传递给类实例或对象名一个或多个参数时,Scala 会在相应的类或对象中查找方法名为 apply 且参数列表与传入的参数一致的方法,并用传入的参数来调用该 apply 方法。例如,定义下面的类:

```
//代码文件为/usr/local/scala/mycode/TestApplyClass.scala
```

```
class TestApplyClass {
    def apply(param:String){
        println("apply method called: " +param)
    }
}
```

下面测试一下 apply 方法是否被自动调用：

```
scala>:load /usr/local/scala/mycode/TestApplyClass.scala
Loading /usr/local/scala/mycode/TestApplyClass.scala…
defined class TestApplyClass
scala>val myObject =new TestApplyClass
myObject: TestApplyClass =TestApplyClass@11b352e9
scala>myObject("Hello Apply")        // 自动调用类中定义的 apply 方法,等同于下句
apply method called: Hello Apply
scala>myObject.apply("Hello Apply")       //手动调用 apply 方法
apply method called: Hello Apply
```

从上面语句执行结果可以看出,执行 myObject("Hello Apply")语句时,就是用圆括号传递给 myObject 对象名一个参数,即"Hello Apply",这时,Scala 会自动调用 TestApplyClass 类中定义的 apply 方法。

对于 apply 方法而言,更常用的用法是将其定义在类的伴生对象中,即将所有类的构造方法以 apply 方法的形式定义在伴生对象中,这样伴生对象就像生成类实例的工厂,而这些 apply 方法也被称为工厂方法。用户在创建类的实例时,无须使用 new 关键字,而是使用伴生对象中的 apply 方法。例如：

```
//代码文件为/usr/local/scala/mycode/MyTestApply.scala
class Car(name:String) {
    def info() {
        println("Car name is "+name)
    }
}
object Car {
    def apply(name:String) =new Car(name) //调用伴生类 Car 的构造方法
}
object MyTestApply{
    def main (args: Array[String]) {
    val mycar =Car("BMW")                     //调用伴生对象中的 apply 方法
    mycar.info()                              //输出结果为 Car name is BMW
    }
}
```

可以在 Linux Shell 中使用 scalac 命令对 MyTestApply.scala 进行编译,然后,使用 scala 命令执行。

实际上,apply 调用规则的设计初衷是为了保持对象和函数之间使用的一致性。在

面向对象世界里,是通过“对象.方法”的形式调用对象的方法,而函数的概念来源于数学界,函数的使用形式是“函数(参数)”,在英语里表述为“applying function to its argument …”。在 Scala 中,一切都是对象,包括函数也是对象。因此,Scala 中的函数既保留了数学界中的圆括号调用形式,也可以使用面向对象的点号调用形式,其对应的方法名为 apply。例如:

```
scala>def add=(x: Int,y: Int)=>x+y          //add 是一个函数
add: (Int, Int) =>Int
scala>add(4,5)                              //采用数学界的圆括号调用形式
res2: Int =9
scala>add.apply(4,5)                    //add 也是对象,采用点号形式调用 apply 方法
res3: Int =9
```

在 Scala 语言里,函数是对象,反过来,对象也可以看成函数,前提是该对象提供了 apply 方法,这正是前面的类 Car 这个例子所展示的。

与 apply 方法类似的 update 方法也遵循相应的调用约定:当对带有圆括号并包括一到若干参数的对象进行赋值时,编译器将调用对象的 update 方法,并将圆括号里的参数和等号右边的值一起作为 update 方法的输入参数来执行调用。例如,数组及映射等支持索引的容器类中可以经常看到 update 用法:

```
scala>import scala.collection.mutable.Map //导入可变 Map 类
import scala.collection.mutable.Map
scala>val persons =Map("LiLei"->24,"HanMei"->21)
persons: scala.collection.mutable.Map[String,Int] =…      //省略部分信息
scala>persons("LiLei")=28                //实际调用了 Map 的 update 方法,与下句等效
scala>persons.update("LiLei",28)
scala>persons("LiLei")                       //实际是调用了 Map 的 apply 方法
res19: Int =28
```

3. unapply 方法

unapply 方法用于对对象进行解构操作,与 apply 方法类似,该方法也会被自动调用。可以认为 unapply 方法是 apply 方法的反向操作,apply 方法接受构造参数变成对象,而 unapply 方法接受一个对象,从中提取值。unapply 方法包含一个类型为伴生类的参数,返回的结果是 Option 类型(将在 2.3.3 节介绍 Option 类型),对应的类型参数是 N 元组,N 是伴生类中主构造器参数的个数。

这里假设有一个代码文件 TestUnapply.scala,里面定义了一个表示汽车的 Car 类,这个类的伴生对象中定义了 apply 方法和 unapply 方法,apply 方法根据传入的参数 brand 和 price 创建一个 Car 类的对象,而 unapply 方法则是用来从一个 Car 类的对象中提取出 brand 和 price 的值。TestUnapply.scala 的代码如下:

```
//代码文件为/usr/local/scala/mycode/TestUnapply.scala
class Car(val brand: String,val price: Int) {
```

```
    def info() {
        println("Car brand is "+brand+" and price is "+price)
    }
}
object Car{
    def apply(brand: String,price: Int)={
        println("Debug: calling apply … ")
        new Car(brand,price)
}
    def unapply(c: Car): Option[(String,Int)]={
        println("Debug: calling unapply … ")
        Some((c.brand,c.price))
}
}
object TestUnapply{
    def main (args:Array[String]) {
        var Car(carbrand,carprice) =Car("BMW",800000)
            println("brand: "+carbrand+" and carprice: "+carprice)
    }
}
```

可以在 Linux Shell 中使用 scalac 命令对 TestUnapply.scala 进行编译，然后，使用 scala 命令执行。可以看出，var Car(carbrand,carprice) = Car("BMW",800000)这行语句等号右侧的 Car("BMW",800000)会调用 apply 方法创建出一个 Car 类的对象，而等号左侧的 Car(carbrand,carprice)会调用 unapply 方法，把该对象在创建时传递给 brand 和 price 这两个构造参数的值再次提取出来，分别保存到 carbrand 和 carprice 中。

另外需要注意的是，TestUnapply.scala 中在定义 Car 类时，使用了 class Car(val brand:String,val price:Int)，即在构造器的参数中使用了 val 关键字。这因为如果主构造器的参数使用 val 或 var 关键字，Scala 内部将自动为这些参数创建私有字段，并通过前文提到的字段访问规则提供对应的访问方法，所以 Some((c.brand,c.price))语句中可以使用 c.brand 和 c.price 来访问 brand 和 price 这两个私有字段。如果在定义 Car 类时使用 class Car(brand:String, price:Int)，也就是在参数前没有使用 val 关键字，那么编译时就会出现错误“error: value brand is not a member of Car”和“error: value price is not a member of Car”，因为省略关键字 var 或者 val 时，构造器参数在构造器退出后将被丢弃，对用户不再可见。

2.3.3 继承

1. 抽象类

如果一个类包含没有实现的成员，则必须使用 abstract 关键词进行修饰，定义为抽象类。没有实现的成员是指没有初始化的字段或者没有实现的方法。例如：

```
abstract class Car(val name: String) {
    val carBrand: String                          //字段没有初始化值,就是一个抽象字段
    def info()                                    //抽象方法
    def greeting() {
        println("Welcome to my car!")
    }
}
```

抽象类中的抽象字段必须要有声明类型。与 Java 不同的是,Scala 里的抽象方法不需要加 abstract 修饰符。抽象类不能进行实例化,只能作为父类被其他子类继承。

2. 类的继承

像 Java 一样,Scala 只支持单一继承,而不支持多重继承,即子类只能有一个父类。在类定义中使用 extends 关键字表示继承关系。定义子类时,需要注意以下 4 方面。

(1) 重载父类的抽象成员(包括字段和方法)时,override 关键字是可选的;而重载父类的非抽象成员时,override 关键字是必选的。建议在重载抽象成员时省略 override 关键字,这样做的好处是,如果随着业务的进展,父类的抽象成员被实现了而成为非抽象成员时,子类相应成员由于没有 override 关键字,会出现编译错误,使用户能及时发现父类的改变,而如果子类成员原来就有 override 关键字,则不会有任何提醒。

(2) 只能重载 val 类型的字段,而不能重载 var 类型的字段。因为 var 类型本身就是可变的,所以,可以直接修改它的值,无须重载。

(3) 对于父类主构造器中用 var 或 val 修饰的参数,由于其相当于类的一个字段(见 2.3.1 节),因此,如果子类的主构造器与父类的主构造器有相同修饰名称的参数,则必须在子类的参数前加 override 修饰符(例如下面给出的实例中的 BMWCar 子类),或者在子类的相同名称参数前删除 val 或 var,使其不自动成为子类的字段(例如下面给出的实例中的 BYDCar 子类)。

(4) 子类的主构造器必须调用父类的主构造器或辅助构造器,所采用的方法是在 extends 关键字后的父类名称后跟上相应的参数列表,其中的参数个数和类型必须与父类的主构造器或者某个辅助构造器一致。子类的辅助构造器不能调用父类的构造器。

这里给出一个实例,从一个抽象的类 Car 派生两个子类 BMWCar 和 BYDCar:

```
//代码文件为/usr/local/scala/mycode/MyCar.scala
abstract class Car(val name: String) {
    val carBrand: String                          //一个抽象字段
    var age: Int=0
    def info()                                    //抽象方法
    def greeting() {
        println("Welcome to my car!")
    }
    def this(name: String,age: Int) {
        this(name)
```

```
        this.age=age
    }
}
//派生类,其主构造函数调用了父类的主构造函数
//由于 name 是父类主构造器的参数,因此也必须有 override 修饰符
class BMWCar(override val name: String) extends Car(name) {
    override val carBrand ="BMW"            //重载父类抽象字段,override 关键字可选
    def info() {                            //重载父类抽象方法,override 关键字可选
        printf("This is a %s car. It has been used for %d year.\n", carBrand,age)
    }
    override def greeting() {               //重载父类非抽象方法,override 关键字必选
        println("Welcome to my BMW car!")
    }
}//派生类,其主构造函数调用了父类的辅助构造函数
class BYDCar(name: String,age: Int) extends Car(name,age) {
    val carBrand ="BYD"                     //重载父类抽象字段,override 关键字可选
    override def info() {                   //重载父类抽象方法,override 关键字可选
        printf("This is a %s car.It has been used for %d year.\n", carBrand,age)
    }
}
object MyCar{
    def main(args: Array[String]) {
        val car1 =new BMWCar("Bob's Car")
        val car2 =new BYDCar("Tom's Car",3)
        show(car1)
        show(car2)
    }
//将参数设为父类类型,根据传入参数的具体子类类型,调用相应方法,实现多态
    def show(thecar: Car)={thecar.greeting; thecar.info()}
}
```

在 Linux Shell 中使用 scalac 命令编译并执行上面的程序,执行结果如下:

```
Welcome to my BMW car!
This is a BMW car.It has been used for 0 year.
Welcome to my car!
This is a BYD car.It has been used for 3 year.
```

子类不仅仅可以派生自抽象类,还可以派生自非抽象类,如果某个类不希望被其他类派生出子类,则需要在类定义的 class 关键字前加上 final 关键字。子类如果没有显式地指明父类,则其默认的父类为 AnyRef。

3. Scala 的类层级结构

图 2-5 给出了 Scala 的类层级结构,位于最顶层的是名为 Any 的类,Any 类为所有类

提供了几个实用的方法,包括获取对象哈希值的 hashCode 以及返回实例信息的 toString 方法。Any 有两个子类:AnyVal 和 AnyRef。其中,AnyVal 是所有值类型的父类,Scala 提供了 9 个具体的基本值类型,包括 Char、Byte、Short、Int、Long 和 Boolean、Unit、Double、Float,分别对应 JVM 的原型 char、byte、short、int、long、boolean、void、double 和 float。在字节码层面上,Scala 直接使用 JVM 原生类型来表示值类型,并将它们的实例保存在栈或寄存器上。值类型没有构造器,不能使用 new 关键字创建,能通过用字面量来创建或者来自表达式运算结果。不同的值类型之间没有相互继承关系,但是可以隐式地互相转换。AnyRef 是所有引用类型的父类,之所以被称为引用类型,是因为它们的实例分配在堆内存上,这些实例对应的变量实际是指向了堆中的相应位置。

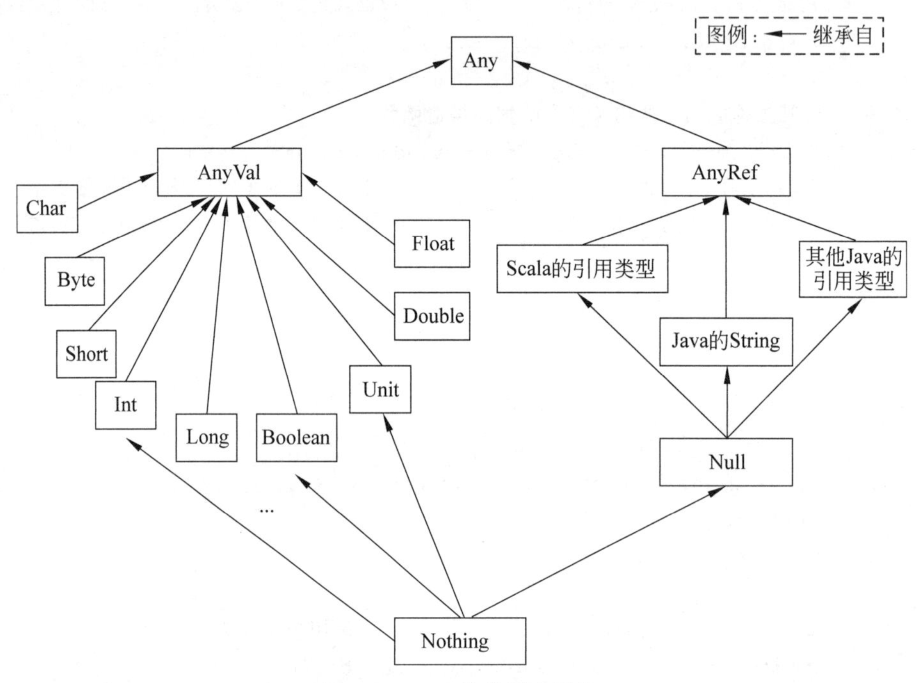

图 2-5 Scala 的类层次结构

在 Scala 类层级结构的最底层,有两个特殊类型:Null 和 Nothing。其中,Null 是所有引用类型的子类,其唯一的实例为 null,表示一个“空”对象,可以赋值给任何引用类型的变量,但不能赋值给值类型的变量。Nothing 是所有其他类型的子类,包括 Null。Nothing 没有实例,主要用于异常处理函数的返回类型。例如 Scala 的标准库中的 Predef 对象有一个如下定义的 error 方法:

```
def error(message: String): Nothing =throw new RuntimeException(message)
```

error 的返回类型是 Nothing(实际上 error 函数不会真正返回,而是抛出了异常),由于 Nothing 是任何类型的子类,所以,error 函数可以方便地用在需要任何类型的地方,例如:

```
def divide(x: Int, y: Int): Int =
```

```
  if(y !=0) x / y
  else error("can't divide by zero")
```

if语句的正常分支返回Int,else分支返回Nothing,而Nothing是Int的子类型,所以整个divide函数可以定义返回结果类型为Int。

4. Option类

Scala提供null是为了实现在JVM与其他Java库的兼容性,但是,除非明确需要与Java库进行交互,否则,Scala建议尽量避免使用这种可能带来错误的null,而改用Option类来统一表示对象有值和无值的情形。Option是一个抽象类,有一个具体的子类Some和一个对象None。其中,前者表示有值的情形,后者表示没有值的情形。在Scala的类库中经常看到返回Option[T]的方法,其中,T为类型参数。对于这类方法,如果确实有T类型的对象需要返回,会将该对象包装成一个Some对象并返回;如果没有值需要返回,将返回None。这里给出一个关于Map.get方法的实例:

```
scala>case class Book(val name: String, val price: Double)
defined class Book
scala>val books=Map("hadoop"->Book("Hadoop",35.5),
     | "spark"->Book("Spark",55.5),
     | "hbase"->Book("Hbase",26.0))        //定义一个书名到书对象的映射
books: scala.collection.immutable.Map[String,Book] =…
scala>books.get("hadoop")                  //返回该键所对应值的Some对象
res0: Option[Book] =Some(Book(Hadoop,35.5))
scala>books.get("hive")                    //不存在该键,返回None对象
res1: Option[Book] =None
scala>books.get("hadoop").get              //Some对象的get方法返回其包装的对象
res2: Book =Book(Hadoop,35.5)
scala>books.get("hive").get                //None对象的get方法会抛出异常
java.util.NoSuchElementException: None.get
  …
scala>books.get("hive").getOrElse(Book("Unknown name",0))
res4: Book =Book(Unknown name,0.0)
```

对于函数返回的Option对象,建议使用上例中的getOrElse方法提取值,该方法在Option为Some时返回Some包装的值,而在Option为None时返回传递给它的参数的值。

2.3.4 参数化类型

与Java及C++中的泛型类似,Scala支持参数化类型。参数化类型是指在类的定义中包含一个或几个未确定的类型参数信息,其具体的类型将在实例化类时确定。Scala使用方括号来定义参数化类型。例如,下面的脚本通过对Scala中的栈类型Stack进行简单封装,定义了一个参数化类型Box:

```
//代码文件为/usr/local/scala/mycode/Box.scala
import scala.collection.mutable.Stack
class Box[T]{
    val elems: Stack[T]=Stack()
    def remove: Option[T]={                    //返回的对象采用了 Option 类型进行包装
        if (elems.isEmpty) None else Some(elems.pop)
    }
    def append(a1: T){elems.push(a1)}
}
```

上例中的 T 属于类型信息,在实例化 Box 类时需要给 T 赋具体的类型。下面在 Scala REPL 中执行如下测试:

```
scala>:load /usr/local/scala/mycode/Box.scala
Loading /usr/local/scala/mycode/Box.scala…
defined class Box
scala>case class Book(name: String)         //定义了一个 Book 类
defined class Book
scala>val a =new Box[Book]          //实例化一个元素为 Book 类型的 Box 实例并赋值给 a
a: Box[Book] =Box@4e6f3d08
scala>a.append(Book("Hadoop"))              //调用 Box 的 append 方法增加一个元素
scala>a.append(Book("Spark"))
scala>a.remove                              //调用 Box 的 remove 方法取出一个元素
res24: Option[Book] =Some(Book(Spark))
```

Scala 的核心库中的容器类型都属于参数化类型,例如,对于列表类型 List[A],可以使用任何类型作为类型 A,也就是说,可以实例化字符串列表 List[String],也可以实例化整型列表 List[Int]。由于列表中保存元素的类型并不会影响到列表的工作方式,因此,并不需要单独定义 List[String]及 List[Int]这些类型,只需要定义参数化类型 List[A],实现了在较高层面抽象的泛型编程。

Scala 除了上面这种通过方括号的形式在类的定义中包含类型参数信息,还支持将类型参数作为类成员的抽象机制,即类的成员除了字段和方法,还可以是类型,使用关键字 type 定义。例如,下面的例子在抽象父类 Element 中定义了一个抽象的类型成员 T,抽象方法 show 的实现依赖于 T 的具体类型,在两个子类中将该类型成员 T 具体化,并实现了 show 方法。在 Linux 系统中创建一个代码文件 Element.scala,内容如下:

```
//代码文件为/usr/local/scala/mycode/Element.scala
abstract class Element{
    type T                              //抽象的类型成员
      var value: T                      //抽象的字段,类型为 T
      def show: Unit                    //抽象方法,需要根据具体的类型 T 进行实现
}
class IntEle(var value: Int) extends Element{
    type T =Int
```

```
    def show{printf("My value is %d.\n",value)}    //T 是 Int 型时的输出
}
class StringEle(var value: String) extends Element{
    type T =String
    def show{printf("My value is %s.\n",value)}    //T 是 String 型时的输出
}
```

在 Scala REPL 中执行如下测试：

```
scala>: load Element.scala
scala>val a=new IntEle(56)
a: IntEle =IntEle@58885a2e
scala>a.show
My value is 56.
scala>val b=new StringEle("hello")
b: StringEle =StringEle@6ecf239d
scala>b.show
My value is hello.
```

采用 type 成员的抽象机制和参数化类型非常类似，有时候可以互相替代。例如，上例也可以采用参数化类型进行重写，具体如下：

```
//代码文件为/usr/local/scala/mycode/Element1.scala
abstract class Element[T]{
    var value: T
    def show: Unit
}
class IntEle(var value: Int) extends Element[Int]{
    def show{printf("My value is %d.\n",value)}
}
class StringEle(var value: String) extends Element[String]{
    def show{printf("My value is %s.\n",value)}
}
```

经过重写以后，在使用上没有任何区别。当业务逻辑与类型参数无关时，使用采用方括号定义的参数化类型更合适，例如各种容器类。当业务逻辑与类型参数相关时，建议采用类型成员的方式进行抽象。

2.3.5 特质

Java 中提供了接口，允许一个类实现任意数量的接口，相当于达到了多重继承的目的。但是，在 Java 8 以前，接口的一个缺点是，不能为接口方法提供默认实现，使得该接口的所有类都要重复相同的样板代码来实现接口的功能。为此，Scala 从设计之初就对 Java 接口的概念进行了改进，使用特质(Trait)来实现代码的多重复用，它不仅实现了接口的功能，还具备了很多其他的特性。Scala 的特质是代码重用的基本单元，可以同时拥有抽象方法和具体方法。在 Scala 中，一个类只能继承自一个超类，却可以混入(Mixin)

多个特质,从而重用特质中的方法和字段,实现了多重继承。

特质的定义与类的定义非常相似,只需要将 class 关键字改成 trait 关键字。例如:

```
trait Flyable {
    var maxFlyHeight: Int                          //抽象字段
    def fly()                                      //抽象方法
    def breathe(){                                 //具体的方法
        println("I can breathe")
    }
}
```

可以看出,特质类似于抽象类的定义,既可以包含抽象成员,也可以包含非抽象成员。包含抽象成员时,也不需要 abstract 关键字。特质可以使用 extends 继承其他的特质,并且还可以继承类。例如:

```
trait T1{                                          //一个特质
    def move()                                     //抽象方法
}
trait T2 extends T1 {                              //继承自 T1
    def fly()                                      //抽象方法
    def move(){println("I move by flying.")}       //重载了父特质的抽象方法
}
```

如果特质没有显式地指明继承关系,则默认继承自 AnyRef,例如上例中的 T1。特质的定义体就相当于主构造器,与类不同的是,不能给特质的主构造器提供参数列表,而且也不能为特质定义辅助构造器。因此,如果特质继承自某个父类,则它无法向该父类构造器传递参数,这就要求特质所继承的父类必须有一个无参数的构造器。

特质定义好以后,就可以使用 extends 或 with 关键字,把它混入类中。当把特质混入类中时,如果特质中包含抽象成员,则该类必须为这些抽象成员提供具体实现,除非该类被定义为抽象类。类重载混入特质中成员的语法,与重载超类中定义的成员是一样的。例如,可以定义一个 Bird 类,并混入上文定义的 Flyable 特质:

```
class Bird(flyHeight: Int) extends Flyable{
    var maxFlyHeight: Int =flyHeight               //重载特质的抽象字段
    def fly(){
        printf("I can fly at the height of %d.",maxFlyHeight)
    }                                              //重载特质的抽象方法
}
```

混入了特质的类,就可以像类继承中一样调用特质的成员。这里把上面定义的特质 Flyable 和类 Bird 封装到一个代码文件 Bird.scala 中:

```
//代码文件为/usr/local/scala/mycode/Bird.scala
trait Flyable {
    var maxFlyHeight: Int                          //抽象字段
```

```
    def fly()                                        //抽象方法
    def breathe(){                                   //具体的方法
        println("I can breathe")
    }
}
class Bird(flyHeight: Int) extends Flyable{
    var maxFlyHeight: Int =flyHeight                 //重载特质的抽象字段
    def fly(){
        printf("I can fly at the height of %d",maxFlyHeight)
    }                                                //重载特质的抽象方法
}
```

然后，在 Scala REPL 中执行如下代码并观察效果：

```
scala>: load /usr/local/scala/mycode/Bird.scala
Loading /usr/local/scala/mycode/Bird.scala…
defined trait Flyable
defined class Bird
scala>val b=new Bird(100)
b: Bird =Bird@43a51d00
scala>b.fly()
I can fly at the height of 100
scala>b.breathe()
I can breathe
```

特质也可以当作类型使用，即可以定义具有某种特质类型的变量，并使用任何混入了相应特质的类的实例进行初始化。在 Scala REPL 中继续执行如下代码并观察效果：

```
scala>val t: Flyable=new Bird(50)
t: Flyable =Bird@149c39b
scala>t.fly                                          //调用了 Bird 类的方法
I can fly at the height of 50
scala>t.breathe
I can breathe
```

可以发现，该特质类型的变量会根据绑定的对象调用合适的方法，相当于实现了面向对象语言中重要的多态特性。尽管可以声明具有某种特质类型的变量，但是，不能用 new 实例化特质。

当使用 extends 关键字混入特质时，相应的类就隐式地继承了特质的超类。如果想把特质混入需要显式指定了父类的类里，则可以用 extends 指明待继承的父类，再用 with 混入特质。例如，首先定义一个 Animal 类，再从其派生出一个 Bird 类，并在 Bird 类中混入 Flyable 特质，代码如下：

```
//代码文件为/usr/local/scala/mycode/Bird1.scala
trait Flyable {
    var maxFlyHeight: Int                            //抽象字段
```

```
    def fly()                                      //抽象方法
    def breathe(){                                 //具体的方法
        println("I can breathe")
    }
}
class Animal(val category: String){
    def info(){println("This is a "+category)}
}
class Bird(flyHeight: Int) extends Animal("Bird") with Flyable{
    var maxFlyHeight: Int =flyHeight               //重载特质的抽象字段
    def fly(){
        printf("I can fly at the height of %d",maxFlyHeight)
    }                                              //重载特质的抽象方法
}
```

在 Scala REPL 中继续执行如下代码并观察效果：

```
scala>: load /usr/local/scala/mycode/Bird1.scala
Loading /usr/local/scala/mycode/Bird1.scala…
defined trait Flyable
defined class Animal
defined class Bird
scala>val b=new Bird(50)
b: Bird =Bird@5e1a7d3
scala>b.info                                       //调用了 Animal 类的 info 方法
This is a Bird
scala>b.fly                                        //调用了 Bird 类的 fly 方法
I can fly at the height of 50
scala>b.breathe
I can breathe
```

如果要混入多个特质，可以连续使用多个 with。例如，在上例的基础上，再定义一个 HasLegs 特质，并重新定义 Bird 类，代码如下：

```
//代码文件为/usr/local/scala/mycode/Bird2.scala
trait Flyable {
    var maxFlyHeight: Int                          //抽象字段
    def fly()                                      //抽象方法
    def breathe(){                                 //具体的方法
        println("I can breathe")
    }
}
trait HasLegs {
    val legs: Int                                  //抽象字段
    def move(){printf("I can walk with %d legs",legs)}
  }
```

```
class Animal(val category: String){
    def info(){println("This is a "+category)}
}
class Bird(flyHeight: Int) extends Animal("Bird") with Flyable with HasLegs{
    var maxFlyHeight: Int =flyHeight                //重载特质的抽象字段
    val legs=2                                      //重载特质的抽象字段
    def fly(){
        printf("I can fly at the height of %d",maxFlyHeight)
    }                                               //重载特质的抽象方法
}
```

可以在Scala REPL中执行如下代码查看执行效果：

```
scala>: load /usr/local/scala/mycode/Bird2.scala
Loading /usr/local/scala/mycode/Bird2.scala…
defined trait Flyable
defined trait HasLegs
defined class Animal
defined class Bird
scala>val b=new Bird(108)
b: Bird =Bird@126675fd
scala>b.info
This is a Bird
scala>b.fly
I can fly at the height of 108
scala>b.move
I can walk with 2 legs
```

除了可以在类的定义中混入特质，还可以在实例化某一类型时直接混入特质，这时只能用with关键字，而不能用extends。例如，对于定义的Animal类，可以直接实例化一个对象，同时混入HasLegs特质。为了能够观察到执行效果，下面首先建立一个代码文件Bird3.scala，内容如下：

```
//代码文件为/usr/local/scala/mycode/Bird3.scala
class Animal(val category: String){
    def info(){println("This is a "+category)}
}
trait HasLegs {
    val legs: Int                                   //抽象字段
    def move(){printf("I can walk with %d legs",legs)}
  }
```

然后，在Scala REPL中执行如下代码并观察效果：

```
scala>: load /usr/local/scala/mycode/Bird3.scala
Loading /usr/local/scala/mycode/Bird3.scala…
defined class Animal
```

```
defined trait HasLegs
scala>var a =new Animal("dog") with HasLegs{val legs =4}
a: Animal with HasLegs =$anon$1@6f1fa1d0
scala>a.info
This is a dog
scala>a.legs
res24: Int =4
scala>a.move
I can walk with 4 legs
```

2.3.6 模式匹配

1. match 语句

Scala 提供了非常强大的模式匹配功能。最常见的模式匹配是 match 语句，match 语句用在当需要从多个分支中进行选择的场景，类似于 Java 中的 switch 语句。例如：

```
//代码文件为/usr/local/scala/mycode/TestMatch.scala
import scala.io.StdIn._
println("Please input the score: ")
val grade=readChar()
grade match{
    case 'A' =>println("85-100")
    case 'B' =>println("70-84")
    case 'C' =>println("60-69")
    case 'D' =>println("<60")
    case _ =>println("error input!")
}
```

在 Scala REPL 中使用“:load”命令执行上述代码文件，将根据用户的输入字符输出相应的分数段，其中，最后一个 case 语句使用了通配符下画线(_)，相当于 Java 中的 default 分支。与 Java 的 switch 不同的是，match 结构中不需要 break 语句来跳出判断，Scala 从前往后匹配到一个分支后，会自动跳出判断。

case 后面的表达式可以是任何类型的常量，而不要求是整数类型。例如，下面的程序段可实现字符串的匹配。

```
//代码文件为/usr/local/scala/mycode/TestMatch1.scala
import scala.io.StdIn._
println("Please input a country: ")
val country=readLine()
country match{
    case "China" =>println("中国")
    case "America" =>println("美国")
    case "Japan" =>println("日本")
    case _ =>println("我不认识!")
}
```

match 除了匹配特定的常量,还能匹配某种类型的所有值。例如:

```
//代码文件为/usr/local/scala/mycode/TestMatch2.scala
for (elem <-List(6,9,0.618,"Spark","Hadoop",'Hello)){
    val str =elem match {
         case i: Int =>i +" is an int value."          //匹配整型的值,并赋值给 i
         case d: Double =>d +" is a double value."     //匹配浮点型的值
        case "Spark"=>"Spark is found."                //匹配特定的字符串
        case s: String =>s +" is a string value."      //匹配其他字符串
        case _ =>"unexpected value: "+elem             //与以上都不匹配
}
        println(str)
}
```

在 Scala REPL 中使用“:load”命令执行该代码文件的结果如下:

```
6 is an int value.
9 is an int value.
0.618 is a double value.
Spark is found.
Hadoop is a string value.
unexpected value: 'Hello
```

类似于 for 表达式中的守卫式,也可以在 match 表达式的 case 中使用守卫式添加一些其他的过滤逻辑。例如:

```
//代码文件为/usr/local/scala/mycode/TestMatch3.scala
for (elem <-List(1,2,3,4)){
elem match {
    case _ if (elem%2==0) =>println(elem +" is even.")
    case _ =>println(elem +" is odd.")
}
}
```

上面代码中,if 后面条件表达式的圆括号可以省略。在 Scala REPL 中使用“:load”命令执行上述代码后可以得到以下输出结果:

```
1 is odd.
2 is even.
3 is odd.
4 is even.
```

2. case 类

在模式匹配中,经常会用到 case 类。当定义一个类时,如果在 class 关键字前加上 case 关键字,则该类称为 case 类。Scala 为 case 类自动重载了许多实用的方法,包括

toString、equals 和 hashcode 方法，其中，toString 会返回形如“类名(参数值列表)”的字符串。更重要的是，Scala 为每个 case 类自动生成一个伴生对象，在该伴生对象中自动生成的模板代码包括以下内容。

(1) 一个 apply 方法，因此，实例化该类的时候无须使用 new 关键字。

(2) 一个 unapply 方法，该方法包含一个类型为伴生类的参数，返回的结果是 Option 类型，对应的类型参数是 *N* 元组，*N* 是伴生类中主构造器参数的个数。unapply 方法用于对象解构操作，在 case 类模式匹配中，该方法被自动调用，并将待匹配的对象作为参数传递给它。

例如，假设有如下定义的一个 case 类：

```
case class Car(brand: String, price: Int)
```

则编译器自动生成的伴生对象如下：

```
object Car{
      def apply(brand: String,price: Int)=new Car(brand,price)
      def unapply(c: Car): Option[(String,Int)]=Some((c.brand,c.price))
}
```

对于 case 类，最常见的使用场景就是模式匹配，对于上例定义的 case 类，模式匹配的示例如下：

```
//代码文件为/usr/local/scala/mycode/TestCase.scala
case class Car(brand: String, price: Int)
    val myBYDCar =new Car("BYD", 89000)
    val myBMWCar =new Car("BMW", 1200000)
    val myBenzCar =new Car("Benz", 1500000)
    for (car <-List(myBYDCar, myBMWCar, myBenzCar)) {
        car match{
        case Car("BYD", 89000) =>println("Hello, BYD!")
        case Car("BMW", 1200000) =>println("Hello, BMW!")
        case Car(brand, price) =>println("Brand: "+brand +", Price: "+price+",
        do you want it?")
          }
}
```

上例中每个 case 子句中的 Car(…)，都会自动调用 Car.unapply(car)，并将提取到的值与 Car 后面括号里的参数进行一一匹配比较，对于第一个 case 和第二个 case 是与特定的值进行匹配，第三个 case 由于 Car 后面跟的参数是变量，因此将匹配任意的参数值。在 Scala REPL 中使用“:load”命令执行代码文件 TestCase.scala 的结果：

```
Hello, BYD!
Hello, BMW!
Brand: Benz, Price: 1500000, do you want it?
```

对于 case 类，除了可以在 match 表达式中进行模式匹配，还可以在定义变量时直接从对象中提取属性值。例如，接上例中定义的 myBYDCar 变量，在 Scala REPL 中可以继续用下面一句代码将其属性提取到变量中：

```
scala>val Car(brand,price)=myBYDCar
brand: String =BYD
price: Int =89000
```

还可以用通配符下画线(_)略过不需要的属性：

```
scala>val Car(_,price)=myBYDCar
price: Int =89000
```

总之，Scala 的模式匹配是一个非常强大的功能，在 Scala 的类库中随处可见。通过模式匹配，可以方便地从数据结构中提取数据，对于相同功能的代码，Scala 的程序可能会比 Java 程序少很多。

2.3.7　包

为了解决程序中命名冲突问题，Scala 也和 Java 一样采用包(Package)来层次化、模块化地组织程序。包可以包含类、对象和特质的定义，但是不能包含函数或变量的定义。可以通过两种方式把代码放在命名包中。最简单的方式是，和 Java 一样把 package 子句放在源文件的顶端，这样后续所有的类和对象都位于该命名包中。例如：

```
package  autodepartment
class MyClass
```

这样为了在任意位置访问 MyClass 类，需要使用 autodepartment.MyClass。与 Java 不同的是，Scala 的包和源文件之间并没有强制的一致层次关联关系，这意味着，上述源文件不需要放在名为 autodepartment 的文件夹下。

把代码放在命名包中的另一种方式是在 package 子句之后加一对花括号，再将相关的类及对象放到花括号里。这种语法的好处是可以将程序的不同部分放在不同的包里。代码如下，类 ControlCourse 在包 xmu.autodepartment 中，而类 OSCourse 在包 xmu.csdepartment 中。

```
package xmu {
  package autodepartment {
    class ControlCourse{
        ...
    }
  }
  package csdepartment {
    class OSCourse{
      val cc =new autodepartment.ControlCourse
    }
```

```
    }
}
```

从上述代码可以看出,Scala 的包定义支持嵌套,相应的作用域也是嵌套的,在包内可以直接访问其父级包内定义的内容,例如上述的 autodepartment.ControlCourse 无须写成 xmu.autodepartment .ControlCourse,因为包 csdepartment 和 autodepartment 位于同一个父级包 xmu 中。也正是由于这个原因,Scala 的包和源文件之间并没有强制的一致层次关联关系,因为同一个文件可以包含多个不同的包。

包和其成员可以用 import 子句来引用,这样可以简化包成员的访问方式。例如,为了在另外一个源文件中访问上述代码的类 ControlCourse,可以写为:

```
import xmu.autodepartment.ControlCourse
class MyClass{
    var myos=new ControlCourse
}
```

类似于 Java 的通配符 * ,Scala 使用通配符下画线(_)引入类或对象的所有成员(* 是合法的 Scala 标识符)。例如:

```
import scala.io.StdIn._
var i=readInt()
var f=readFloat()
var str=readLine()
```

与 Java 不同的是,Scala 的 import 语句并不一定要写在文件顶部,它可以出现在程序的任何地方,其作用域从 import 语句开始一直延伸到包含该语句的块的末尾,该特性在大量使用通配符引入时显得尤为重要,可以很好地避免命名冲突。

Scala 隐式地添加了一些引用到每个程序前面,相当于每个 Scala 程序都隐式地以如下代码开始:

```
import java.lang._
import scala._
import Predef._
```

其中,java.lang 包定义了标准 Java 类;scala 包定义了标准的 Scala 库;Predef 对象包含了许多 Scala 程序中常用到的类型、方法和隐式转换的别名定义。例如,前文讲到的输出方法,可以直接写 println,而不是 Predef.println。

2.4 函数式编程基础

在所有的编程语言里都有类似函数的概念,包括方法(Method)、过程(Procedure)、块(Block)等。在数学语言里,函数表示的是一种映射关系,其作用是对输入的值进行计算,并返回一个结果,函数内部对外部的全局状态没有任何影响,即函数是没有副作用的。在编程语言里,这种无副作用的函数被称为纯函数,纯函数式编程正是借用了这种纯函数的概念。纯函数的行为表现出与上下文无关的透明性和无副作用性，即函数的调用结果只与输入值有关，而不会受到调用时间和位置的影响，另外，函数的调用也不会改变任何全局对象，这些特性使得多线程并发应用中最复杂的状态同步问题不复存在。正是这一巨大的优势，使得函数式编程在大数据应用和并发需求的驱动下，成为越来越流行的编程范式。

在纯函数式编程中，变量是不可变的，这一点对于熟悉 C 及 Java 这种传统的命令式语言的程序员，可能觉得很难理解，经常会发出这样的疑问：如果变量不可变，还怎么称为变量？但是，在纯函数式语言里，变量就像数学语言里的代数符号，一经确定就不能改变。如果需要修改一个变量的值，只能定义一个新的变量，并将要修改的值赋给新的变量。尽管这些规定看起来似乎不符合编程的常理，但正是这种不可变性，造就了函数和普通的值之间的天然对称关系。函数和普通的值具有同等的地位，可以像任何其他数据类型的值一样被传递和操作，即函数的使用方式和其他数据类型的使用方式完全一致，可以将函数赋值给变量，也可以将函数作为参数传递给其他函数，还可以将函数作为其他函数的返回值。

Scala 在架构层面上提倡上层采用面向对象编程，而底层采用函数式编程。Scala 不是完全的函数式语言，也不要求变量不可变，但它推荐尽量采用函数式来实现具体的算法和操作数据，多用 val，少用 var。这种做法不仅可以大大减少代码的长度，还可以降低出错的概率。本节介绍 Scala 作为函数式编程所需要的基础知识，包括匿名函数、高阶函数、闭包以及偏应用函数和 Curry 化，另外，为了展示函数式编程的强大之处，还将着重介绍函数式编程在容器模型上的应用。

2.4.1 函数的定义与使用

定义函数最通用的方法是作为某个类或者对象的成员，这种函数被称为方法，其定义的基本语法：

```
def 方法名(参数列表)：结果类型={方法体}
```

具体情况已经在 2.3.1 节进行了详细的阐述，在此不再赘述。实际上，这种方式也是 C++ 和 Java(指 Java 8 以前)这种面向对象的语言中定义函数的唯一方法。

如果函数和普通的值具有同等地区，函数也应该有类型和值的区分。类型需要明确函数接收多少个参数、每个参数的类型以及函数返回结果的类型；值则是函数的一个具体实现。例如：

```
scala>val counter: (Int) =>Int ={ value =>value +1 }
counter: Int =>Int =<function1>
```

上例中的 counter 是一个函数变量，该定义遵循了 Scala 定义变量的标准语法，即“val/var 变量名：变量类型 = 初始值”。counter 的类型是“(Int) => Int”，表示该函数是具有一个整数类型参数并返回一个整数的函数，由于这里只有一个参数，因此其中的圆括号也可以省略。counter 的初始化值为“{ value => value + 1 }”，其中，“=>”前面的 value 是参数名，“=>”后面是具体的运算语句或表达式，最后一个表达式的值作为函数的返回值,如果只有一条语句,可以省略花括号。定义好了函数变量,就可以像使用一个函数一样使用它,即传入具体的参数值,返回一个结果。例如:

```
scala>counter(5)
res2: Int =6
```

上例中的函数定义语法也许显得太过烦琐,实际上,得益于 Scala 的类型推断系统,可以将上例函数定义代码简写为

```
val counter =(value: Int)=>value +1
```

在该行代码的函数值中,给出了函数参数的类型,函数的返回类型由系统自动从表达式"value+1"推断出为整型。根据这些信息,系统也自动推断出 counter 是函数类型"Int => Int"。"(value:Int)=> value + 1 "称为函数的字面量,也称匿名函数,在有的函数式语言中称为 Lambda 表达式(来源于美国著名的数理逻辑学家阿隆佐·丘奇(Alonzo Church)在研究可计算函数时提出的一个与图灵机等价的 Lambda 演算系统)。下面再举几个匿名函数的例子:

```
scala>val add=(a: Int,b: Int)=>a+b      //函数类型为两个 Int 型参数,返回 Int
add: (Int, Int) =>Int =<function2>
scala>add(3,5)
res5: Int =8
scala>val show=(s: String)=>println(s)  //函数类型为一个 String 参数,返回 Unit
show: String =>Unit =<function1>
scala>show("hello world.")
hello world.
scala>val javaHome=()=>System.getProperty("java.home")
javaHome: () =>String =<function0>      //函数类型为无参数,返回 String
scala>println(javaHome())
/usr/lib/jvm/java-8-openjdk-amd64/jre
```

当函数的每个参数在函数字面量内仅出现一次,可以省略"=>"并用下画线作为参数的占位符来简化函数字面量的表示,第一个下画线代表第一个参数,第二个下画线代表第二个参数,以此类推。例如:

```
scala>val counter =(_: Int) +1          //有类型时括号不能省略,等效于"x: Int=>x+1"
counter: Int =>Int =<function1>
scala>val add =(_: Int) +(_: Int)        //等效于"(a: Int,b: Int)=>a+b"
add: (Int, Int) =>Int =<function2>
scala>val m1=List(1,2,3)
m1: List[Int] =List(1, 2, 3)
scala>val m2=m1.map(_* 2)   //map 接收一个函数作为参数,相当于"m1.map(x=>x * 2)",
                             //参数的类型可以根据 m1 的元素类型推断出,所以可以省略
m2: List[Int] =List(2, 4, 6)
```

Scala 的函数可以有多个参数列表,如下:

```
scala>def multiplier(factor: Int)(x: Int)=x * factor
multiplier: (x: Int)(factor: Int)Int    //带有两个参数列表的函数
scala>multiplier(2)(5)
res2: Int =10
```

2.4.2 高阶函数

函数在 Scala 中与其他对象具有同等的地位,可以像任何其他数据类型的值一样被传递和操作,因此,也可以作为其他函数的参数或者返回值。当一个函数包含其他函数作为其参数或者返回结果为一个函数时,该函数被称为高阶函数。可以说,支持高阶函数是函数式编程最基本的要求,高阶函数可以将灵活、细粒度的代码块粘合成更大、更复杂的程序。为了实现与高阶函数类似的功能,C++ 需要采用复杂的函数指针;Java 8 以前则需要通过烦琐的接口来实现。相比之下,Scala 中实现高阶函数则显得非常直观。下面以一个简单的需求场景来说明,假设需要分别计算从一个整数到另一个整数的"连加和""平方和"以及"2 的幂次和",如果不采用高阶函数,直接实现的代码如下,其中 3 个求和函数都采用了递归进行实现。

```
def powerOfTwo(x:Int):Int ={if(x ==0) 1 else 2 * powerOfTwo(x-1)}
def sumInts(a:Int, b:Int):Int ={
      if(a >b) 0 else a +sumInts(a +1, b)
}
def sumSquares(a:Int, b:Int):Int ={
      if(a >b) 0 else a * a +sumSquares(a +1, b)
}
def sumPowersOfTwo(a:Int, b:Int):Int ={
      if(a >b) 0 else powerOfTwo(a) +sumPowersOfTwo(a+1, b)
}
```

可以看出,上面 3 个求和函数的实现逻辑几乎一样,唯一的区别就是对每个元素的处理逻辑不一样。sumInts 中直接用单个元素的值;sumSquares 中使用了元素的平方值;sumPowersOfTwo 中对元素值调用了求 2 次幂的函数 powerOfTwo。发现其中的规律以后,实际上就可以将这 3 种情形中使用的逻辑都抽象成一个"Int=>Int"型的函数 f,并将该函数作为一个高阶函数 sum 的参数,代码如下:

```
def sum(f:Int =>Int, a:Int, b:Int):Int ={
    if(a >b) 0 else f(a) +sum(f, a+1, b)
}
```

现在不同的求和都统一调用方法 sum,只需要为函数参数 f 传入不同的函数值:

```
scala>sum(x=>x,1,5)          //直接传入一个匿名函数且省略了参数 x 的类型,因为可以由
                             //sum 的参数类型推断出来
res8: Int =15
scala>sum(x=>x * x,1,5)      //直接传入另一个匿名函数
```

```
res9: Int =55
scala>sum(powerOfTwo,1,5)  //传入一个已经定义好的方法
res10: Int =62
```

2.4.3 闭包

在前面所列举的函数示例中,函数的执行只依赖传入函数的参数值,而与调用函数的上下文无关。当函数的执行依赖声明在函数外部的一个或多个变量时,则称这个函数为闭包。例如:

```
scala>var more =10
more: Int =10
scala>val addMore =(x: Int)=>x +more
addMore: Int =>Int =<function1>
scala>addMore(5)                // more 的值被绑定为 10
res7: Int =15
scala>more=20
more: Int =20
scala>addMore(5)                // more 的值被绑定为 20
res8: Int =25
```

上面的"(x:Int)=> x + more"是一个匿名函数,唯一的形式参数为 x,而 more 则是一个位于函数外部的自由变量,它的值将在函数被调用时确定,这一点从上例中第二次对 addMore 的调用可以清楚地看出。

闭包可以捕获闭包之外对自由变量的变化,反过来,闭包对捕获变量做出的改变在闭包之外也可见。例如:

```
scala>var sum=0
sum: Int =0
scala>val accumulator =(x: Int)=>sum+=x      //包含外部变量 sum 的闭包
accumulator: Int =>Unit =<function1>
scala>accumulator(5)
scala>sum
res13: Int =5
scala>accumulator(10)
scala>sum
res15: Int =15
```

2.4.4 偏应用函数和 Curry 化

偏应用函数和 Curry 化是两个紧密相关的概念。

1. 偏应用函数

有时候一个函数在特殊应用场景下部分参数可能会始终取相同的值,为了避免每次

都提供这些相同的值,可以用该函数来定义一个新的函数。下面给出一个实例:

```
scala>def sum(a: Int,b: Int,c: Int)=a+b+c
sum: (a: Int, b: Int, c: Int)Int
scala>val a=sum(1,_: Int,_: Int)        //只保留了 sum 的后两个参数
a: (Int, Int) =>Int =<function2>
scala>a(2,3)                            //等效于调用 sum(1,2,3)
res0: Int =6
```

这里的sum是一个带有3个参数的函数,函数变量a是用sum来定义的,并将sum的第一个参数确定为1,而剩下的两个参数用下画线表示,相当于只保留了sum的部分参数。这种只保留了函数部分参数的函数表达式,称为偏应用函数(Partially Applied Function)。如果要保留整个函数列表,可以直接用一个下画线代替。例如:

```
scala>val b=sum _                       //注意 sum 后有一个空格
b: (Int, Int, Int) =>Int =<function3>
scala>b(1,2,3)
res1: Int =6
```

2. Curry 化

Curry来源于美国著名的数理逻辑学家Haskell Brooks Curry的名字,Curry化的函数是指带有多个参数列表且每个参数列表只包含一个参数的函数。例如:

```
scala>def multiplier(factor: Int)(x: Int)=x * factor
multiplier: (factor: Int)(x: Int)Int    //带有两个参数列表的函数
scala>val byTwo=multiplier(2)_          //保留 multiplier 第二个参数的偏应用函数,
                                        //第一个参数值固定为 2
scala>multiplier(2)(5)
res2: Int =10
scala>byTwo(5)
res3: Int =10
```

上面第一行语句中的multiplier有两个参数列表,每个参数列表里面都只包含一个参数,因此,这里的multiplier函数也称Curry化的函数。随后第二行语句采用偏应用函数的形式转换成了只带有一个参数的函数byTwo。

实际上,可以通过Curry化过程,将一个多参数的普通函数转换为Curry化的函数。例如:

```
scala>def plainMultiplier(x: Int,y: Int)=x * y
plainMultiplier: (x: Int, y: Int)Int    //带有两个参数的普通函数
scala>val curriedMultiplier =(plainMultiplier _).curried
curriedMultiplier: Int =>(Int =>Int) =<function1>
scala>plainMultiplier(2,5)
res5: Int =10
```

```
scala>curriedMultiplier(2)(5)
res6: Int =10
```

上例中，第一行语句中的 plainMultiplier 是一个带有两个参数的普通函数。第二行语句通过调用函数对象的 curried 方法，将 plainMultiplier 转换成了一个 Curry 化的函数，可以看到该函数的类型为“Int => (Int => Int)”，即其接收一个 Int 参数，并返回一个类型为“Int => Int”的函数，这一点从上面的调用语句“curriedMultiplier(2)(5)”也可以得到印证，该表达式相当于进行了两次函数调用，第一次将 curriedMultiplier 作用在 2 上，返回一个函数，再将这个返回的函数作用在 5 上。

2.4.5 针对容器的操作

对于每种类型的容器，Scala 都提供了一批相同的方法，实现了丰富的容器操作，基本覆盖了实际需求中大部分的容器问题，只需几个简单的函数调用就可以代替复杂的循环或递归。更重要的是，类库里的基本操作都是经过优化的，因此，使用类库提供的标准操作，通常比自己写的循环更加高效，而且，容器类库已经支持在多核处理器上并行运算。下面将分别介绍遍历、映射、过滤、规约和拆分 5 种类型的操作。

1. 遍历操作

Scala 容器的标准遍历方法为 foreach，该方法的原型为

```
def foreach[U](f: Elem =>U) : Unit
```

该方法接收一个函数 f 作为参数；函数 f 的类型为“Elem => U”，即 f 接收一个参数，参数的类型为容器元素的类型 Elem，f 返回结果类型为 U(实际上，f 的返回类型无关紧要，因为 f 的结果都会被丢弃)。foreach 的返回类型为 Unit，从这个角度看，foreach 是一个完全副作用的函数，它遍历容器的每个元素，并将 f 应用到每个元素上。举例如下：

```
scala>val list =List(1, 2, 3)
list: List[Int] =List(1, 2, 3)
scala>val f= (i: Int) =>println(i)
f: Int =>Unit =<function1>
scala>list.foreach(f)
1
2
3
```

上面中规中矩地演示了 foreach 的用法，首先定义一个一元函数变量 f，再调用容器的 foreach 方法，并传入 f。更常用的写法是使用中缀表示法，且直接在 foreach 后面定义匿名函数，即“list foreach(i=>println(i))”，由于 println 函数本身就只接收一个参数，因此还可以进一步简写为“list foreach println”。这种中缀表示法也是 Scala 推荐的最具函数式风格的写法。再看一个对映射遍历的例子：

```
scala> val university = Map ("XMU" ->"Xiamen University", "THU" ->"Tsinghua
```

```
University","PKU"->"Peking University")
university: scala.collection.mutable.Map[String,String] =…
scala>university foreach{kv =>println(kv._1+": "+kv._2)}
XMU: Xiamen University
THU: Tsinghua University
PKU: Peking University
```

由于 Map 的每个元素实质上是一个二元组，因此，可以使用“_1”和“_2”得到它的第一个元素和第二个元素，即键和值。对于该 foreach 语句还可以写成模式匹配表达式，直接将键和值提取出来，代码如下：

```
university foreach{case (k,v) =>println(k+": "+v)}
```

该语句实际上是下面标准的 match 语句的简写形式：

```
university foreach{x=>x match {case (k,v) =>println(k+": "+v)}}
```

除了使用 foreach 方法对容器进行遍历，当然也可以用 for 循环进行遍历。例如，对上面定义的列表和映射的遍历可以写为

```
for(i<-list)println(i)
for(kv<-university)println(kv._1+": "+kv._2)
for((k,v)<-university)println(k+": "+v)    //与上一句的效果一样
```

2. 映射操作

映射操作是针对容器的典型变换操作。映射是指通过对容器中的元素进行某些运算来生成一个新的容器。两个典型的映射操作是 map 方法和 flatMap 方法。map 方法将某个函数应用到集合中的每个元素，映射得到一个新的元素，因此，map 方法会返回一个与原容器类型大小都相同的新容器，只不过元素的类型可能不同。例如：

```
scala>val books =List("Hadoop","Hive","HDFS")
books: List[String] =List(Hadoop, Hive, HDFS)
scala>books.map(s =>s.toUpperCase)
//toUpperCase 方法将一个字符串中的每个字母都转换成大写字母
res56: List[String] =List(HADOOP, HIVE, HDFS)
scala>books.map(s =>s.length)          //将字符串映射到它的长度
res57: List[Int] =List(6, 4, 4)        //新列表的元素类型为 Int
```

flatMap 方法稍有不同，它将某个函数应用到容器中的元素时，对每个元素都会返回一个容器（而不是一个元素），然后，flatMap 把生成的多个容器“拍扁”成为一个容器并返回。返回的容器与原容器类型相同，但大小可能不同，其中元素的类型也可能不同。

```
scala>books flatMap (s =>s.toList)
res58: List[Char] =List(H, a, d, o, o, p, H, i, v, e, H, D, F, S)
```

这里的 toList 方法是每个容器都具有的方法，它的功能是将一个容器转换为列表类

型(List),类似的转换方法还有 toSet、toMap 等。由于 Scala 将字符串视为一个元素类型为 Char 的容器,因此,对字符串也可以调用 toList 方法,返回由所有字符组成的 List[Char]。flatMap 将各个字符串返回的 List[Char]“拍扁”成一个 List[Char]。

3. 过滤操作

在实际编程中,经常会有过滤需求,即遍历一个容器,从中获取满足指定条件的元素,返回一个新的容器。Scala 中有很多实现不同过滤需求的方法。最典型的是 filter 方法,它接收一个返回布尔值的函数 f 作为参数,并将 f 作用到每个元素上,将 f 返回真值的元素组成一个新容器返回。例如:

```
scala>val university =Map("XMU" ->"Xiamen University", "THU" ->"Tsinghua University","PKU" ->"Peking University","XMUT" ->"Xiamen University of Technology")
university: scala.collection.immutable.Map[String,String] =…
//过滤出值中包含 Xiamen 的元素,contains 为 String 的方法
scala>val xmus =university filter {kv =>kv._2 contains "Xiamen"}
universityOfXiamen: scala.collection.immutable.Map[String,String] =Map(XMU ->Xiamen University, XMUT ->Xiamen University of Technology)
scala>val l=List(1,2,3,4,5,6) filter {_%2==0}
//使用了占位符语法,过滤能被 2 整除的元素
l: List[Int] =List(2, 4, 6)
```

与 filter 相反的一个过滤方法是 filterNot,从字面意义就可以推测,它的作用是将不符合条件的元素返回。与过滤操作相关的几个常用函数还包括 exists 和 find;其中,exists 方法判断是否存在满足给定条件的元素;find 方法返回第一个满足条件的元素。例如:

```
scala>val t=List("Spark","Hadoop","Hbase")
t: List[String] =List(Spark, Hadoop, Hbase)
scala>t exists {_ startsWith "H"}        //startsWith 为 String 的函数
res3: Boolean =true
scala>t find {_ startsWith "Hb"}
res4: Option[String] =Some(Hbase)        //find 的返回值用 Option 类进行了包装
scala>t find {_ startsWith "Hp"}
res5: Option[String] =None
```

4. 规约操作

规约操作是对容器的元素进行两两运算,将其“规约”为一个值。最常见的规约方法是 reduce 方法,它接收一个二元函数 f 作为参数,首先将 f 作用在某两个元素上并返回一个值,然后再将 f 作用在上一个返回值和容器的下一个元素上,再返回一个值,以此类推,最后容器中所有的值都会被规约为一个值。例如:

```
scala>val list =List(1,2,3,4,5)
```

```
list: List[Int] =List(1, 2, 3, 4, 5)
scala>list.reduce(_ +_)                  //将列表元素累加,使用了占位符语法
res16: Int =15
scala>list.reduce(_* _)                  //将列表元素连乘
res17: Int =120
scala>list map (_.toString) reduce ((x,y)=>s"f($x,$y)")
res5: String =f(f(f(f(1,2),3),4),5)      //f 表示传入 reduce 的二元函数
```

上面语句中的最后一行代码,先通过 map 操作将 List[Int]转换成了 List[String],即把列表中的每个元素从 Int 类型转换成 String 类型,然后对这个字符串列表进行自定义规约,语句的执行结果清楚地展示了 reduce 的过程。

reduce 方法对元素进行操作时,对于 List 等有序容器(容器中的元素有顺序关系),其遍历容器的默认顺序是从左到右的;而对于 Set 等无序容器(容器中的元素没有顺序关系),其遍历容器的顺序是未定的,因此,其结果对于无序容器可能是不确定的。例如:

```
scala>val s1=Set(1,2,3)
s1: scala.collection.immutable.Set[Int] =Set(1, 2, 3)
scala>val s2 =util.Random.shuffle(s1)  //打乱集合的顺序生成一个新集合
s2: scala.collection.immutable.Set[Int] =Set(3, 2, 1)
scala>s1==s2            //s1 和 s2 只是元素顺序不一样,但从集合的角度是完全相等的
res18: Boolean =true
scala>s1.reduce(_+_)    //加法操作满足结合律和交换率,所以结果与遍历顺序无关
res19: Int =6
scala>s2.reduce(_+_)
res20: Int =6
scala>s1.reduce(_-_)    //减法操作不满足结合律和交换率,所以结果与遍历顺序有关
res22: Int =-4
scala>s2.reduce(_-_)
res23: Int =0
```

为了保证遍历顺序,有两个与 reduce 相关的方法,reduceLeft 和 reduceRight,从名字即可看出,前者从左到右进行遍历,后者从右到左进行遍历。reduceLeft 和 reduceRight 对传入的二元函数的参数定义不同。对于 reduceLeft,第一个参数表示累计值;对于 reduceRight,第二个参数表示累计值。图 2-6 示意了 reduceLeft 和 reduceRight 的计算过程。

由于加法操作满足结合律和交换率,因此 reduceLeft 和 reduceRight 的结果没有区别,下例以减法运算来展示二者的差异,同时,为了更加清晰地展示整个计算过程,进一步将整数列表转换成字符串的形式进行展示。

```
scala>val list =List(1,2,3,4,5)
list: List[Int] =List(1, 2, 3, 4, 5)
scala>list reduceLeft {_-_}
res24: Int =-13
scala>list reduceRight {_-_}
```

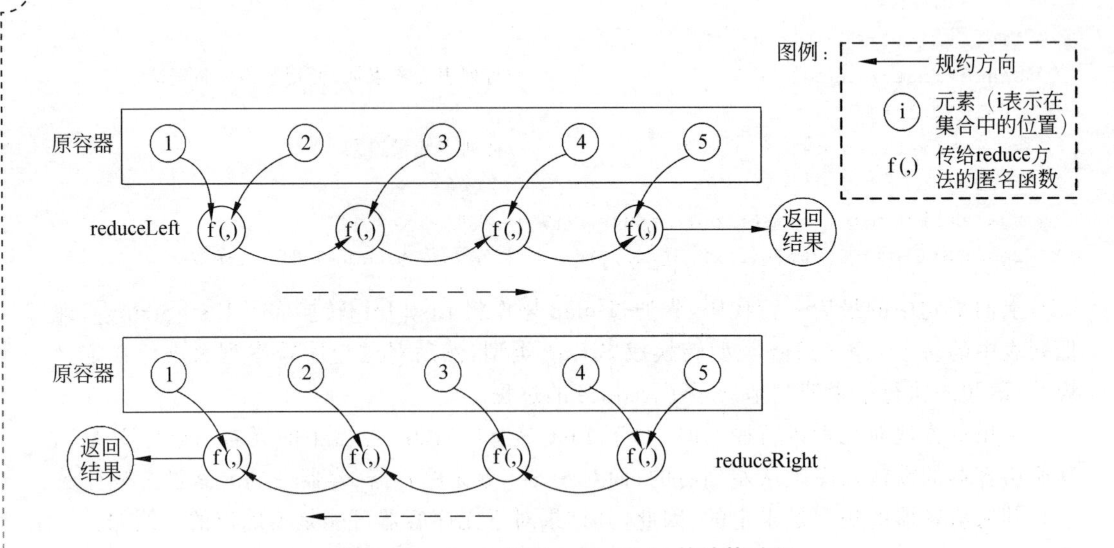

图 2-6 reduceLeft 和 reduceRight 的计算过程

```
res25: Int =3
scala>val s =list map (_.toString)  //将整型列表转换成字符串列表
s: List[String] =List(1, 2, 3, 4, 5)
scala>s reduceLeft {(accu,x)=>s"($accu-$x)"}
res28: String =((((1-2)-3)-4)-5)   //list reduceLeft{_-_}的计算过程
scala>s reduceRight {(x,accu)=>s"($x-$accu)"}
res30: String =(1-(2-(3-(4-5))))   //list reduceRight{_-_}的计算过程
```

与 reduce 方法非常类似的一个方法是 fold 方法。fold 方法是一个双参数列表的函数,第一个参数列表接收一个规约的初始值,第二个参数列表接收与 reduce 中一样的二元函数参数。两个方法唯一的差别是,reduce 是从容器的两个元素开始规约,而 fold 则是从提供的初始值开始规约。同样地,对于无序容器,fold 方法不保证规约时的遍历顺序,如要保证顺序,需要使用 foldLeft 和 foldRight。其中,关于匿名函数参数的定义,与 reduceLeft 和 reduceRight 完全一样。图 2-7 演示了 foldLeft 和 foldRight 的计算过程。

下面给出一个关于 fold 操作的实例:

```
scala>val list =List(1,2,3,4,5)
list: List[Int] =List(1, 2, 3, 4, 5)
scala>list.fold(10)(_*_)
res32: Int =1200
scala>(list fold 10)(_*_)          //fold 的中缀调用写法
res33: Int =1200
scala>(list foldLeft 10)(_-_)      //计算顺序(((((10-1)-2)-3)-4)-5)
res34: Int =-5
scala>(list foldRight 10)(_-_)     //计算顺序(1-(2-(3-(4-(5-10)))))
res35: Int =-7
scala>val em =List.empty
em: List[Nothing] =List()
```

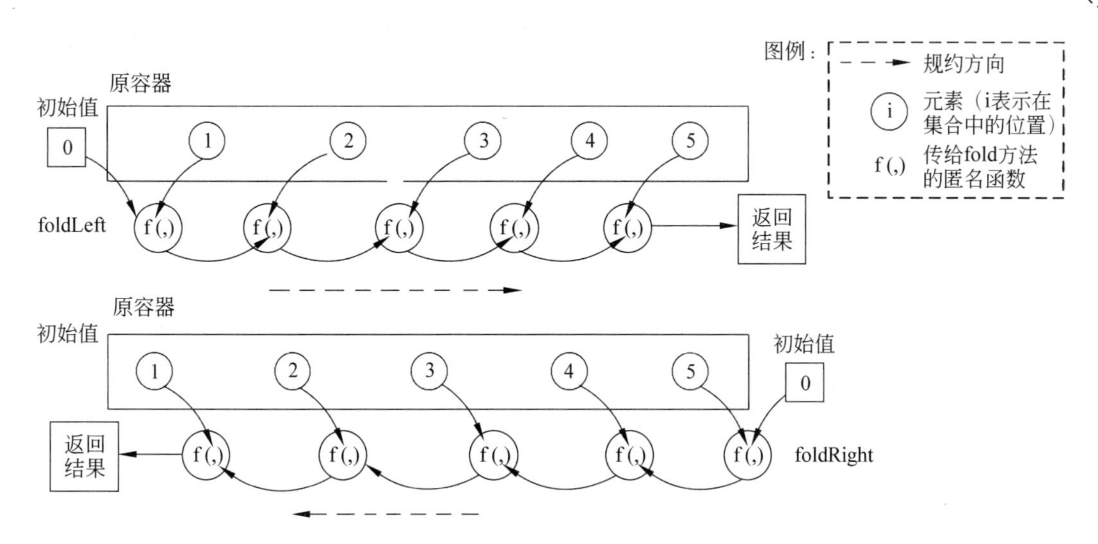

图 2-7　foldLeft 和 foldRight 的计算过程

```
scala>em.fold(10)(_-_)
                    //对空容器调用 fold 的结果为初始值,对空容器调用 reduce 会报错
res36: Int =10
```

最后再补充一点,reduce 操作总是返回与容器元素相同类型的结果,但是,fold 操作可以输出与容器元素类型完全不同类型的值,甚至是一个新的容器。下面这个例子展示了 fold 强大的地方,它实现了类似 map 的功能,以一个空 List 作为初始值,然后在其头部添加一个新元素,并返回新的列表作为下次运算的累计值。

```
scala>val list =List(1,2,3,4,5)
list: List[Int] =List(1, 2, 3, 4, 5)
scala>(list foldRight List.empty[Int]){(x,accu)=>x * 2: : accu}
res44: List[Int] =List(2, 4, 6, 8, 10)        //与下面的 map 操作结果一样
scala>list map {_* 2}
res45: List[Int] =List(2, 4, 6, 8, 10)
```

5. 拆分操作

拆分操作是把一个容器里的元素按一定的规则分割成多个子容器。常用的拆分方法有 partition、groupedBy、grouped 和 sliding。假设原容器为 C[T]类型。partition 方法接收一个布尔函数,用该函数对容器元素进行遍历,以二元组的形式返回满足条件和不满足条件的两个 C[T]类型的集合。groupedBy 方法接收一个返回 U 类型的函数,用该函数对容器元素进行遍历,将返回值相同的元素作为一个子容器,并与该相同的值构成一个键值对,最后返回的是一个类型为 Map[U,C[T]]的映射。grouped 和 sliding 方法都接收一个整型参数 n,两个方法都将容器拆分为多个与原容器类型相同的子容器,并返回由这些子容器构成的迭代器,即 Iterator[C[T]]。其中,grouped 方法按从左到右的方式将容器划分为多个大小为 n 的子容器(最后一个的大小可能小于 n);sliding 方法使用一个长

度为 n 的滑动窗口,从左到右将容器截取为多个大小为 n 的子容器。下面以一个列表容器进行举例说明。

```
scala>val xs =List(1,2,3,4,5)
xs: List[Int] =List(1, 2, 3, 4, 5)
scala>val part =xs.partition(_<3)
part: (List[Int], List[Int]) =(List(1, 2),List(3, 4, 5))
scala>val gby =xs.groupBy(x=>x%3)  //按被 3 整除的余数进行划分
gby: scala.collection.immutable.Map[Int,List[Int]] =Map(2 ->List(2, 5), 1 ->
List(1, 4), 0 ->List(3))
scala>gby(2)                       //获取键值为 2(余数为 2)的子容器
res11: List[Int] =List(2, 5)
scala>val ged =xs.grouped(3)       //拆分为大小为 3 的子容器
ged: Iterator[List[Int]] =non-empty iterator
scala>ged.next                     //第一个子容器
res3: List[Int] =List(1, 2, 3)
scala>ged.next                     //第二个子容器,里面只剩下两个元素
res5: List[Int] =List(4, 5)
scala>ged.hasNext                  //迭代器已经遍历完了
res6: Boolean =false
scala>val sl =xs.sliding(3)        //滑动拆分为大小为 3 的子容器
sl: Iterator[List[Int]] =non-empty iterator
scala>sl.next                      //第一个子容器
res7: List[Int] =List(1, 2, 3)
scala>sl.next                      //第二个子容器
res8: List[Int] =List(2, 3, 4)
scala>sl.next                      //第三个子容器
res9: List[Int] =List(3, 4, 5)
scala>sl.hasNext                   //迭代器已经遍历完了
res10: Boolean =false
```

2.4.6 函数式编程实例

为了加强对函数式编程的理解,下面再举一个综合应用的例子。要求对某个目录下所有文件中的单词进行词频统计。源代码如下:

```
1  import java.io.File
2  import scala.io.Source
3  import collection.mutable.Map
4  object WordCount {
5      def main(args: Array[String]) {
6          val dirfile=new File("testfiles")
7          val files =dirfile.listFiles
8          val results =Map.empty[String,Int]
9          for(file <-files) {
```

```
10          val data=Source.fromFile(file)
11          val strs =data.getLines.flatMap{s =>s.split(" ")}
12          strs foreach { word =>
13                      if (results.contains(word))
14                      results(word)+=1 else results(word)=1
15          }
16      }
17      results foreach{case (k,v) =>println(s"$k: $v")}
18    }
19  }
```

对主要代码的说明如下。

- 1～3 行：导入需要的类。
- 6 行：建立一个 File 对象，这里假设当前文件夹下有一个 testfiles 文件夹，且里面包含若干个文本文件。
- 7 行：调用 File 对象的 listFiles 方法，得到其下所有文件对象构成的数组，files 的类型为 Array[java.io.File]。
- 8 行：建立一个可变的空的映射(Map)对象 results，保存统计结果。映射中的条目都是一个(key，value)键值对。其中，key 是单词，value 是单词出现的次数。
- 9 行：通过 for 循环对文件对象进行循环，分别处理各个文件。
- 10 行：从 File 对象建立 Source 对象(见 2.2.2 节)，方便文件的读取。
- 11 行：getLines 方法返回文件各行构成的迭代器对象，类型为 Iterator[String]，flatMap 进一步将每行字符串拆分成单词，再返回所有这些单词构成的新字符串迭代器。
- 12～15 行：对上述的字符串迭代器进行遍历，在匿名函数中，对于当前遍历到的某个单词，如果以前已经统计过，就把映射 results 中以该单词为 key 的映射条目的 value 增加 1。如果以前没有被统计过，则为这个单词新创建一个映射条目，只需要直接对相应的 key 进行赋值，就实现了添加新的映射条目。
- 17 行：对 Map 对象 results 进行遍历，输出统计结果。

2.5 本章小结

本章从基本的 Scala 安装和简单的 HelloWorld 程序开始，到面向对象和函数式编程，对 Scala 语言进行了概览式地介绍。通过学习本章，读者可以掌握 Scala 语言中的基本概念和基本语法，包括变量、方法、函数、类、对象和特质等的定义和使用。在函数式编程部分，对 Scala 的容器模型进行了宏观的概述，着重介绍了几种常用容器类型的使用，展示了 Scala 如何通过高阶函数的应用，产生简洁而功能强大的代码。完成本章的学习，我们就已经为 Flink 的学习奠定了基本的语言基础，第 3 章将正式进入 Flink 的世界。

2.6 习题

1. 简述 Scala 语言与 Java 语言的联系与区别。

2. 简述 Scala 语言的基本特性。

3. 分别用脚本和编译运行两种形式输出“Hello World”。

4. Scala 有哪些基本数据类型和操作符?

5. 在 Scala 里怎样定义一个变量?与 Java 的变量定义有什么区别?

6. 什么是 s 插值字符串?

7. 什么是 Scala 的类型推断机制?

8. Scala 提供哪些控制结构?

9. 什么是 for 推导式和生成器表达式?

10. 下述脚本的目的是输出数组中的偶数,尝试在 REPL 下运行,并修改相应错误:

```
Val array =Array(1,2,3,4,5,6)
For(a<-array;a%2==0) println(a)
```

11. Scala 如何实现 Java 循环中的 break 和 continue 功能?

12. Scala 的方法或函数中的参数是否可变?这种规定的好处是什么?

13. Scala 通过什么机制暴露 private 的字段成员?什么是统一访问原则?

14. Scala 的类有哪两种类型的构造器?其中的参数作用有什么区别?

15. 简述 Scala 的类型层次结构。

16. 在 Scala 中,Nothing、Null、null、Option、Some、None 分别代表什么?有何作用?

17. 什么是单例对象和伴生对象?

18. 简述 apply 方法和 unapply 方法的调用约定以及通常的应用场景。

19. 什么是 Scala 的特质?它与 Java 接口的联系和区别有哪些?

20. 下述脚本定义了一个父类 C 和一个特质 T,T 继承自 C,然后定义了一个类 C1 混入特质 T,最后实例化一个 C1 的变量,检查脚本中的错误,并尝试修改以得到期望的结果。

```
class C(val name: String)
trait T extends C{def fly()}
class C1(val name: String) with T{
    def fly(){println("I can fly.")}
}
val t =new C1("scala")
println(t.name)            //期望输出 scala
t.fly                      //期望输出 I can fly.
```

21. Scala 有哪几种常用的模式匹配用法?

22. 什么是 case 类?它和普通类的区别是什么?

23. 为什么说 Scala 里的函数具有和普通的值同等的地位,表现在哪些方面?

24. 函数的类型和值指的是什么？

25. 分别简述高阶函数、闭包的概念。

26. 简要描述Scala的容器库层次结构，有哪些常用的容器类型？

27. 容器和迭代器的联系和区别是什么？

28. 如果c1是一个不可变的容器变量，c2是一个可变的容器变量，elem是一个对象，则“c1+=elem”和“c2+=elem”的作用分别是什么？

29. 简述map和flatMap的区别。

30. 简述reduce和fold的区别。

实验2 Scala编程初级实践

1. 实验目的

（1）掌握Scala语言的基本语法、数据结构和控制结构。

（2）掌握面向对象编程的基础知识，能够编写自定义类和特质。

（3）掌握函数式编程的基础知识，能够熟练定义匿名函数。熟悉Scala的容器类库的基本层次结构，熟练使用常用的容器类进行数据分析与处理。

（4）熟练掌握Scala的REPL运行模式和编译运行方法。

2. 实验平台

操作系统：Linux(推荐Ubuntu 18.04.5)。

JDK版本：1.8或以上版本。

Scala版本：2.12.12。

3. 实验内容和要求

1）计算级数

用脚本的方式编程计算并输出下列级数的前n项之和S_n，直到S_n刚好大于或等于q为止。其中，q为大于0的整数，其值通过键盘输入。

$$S_n = \frac{2}{1} + \frac{3}{2} + \frac{4}{3} + \cdots + \frac{n+1}{n}$$

例如，若q的值为50.0，则输出应为$S_n=50.416\ 695$。将源文件保存为exercise2-1.scala，在Scala REPL模式下测试运行，测试样例：$q=1$时，$S_n=2$；$q=30$时，$S_n=30.891\ 459$；$q=50$时，$S_n=50.416\ 695$。

2. 模拟图形绘制

对于一个图形绘制程序，用下面的层次对各种实体进行抽象。定义一个Drawable的特质，包括一个draw方法，默认实现为输出对象的字符串表示。定义一个Point类表示点，混入了Drawable特质，并包含一个shift方法，用于移动点。所有图形实体的抽象类为 Shape,其构造函数包括一个 Point 类型,表示图形的具体位置(具体意义对不同的具体图形不同)。Shape 类有一个具体方法 moveTo 和一个抽象方法 zoom。其中,moveTo 将图形从当前位置移动到新的位置,各种具体图形的 moveTo 可能会有不同的地方;zoom 方法实现对图形的放缩,接收一个浮点型的放缩倍数参数,不同具体图形放缩实现不同。继承 Shape 类的具体图形类型包括直线类 Line 和圆类 Circle。Line 类的第一个参数表示其位置,第二个参数表示另一个端点,Line 放缩的时候,点位置不变,长度按倍数放缩(注意,缩放时,两个端点信息也改变)。另外,Line 的 move 行为影响了另一个端点,需要对 move 方法进行重载。Circle 类第一个参数表示圆心(也是其位置),另一个参数表示半径,Circle 缩放的时候,位置参数不变,半径按倍数缩放。另外,直线类 Line 和圆类 Circle 都混入了 Drawable 特质,要求对 draw 进行重载实现。其中,类 Line 的 draw 输出的信息样式为"Line:第一个端点的坐标——第二个端点的坐标",类 Circle 的 draw 输出的信息样式为"Circle center:圆心坐标,R=半径"。下面的代码已经给出了 Drawable 和 Point 的定义,同时也给出了程序入口 main 函数的实现,完成 Shape 类、Line 类和 Circle 类的定义。

```
case class Point(var x: Double,var y: Double) extends Drawable{
    def shift(deltaX: Double,deltaY: Double){x+=deltaX;y+=deltaY}
}
trait Drawable{
    def draw(){println(this.toString)}
}

// 完成 Shape 类、Line 类和 Circle 类的定义

object MyDraw{
    def main(args: Array[String]) {
    val p=new Point(10,30)
        p.draw;
        val line1 =new Line(Point(0,0),Point(20,20))
        line1.draw
        line1.moveTo(Point(5,5))    //移动到一个新的点
        line1.draw
        line1.zoom(2)               //放大两倍
        line1.draw
        val cir=new Circle(Point(10,10),5)
        cir.draw
        cir.moveTo(Point(30,20))
        cir.draw
        cir.zoom(0.5)
        cir.draw
    }
}
```

编译运行程序，输出结果如下：

```
Point(10.0,30.0)
Line: (0.0,0.0)--(20.0,20.0)
Line: (5.0,5.0)--(25.0,25.0)
Line: (-5.0,-5.0)--(35.0,35.0)
Circle center: (10.0,10.0),R=5.0
Circle center: (30.0,20.0),R=5.0
Circle center: (30.0,20.0),R=2.5
```

3）统计学生成绩

学生的成绩清单格式如下，第一行为表头，各字段分别代表学号、性别、课程名 1、课程名 2 等，后面每行代表一个学生的信息，各字段之间用空白符隔开。

```
Id      gender  Math  English  Physics
301610    male  80    64       78
301611  female  65    87       58
⋮
```

给定任何一个如上格式的清单(不同清单里课程数量可能不一样)，要求尽可能采用函数式编程，统计出各门课程的平均成绩、最低成绩和最高成绩；另外，还需要按男女同学分开，分别统计各门课程的平均成绩、最低成绩和最高成绩。

测试样例 1 如下：

```
Id        gender   Math   English   Physics
301610    male     80     64        78
301611    female   65     87        58
301612    female   44     71        77
301613    female   66     71        91
301614    female   70     71        100
301615    male     72     77        72
301616    female   73     81        75
301617    female   69     77        75
301618    male     73     61        65
301619    male     74     69        68
301620    male     76     62        76
301621    male     73     69        91
301622    male     55     69        61
301623    male     50     58        75
301624    female   63     83        93
301625    male     72     54        100
301626    male     76     66        73
301627    male     82     87        79
301628    female   62     80        54
```

```
301629      male       89       77            72
```

样例 1 的统计结果：

```
course     average   min          max
Math:        69.20   44.00        89.00
English:     71.70   54.00        87.00
Physics:     76.65   54.00       100.00
course     average   min      max (males)
Math:        72.67   50.00        89.00
English:     67.75   54.00        87.00
Physics:     75.83   61.00       100.00
course     average   min    max (females)
Math:        64.00   44.00        73.00
English:     77.63   71.00        87.00
Physics:     77.88   54.00       100.00
```

测试样例 2 如下：

```
Id          gender      Math    English   Physics   Science
301610      male         72      39       74         93
301611      male         75      85       93         26
301612      female       85      79       91         57
301613      female       63      89       61         62
301614      male         72      63       58         64
301615      male         99      82       70         31
301616      female      100      81       63         72
301617      male         74     100       81         59
301618      female       68      72       63        100
301619      male         63      39       59         87
301620      female       84      88       48         48
301621      male         71      88       92         46
301622      male         82      49       66         78
301623      male         63      80       83         88
301624      female       86      80       56         69
301625      male         76      69       86         49
301626      male         91      59       93         51
301627      female       92      76       79        100
301628      male         79      89       78         57
301629      male         85      74       78         80
```

样例 2 的统计结果：

```
course      average   min      max
Math:        79.00   63.00   100.00
English:     74.05   39.00   100.00
Physics:     73.60   48.00    93.00
Science:     65.85   26.00   100.00
course      average   min      max
Math:        77.08   63.00    99.00
English:     70.46   39.00   100.00
Physics:     77.77   58.00    93.00
Science:     62.23   26.00    93.00
course      average   min      max
Math:        82.57   63.00   100.00
English:     80.71   72.00    89.00
Physics:     65.86   48.00    91.00
Science:     72.57   48.00   100.00
```

4. 实验报告

<table>
<tr><td colspan="3">《Flink 编程基础(Scala 版)》实验报告</td></tr>
<tr><td>题目：</td><td>姓名：</td><td>日期：</td></tr>
<tr><td colspan="3">实验环境：</td></tr>
<tr><td colspan="3">实验内容与完成情况：</td></tr>
<tr><td colspan="3">出现的问题：</td></tr>
<tr><td colspan="3">解决方案(列出遇到的问题和解决办法，列出没有解决的问题)：</td></tr>
</table>

第3章

Flink的设计与运行原理

近年来,流处理这种应用场景在企业中变得越来越频繁,由此带动了企业数据架构开始由传统数据处理架构、大数据 Lambda 架构向流处理架构演变。Flink 就是一种具有代表性的开源流处理架构,具有十分强大的功能,它实现了 Google Dataflow 流计算模型,是一种兼具高吞吐、低延迟和高性能的实时流计算框架,并且同时支持批处理和流处理。Flink 的主要特性包括批流一体化、精密的状态管理、事件时间支持以及"精确一次"的状态一致性保障等。Flink 不仅可以运行在包括 YARN、Mesos、Kubernetes 等在内的多种资源管理框架上,还支持在裸机集群上独立部署。Flink 目前已经在全球范围内得到了广泛的应用,大量企业已经开始大规模使用 Flink 作为企业的分布式大数据处理引擎。

本章首先给出 Flink 简介,并探讨选择 Flink 的原因以及 Flink 的典型应用场景;其次介绍 Flink 的统一数据处理、技术栈、工作原理、编程模型和应用程序结构;最后介绍 Flink 中的数据一致性。

3.1 Flink 简介

Flink 是 Apache 软件基金会的一个顶级项目,是为分布式、高性能、随时可用以及准确的流处理应用程序打造的开源流处理框架,并且可以同时支持实时计算和批量计算。Flink 起源于 Stratosphere 项目,该项目是 2010—2014 年由柏林工业大学、柏林洪堡大学和哈索·普拉特纳研究所联合开展的,开始是做批处理,后来转向了流计算。2014 年 4 月,Stratosphere 代码被贡献给 Apache 软件基金会,成为 Apache 软件基金会孵化器项目,并开始在开源大数据行业内崭露头角。之后,团队的大部分创始成员离开大学,共同创办了一家名为 Data Artisans 的公司,该公司于 2019 年 1 月被我国的阿里巴巴公司收购。在项目孵化期间,为了避免与另外一个项目发生重名,Stratosphere 被重新命名为 Flink。在德语中,Flink 是"快速和灵巧"的意思,使用这个词作为项目名称,可以彰显流计算框架的速度快和灵活性强的特点。项目使用一只棕红色的松鼠图案作为标志(见图 3-1),因为松

图 3-1 Flink 的标志

鼠具有灵活、快速的特点。

2014 年 12 月,Flink 成为 Apache 软件基金会顶级项目。目前,Flink 是 Apache 软件基金会的 5 个最大的大数据项目之一,在全球范围内拥有 350 多位开发人员,并在越来越多的企业中得到了应用。在国外,优步、网飞、微软和亚马逊等公司已经开始使用 Flink。在国内,包括阿里巴巴、美团、滴滴等在内的知名互联网企业,都已经开始大规模使用 Flink 作为企业的分布式大数据处理引擎。在阿里巴巴,基于 Flink 搭建的平台于 2016 年正式上线,并从阿里巴巴的“搜索和推荐”这两大场景开始实现。目前,阿里巴巴所有的业务,包括阿里巴巴所有子公司都采用了基于 Flink 搭建的实时计算平台,服务器规模已经达到数万台,这种规模等级在全球范围内也是屈指可数的。阿里巴巴的 Flink 平台内部积累起来的状态数据,已经达到 PB 级别规模,每天在平台上处理的数据量已经超过万亿条,在峰值期间可以承担超过 4.72 亿次每秒的访问量,最典型的应用场景是阿里巴巴“双 11”大屏。

Flink 具有十分强大的功能,可以支持不同类型的应用程序。Flink 的主要特性包括批流一体化、精密的状态管理、事件时间支持以及“精确一次”的状态一致性保障等。Flink 不仅可以运行在包括 YARN、Mesos、Kubernetes 等在内的多种资源管理框架上,还支持在裸机集群上独立部署。当采用 YARN 作为资源调度管理器时,Flink 计算平台可以运行在开源的 Hadoop 集群之上,并使用 HDFS 作为数据存储,因此,Flink 可以和开源大数据软件 Hadoop 实现无缝对接。在启用高可用选项的情况下,Flink 不存在单点失效问题。事实证明,Flink 已经可以扩展到数千核心,其状态可以达到 TB 级别规模,且仍能保持高吞吐、低延迟的特性。世界各地有很多要求严苛的流处理应用都运行在 Flink 上。

3.2 选择 Flink 的原因

数据架构设计领域正在发生一场变革,开始由传统数据处理架构、大数据 Lambda 架构向流处理架构演变,在这种全新的架构中,基于流的数据处理流程被视为整个架构设计的核心。这种转变把 Flink 推向了分布式计算框架这个舞台的中心,使它可以在现代数据处理中扮演重要的角色。

3.2.1 传统数据处理架构

传统数据处理架构的一个显著特点就是采用一个中心化的数据库系统,用于存储事务性数据,如图 3-2 所示。例如,在一个企业内部,会存在 ERP 系统、订单系统、CRM 系统等,这些系统的数据一般都被存储在关系数据库中。这些数据反映了当前的业务状态,如系统当前的登录用户数、网站当前的活跃用户数、每个用户的账户余额等。当应用程序需要较新的数据时,都会访问这个中心数据库。

在应用的初期,这种传统数据处理架构的效率很高,在各大企业应用中成功服务了几十年。但是,随着企业业务量的不断增大,数据库的负载开始不断增加,最终变得不堪重负,而一旦数据库系统发生问题,整个业务系统就会受到严重影响。此外,采用传统数据

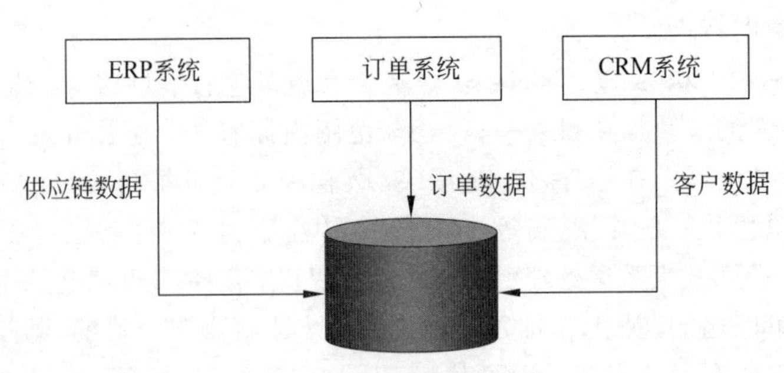

图 3-2 传统数据处理架构

处理架构的系统,一般都拥有非常复杂的异常问题处理方法,当出现异常问题时,很难保证系统还能够很好地运行。

3.2.2 大数据 Lambda 架构

随着信息技术的普及和企业信息化建设步伐的加快,企业逐步认识到建立企业范围内的统一数据存储的重要性,越来越多的企业建立了企业数据仓库。企业数据仓库有效集成了来自不同部门、不同地理位置、具有不同格式的数据,为企业管理决策者提供了企业范围内的单一数据视图,从而为综合分析和科学决策奠定了坚实的基础。

起初数据仓库主要借助于 Oracle、SQL Server、MySQL 等关系数据库进行数据的存储,但是,随着企业数据量的不断增长,关系数据库已经无法满足海量数据的存储需求。因此,越来越多的企业开始构建基于 Hadoop 的数据仓库,并借助 MapReduce、Spark 等分布式计算框架对数据仓库中的数据进行处理分析。但是,数据仓库中的数据一般都是周期性进行加载,如每天一次、每周一次或者每月一次,这样就无法满足一些对实时性要求较高的应用的需求。为此,业界提出了一套大数据 Lambda 架构方案来处理不同类型的数据,从而满足企业不同应用的需求。如图 3-3 所示,大数据 Lambda 架构主要包含两层,即批处理层和实时处理层。在批处理层中,采用 MapReduce、Spark 等技术进行批量数据处理;而在实时处理层中,则采用 Storm、Spark Streaming 等技术进行数据的实时处理。

分开处理连续的实时数据和有限批次的批量数据,可以使系统构建工作变得更加简单,这种架构在一定程度上解决了不同计算类型的问题。但是,这种做法将管理两套系统的复杂性留给了系统用户,由于存在太多的框架,就会导致平台复杂度和运维成本过高,因为在一套资源管理平台中管理不同类型的计算框架是比较困难的事情。

3.2.3 流处理架构

作为一种新的选择,流处理架构解决了企业在大规模系统中遇到的诸多问题。以流为基础的架构设计,让数据记录持续地从数据源流向应用程序,并在各个应用程序间持续流动。不需要设置一个数据库来集中存储全局状态数据,取而代之的是共享且永不停止的流数据,它是唯一正确的数据源,记录了业务数据的历史。

为了高效地实现流处理架构,一般需要设置消息传输层和流处理层(见图 3-4)。消

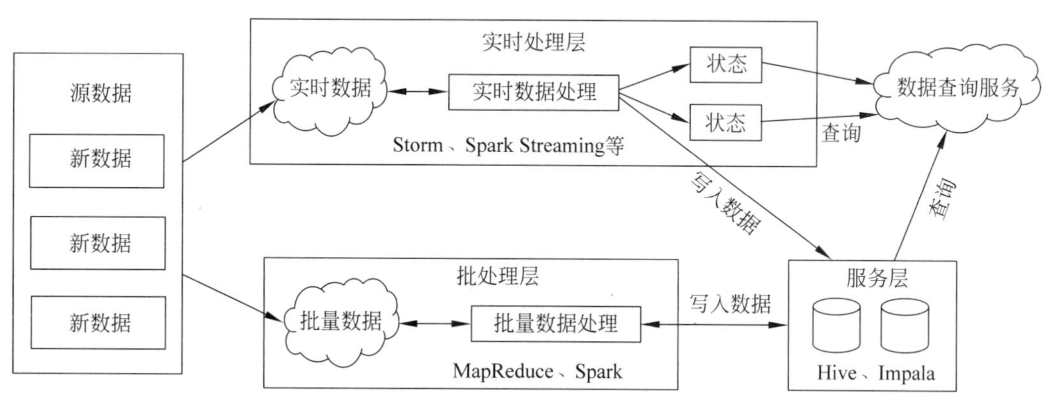

图 3-3　大数据 Lambda 架构

息传输层从各种数据源采集连续事件产生的数据，并传输给订阅了这些数据的应用程序；流处理层会持续地将数据在应用程序和系统间移动、聚合并处理事件，并在本地维持应用程序的状态。这里的“状态”就是计算过程中产生的中间计算结果，在每次计算中，新的数据进入流系统中，都是在中间状态结果的基础上进行计算，最终产生正确的计算结果。

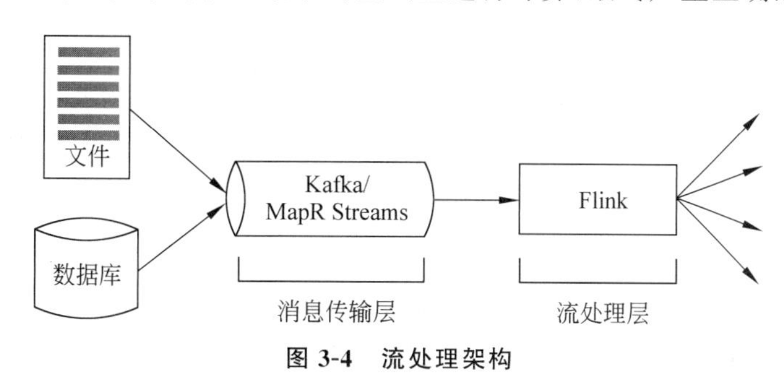

图 3-4　流处理架构

流处理架构的核心是使各种应用程序互连在一起的消息队列，消息队列连接应用程序，并作为新的共享数据源，这些消息队列取代了从前的大型集中式数据库。如图 3-5 所示，流处理器从消息队列中订阅数据并加以处理，处理后的数据可以流向另一个消息队列，这样，其他应用程序都可以共享流数据。有时处理后的数据会被存储到本地数据库中。

流处理架构正在逐步取代传统数据处理架构和大数据 Lambda 架构，成为大数据处理架构的一种新趋势。一方面，由于流处理架构中不存在一个大型集中式数据库，因此，避免了传统数据处理架构中存在的“数据库不堪重负”的问题；另一方面，在流处理架构中，批处理被看作流处理的一个子集，因此，就可以用面向流处理的框架进行批处理，这样就可以用一个流处理框架来统一处理流计算和批量计算，避免了大数据 Lambda 架构中存在的“多个框架难管理”的问题。

3.2.4　Flink 是理想的流计算框架

流处理架构需要具备低延迟、高吞吐和高性能的特性，而目前从市场上已有的产品来

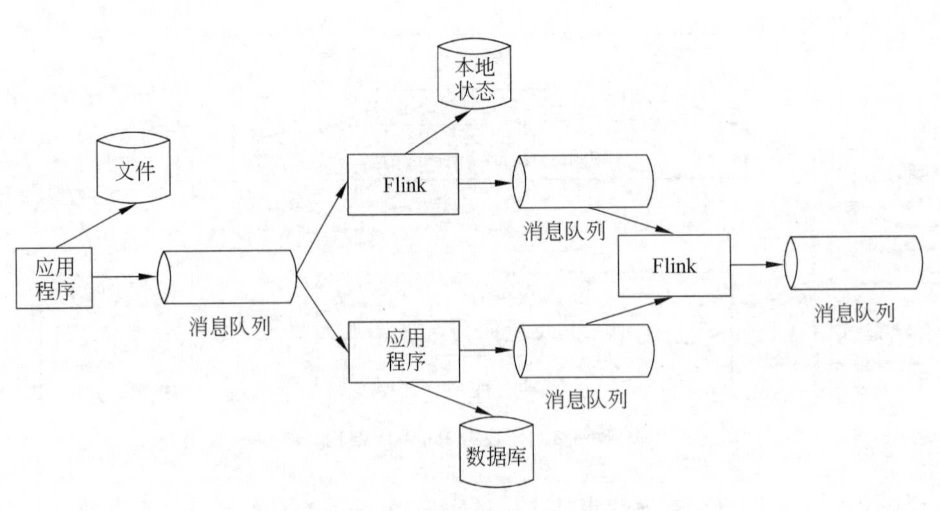

图 3-5 流处理架构中的消息队列

看(见表 3-1),只有 Flink 可以满足要求。Storm 虽然可以做到低延迟,但是无法实现高吞吐,也不能在故障发生时准确地处理计算状态。Spark 的流计算组件 Spark Streaming 通过采用微批处理方法实现了高吞吐和容错性,但是牺牲了低延迟和实时处理能力。Spark 的另一个流计算组件 Structured Streaming,包括微批处理和持续处理两种处理模型。采用微批处理模型时,最快响应时间需要 100ms,无法支持毫秒级别响应;采用持续处理模型时,可以支持毫秒级别响应,但是只能做到"至少一次"的一致性,无法做到"精确一次"的一致性。

表 3-1 不同流计算框架的对比

产　品	消息保证机制	容错机制	状态管理	延　时	吞 吐 量
Storm	至少一次	Acker 机制	无	低	低
Spark Streaming	精确一次	基于 RDD 的检查点	基于 DStream	中	高
Flink	精确一次	检查点	基于操作	低	高

Flink 实现了 Google Dataflow 流计算模型,是一种兼具高吞吐、低延迟和高性能的实时流计算框架,并且同时支持批处理和流处理。此外,Flink 支持高度容错的状态管理,防止状态在计算过程中因为系统异常而出现丢失。因此,Flink 就成为了能够满足流处理架构要求的理想的流计算框架。

3.2.5 Flink 的优势

Flink 实现了 Google Dataflow 流式计算模型,与其他的流计算框架相比,Flink 具有突出的特点,它不仅是一个高吞吐、低延迟的计算引擎,同时还具备其他的高级特性,如支持有状态的计算、状态管理、强一致性的语义,以及对消息乱序的处理等。

总体而言,Flink 具有以下优势。

1. 同时支持高吞吐、低延迟、高性能

对于分布式流计算框架，同时支持高吞吐、低延迟和高性能是非常重要的。但是，目前在开源社区中，能够同时满足这 3 方面要求的流计算框架只有 Flink。Storm 可以做到低延迟，但是无法实现高吞吐。Spark Streaming 可以实现高吞吐和容错性，但是不具备低延迟和实时处理能力。

2. 同时支持流处理和批处理

在典型的大数据的业务场景下，数据业务最通用的做法是，选用批处理的技术处理全量数据，采用流式计算处理实时增量数据。在绝大多数的业务场景下，用户的业务逻辑在批处理和流处理中往往是相同的。但是，在 Flink 被推广普及之前，用户用于批处理和流处理的两套计算引擎是不同的。因此，用户通常需要写两套代码。毫无疑问，这带来了一些额外的负担和成本。因此，我们就希望能够有一套统一的大数据引擎技术，用户只需要根据自己的业务逻辑开发一套代码。这样在各种不同的场景下，不管是全量数据还是增量数据，或者实时处理，一套方案即可全部支持，这就是 Flink 诞生的背景和初衷。Flink 不仅擅长流处理，同时也能够很好地支持批处理。对于 Flink，批量数据是流数据的一个子集，批处理被视作一种特殊的流处理，因此，可以通过一套引擎来处理流数据和批量数据。

3. 高度灵活的流式窗口

在流计算中，数据流是无限的，无法直接进行计算，因此，Flink 提出了窗口的概念，一个窗口是若干元素的集合，流计算以窗口为基本单元进行数据处理。窗口可以是时间驱动的（Time Window，如每 30s），也可以是数据驱动的（Count Window，如每 100 个元素）。窗口可以分为翻滚窗口（Tumbling Window，无重叠）、滚动窗口（Sliding Window，有重叠）和会话窗口（Session Window）。

4. 支持有状态计算

流计算分为无状态和有状态两种情况。无状态计算观察每个独立的事件，并根据最后一个事件输出结果，Storm 就是无状态的计算框架，每条消息来了以后，彼此都是独立的，和前后都没有关系。有状态的计算则会基于多个事件输出结果。正确地实现有状态计算，比实现无状态计算难得多。Flink 就是可以支持有状态计算的新一代流处理系统。Flink 的有状态应用程序针对本地状态访问进行了优化。任务状态保留在内存中，但是如果状态大小超过可用内存，则保存在访问高效的磁盘数据结构中。因此，任务通过访问本地（通常是内存）状态来执行所有计算，从而产生非常低的处理延迟。

5. 具有良好的容错性

当分布式系统引入状态时，就会产生“一致性”问题。一致性实际上是“正确性级别”的另一种说法，也就是说，在成功处理故障并恢复之后得到的结果，与没有发生故障时得

到的结果相比,前者有多正确。Storm 只能实现"至少一次"的容错性。Spark Streaming 虽然可以支持"精确一次"的容错性,但是,无法做到毫秒级的实时处理。Flink 提供了容错机制,可以恢复数据流应用到一致状态。该机制确保在发生故障时,程序的状态最终将数据流中的每个记录只反映一次,即实现了"精确一次"的容错性。容错机制不断地创建分布式数据流的快照,对于小状态的流式程序,快照非常轻量,可以高频率创建而对性能影响很小。

6. 具有独立的内存管理

Java 本身提供了垃圾回收机制来实现内存管理,但是,在大数据面前,JVM 的内存结构和垃圾回收机制往往会成为掣肘。所以,目前包括 Flink 在内的越来越多的大数据项目开始自己管理 JVM 内存,为的就是获得像 C 语言一样的性能以及避免内存溢出的发生。Flink 通过序列化或反序列化方法,将所有的数据对象转换成二进制在内存中存储,这样做一方面降低了数据存储的空间,另一方面能够更加有效地利用内存空间,降低垃圾回收机制带来的性能下降或任务异常风险。

7. 支持迭代和增量迭代

对某些迭代而言,并不是单次迭代产生的下一次工作集中的每个元素都需要重新参与下一轮迭代,有时只需要重新计算部分数据同时选择性地更新解集,这种形式的迭代就是增量迭代。增量迭代能够使得一些算法执行得更高效,它可以让算法专注于工作集中的"热点"数据部分,这导致工作集中的绝大部分数据冷却得非常快,因此随后的迭代面对的数据规模将会大幅缩小。Flink 的设计思想主要来源于 Hadoop、MPP 数据库和流计算系统等,支持增量迭代计算,具有对迭代进行自动优化的功能。

3.3 Flink 典型应用场景

Flink 典型应用场景包括事件驱动型应用、数据分析应用和数据流水线应用。

3.3.1 事件驱动型应用

1. 事件驱动型应用简介

事件驱动型应用是一类具有状态的应用,它从一个或多个事件数据流中读取事件,并根据到来的事件做出反应,包括触发计算、状态更新或其他外部动作等。事件驱动型应用是在传统事务型应用设计基础上进化而来的。在传统事务型应用设计中,通常都具有独立的计算和数据存储层,应用会从一个远程的事务数据库中读写数据。而事件驱动型应用是建立在有状态流处理应用的基础之上的。在这种设计中,数据和计算不是相互独立的层,而是放在一起的,应用只需访问本地(内存或磁盘)即可获取数据。系统容错性是通过定期向远程持久化存储写入检查点来实现的。图 3-6 描述了传统事务型应用和事件驱动型应用架构的区别。

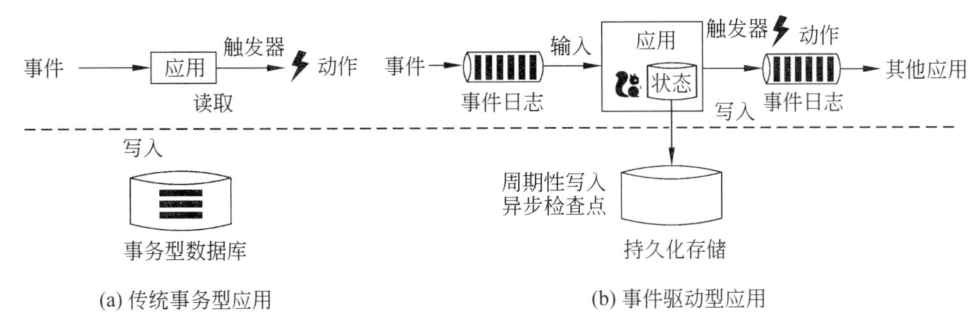

图 3-6 传统事务型应用和事件驱动型应用架构的区别

典型的事件驱动型应用包括反欺诈、异常检测、基于规则的报警、业务流程监控、Web 应用(社交网络)等。

2. 事件驱动型应用的优势

事件驱动型应用都是访问本地数据,而无须查询远程的数据库,因此无论是在吞吐量方面,还是在延迟方面,都可以获得更好的性能。向一个远程的持久化存储周期性地写入检查点,可以采用异步和增量的方式来实现,因此检查点对于常规的事件处理的影响是很小的。事件驱动型应用的优势不仅限于本地数据访问。在传统事务型应用的分层架构中,多个应用共享相同的数据库,是一个很常见的现象。因此,数据库的任何变化,如由于一个应用的更新或服务的升级而导致数据布局的变化,都需要谨慎协调。由于每个事件驱动型应用都只需要考虑自身的数据,对数据表示方式的改变或者应用的升级,都只需要很少的协调工作。

3. Flink 是如何支持事件驱动型应用的

一个流处理器如何能够很好地处理时间和状态,决定了事件驱动型应用的局限性。Flink 的许多优秀特性都是围绕这些方面进行设计的。它提供了丰富的状态操作原语,可以管理大量的数据(可以达到 TB 级别),并且可以确保"精确一次"的一致性。Flink 还支持事件时间、高度可定制的窗口逻辑和细粒度的时间控制,这些都可以帮助实现高级的商业逻辑。它还拥有一个复杂事件处理(Complex Event Processing,CEP)类库,可以用来检测数据流中的模式。

Flink 中针对事件驱动型应用的突出特性当数保存点(Save Point)。保存点是一个一致性的状态镜像,它可以作为许多相互兼容应用的一个初始化点。给定一个保存点以后,就可放心地对应用进行升级或扩容,还可以启动多个版本的应用来完成 A/B 测试。

3.3.2 数据分析应用

1. 数据分析应用简介

分析作业会从原始数据中提取信息,并得到富有洞见的观察。传统的数据分析通常先对事件进行记录,然后在这个有界的数据集上执行批量查询。为了把最新的数据融入查询结果中,就必须把这些最新的数据添加到被分析的数据集中,然后重新运行查询。查询的结果会被写入一个存储系统中,或者形成报表。

一个高级的流处理引擎,可以支持实时的数据分析。这些流处理引擎并非读取有限的数据集,而是获取实时事件流,并连续产生和更新查询结果。这些结果或者被保存到一个外部数据库中,或者作为内部状态被维护。仪表盘应用可以从这个外部的数据库中读取最新的结果,或者直接查询应用的内部状态。

如图 3-7 所示,Apache Flink 同时支持批量及流式分析应用。

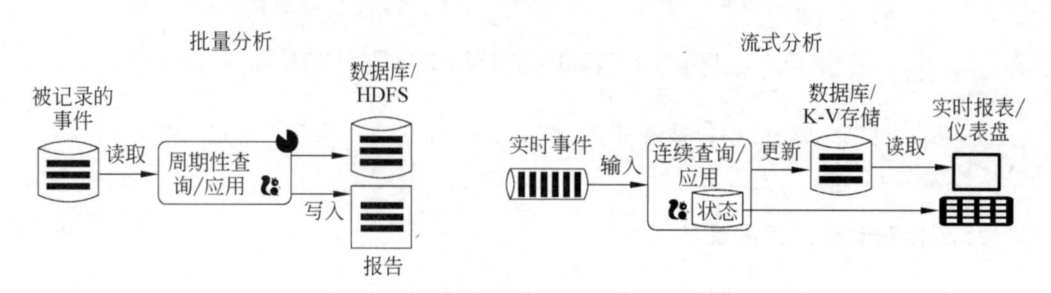

图 3-7 Flink 同时支持批量及流式分析应用

典型的数据分析应用包括电信网络质量监控、移动应用中的产品更新及实验评估分析、消费者技术中的实时数据即席分析、大规模图分析等。

2. 流式分析应用的优势

与批量分析相比,连续流式分析的优势:一方面,由于消除了周期性的导入和查询,因此从事件中获取洞察结果的延迟更低。此外,流式查询不需要处理输入数据中人为产生的边界。

另一方面,流式分析具有更加简单的应用架构。一个批量分析流水线会包含一些独立的组件来周期性地调度数据提取和查询执行。如此复杂的流水线,操作起来并非易事,因为一个组件的失败就会直接影响到流水线中的其他步骤。相反,运行在一个高级流处理器(如 Flink)之上的流式分析应用,会把从数据提取到连续结果计算的所有步骤都整合起来,因此,它就可以依赖底层引擎提供的故障恢复机制。

3. Flink 是如何支持数据分析应用的

Flink 可以同时支持批处理和流处理。Flink 提供了一个符合 ANSI 规范的 SQL 接口,它可以为批处理和流处理提供一致的语义。不管是运行在一个静态的数据集上,还是运行在一个实时的数据流上,SQL 查询都可以得到相同的结果。它还提供了丰富的用户自定义函数,使得用户可以在 SQL 查询中执行自定义代码。如果需要进一步定制处理逻辑,Flink 的 DataStream API 和 DataSet API 提供了更加底层的控制。此外,Flink 的 Gelly 库为基于批量数据集的大规模高性能图分析提供了算法和构建模块支持。

3.3.3 数据流水线应用

1. 数据流水线应用简介

Extract-transform-load(ETL)是一个在存储系统之间转换和移动数据的常见方法。通常,ETL 作业会被周期性地触发,从而把事务型数据库系统中的数据复制到一个分析型数据库或数据仓库中。

数据流水线可以实现和 ETL 类似的功能,它们可以转换、清洗数据,或者把数据从一个存储系统转移到另一个存储系统中。但是,它们是以一种连续的流模式来执行的,而不是周期性地触发。因此,当数据源中源源不断地生成数据时,数据流水线就可以把数据读取过来,并以较低的延迟转移到目的地。例如,一个数据流水线可以对一个文件系统目录进行监控,一旦发现有新的文件生成,就读取文件内容并写入事件日志中。再例如,将事件流物化到数据库或增量构建和优化查询索引。

图 3-8 描述了周期性 ETL 作业和持续数据流水线的差异。

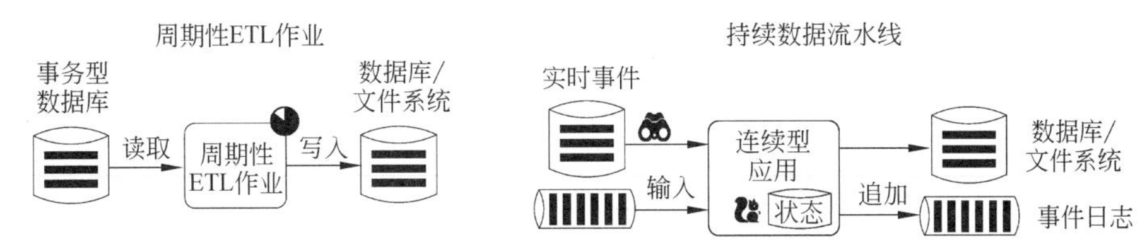

图 3-8 周期性 ETL 作业和持续数据流水线的差异

典型的数据流水线应用包括电子商务中的实时查询索引构建、电子商务中的持续 ETL 等。

2. 数据流水线应用的优势

相对于周期性 ETL 作业,持续数据流水线的优势是,减少了数据转移过程的延迟。此外,由于它能够持续消费和发送数据,因此用途更广,支持用例更多。

3. Flink 如何支持数据流水线应用

Flink 的 SQL 接口(或者 Table API)以及丰富的用户自定义函数,可以解决许多常见的数据转换问题。通过使用更具通用性的 DataStream API,还可以实现具有更加强大功能的数据流水线。Flink 提供了大量的连接器,可以连接到各种不同类型的数据存储系统,如 Kafka、Kinesis、Elasticsearch 和 JDBC 数据库系统。同时,Flink 提供了面向文件系统的连续型数据源,可用来监控目录变化,并提供了数据槽(Sink),支持以时间分区的方式写入文件。

3.4 Flink 的统一数据处理

根据数据的产生方式,可以把数据集分为两种类型:有界数据集和无界数据集(图 3-9)。

有界数据集具有时间边界,在处理过程中数据一定会在某个时间范围内起始和结束,

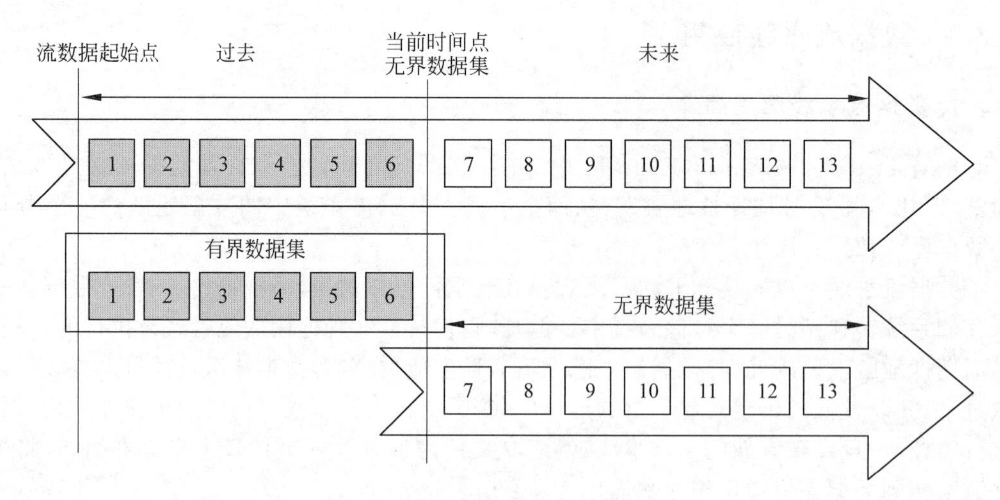

图 3-9 有界数据集和无界数据集

有可能是一小时,也有可能是一天内的交易数据。有界数据集的特点是,数据是静止不动的,不会存在数据的追加操作。对有界数据集的数据处理方式称为批处理,例如首先将数据从关系数据库或文件系统等系统中读取出来,其次在分布式系统内进行处理,最后再将处理结果写入存储系统中,整个过程称为批处理过程。目前业界比较流行的分布式处理框架 Hadoop 和 Spark 等,都是面向批处理的。

对于无界数据集,数据从开始生成就一直持续不断地产生新的数据,因此数据是没有边界的,例如服务器信令、网络传输流、传感器信号数据、实时日志信息等。和批量数据处理方式对应,对无界数据集的数据处理方式被称为流处理。流处理需要考虑处理过程中数据的顺序错乱,以及系统容错等方面的问题,因此流处理系统的设计与实现的复杂度要明显高于批处理系统。Storm、Spark Streaming、Flink 等分布式计算引擎是不同时期具有代表性的流处理系统。

为了更形象、直观地理解无界数据集与有界数据集,可以分别把二者类比成池塘和江河。对有界数据集进行计算时,就好比计算池塘中的鱼的数量,只需要把池塘中当前所有的鱼都计算一次就可以了。那么当前时刻,池塘中有多少条鱼就是最终结果。对于无界数据集的计算,类似于计算江河中的鱼,在奔流到海的过程中,每时每刻都会有鱼流过而进入大海,那么计算鱼的数量就是持续追加的。

有界数据集与无界数据集是一个相对模糊的概念。对于有界数据集,如果数据一条一条地经过处理引擎,那么也可以认为是无界的。反过来,对于无界数据集,如果每间隔一分钟、一小时、一天进行一次计算,那么也可以认为这一段时间内的数据又相对是有界的。所以,有界数据集与无界数据集的概念有时候是可以存在互换的,因此,学界和业界也就开始追寻批、流统一的框架,Spark 和 Flink 都属于能够同时支持批处理和流处理的分布式计算框架。

对于 Spark,它会使用一系列连续的微小批处理来模拟流处理,即它会在特定的时间间隔内发起一次计算,而不是每条数据都触发计算,这就相当于把无界数据集切分为多个小量的有界数据集。对于 Flink，它把有界数据集看成无界数据集的一个子集，因此，将批处理与流处理混合到同一套引擎当中，用户使用 Flink 引擎能够同时实现批处理与流处理任务。

3.5　Flink 技术栈

Flink 的发展越来越成熟，已经拥有了自己丰富的核心组件栈。Flink 核心组件栈分为 3 层（见图 3-10）：物理部署层、Runtime 核心层和 API&Libraries 层。

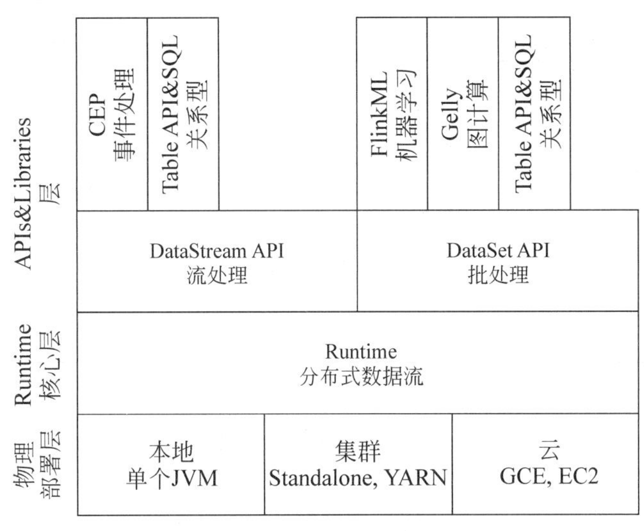

图 3-10　Flink 核心组件栈

（1）物理部署层。Flink 的底层是物理部署层。Flink 可以采用 Local 模式运行，启动本地单个 JVM，也可以采用 Standalone 集群模式运行，还可以采用 YARN 集群模式运行，或者也可以运行在 GCE（谷歌云服务）和 EC2（亚马逊云服务）上。

（2）Runtime 核心层。该层主要负责对上层不同接口提供基础服务，也是 Flink 分布式计算框架的核心实现层。该层提供了两套核心的 API：DataStream API（流处理）和 DataSet API（批处理）。

（3）API&Libraries 层。作为分布式数据库处理框架，Flink 同时提供了支撑批计算和流计算的接口，同时，在此基础上抽象出不同的应用类型的组件库，如 CEP（基于流处理的事件处理库）、Table API&SQL（既可以基于流处理，也可以基于批处理的关系数据库）、FlinkML（基于批处理的机器学习库）、Gelly（基于批处理的图计算库）等。

这里需要说明的是，Flink 虽然也构建了一个大数据生态系统，功能涵盖流处理、批处理、SQL、图计算和机器学习等，但是，它的强项仍然是流计算，Flink 的图计算组件 Gelly 和机器学习组件 FlinkML 并不是十分成熟。因此，本书不介绍 Gelly 和 FlinkML，将详细讲解 DataStream API、DataSet API、Table API&SQL 和 CEP 等组件。

3.6 Flink 工作原理

如图 3-11 所示,Flink 系统主要由两个组件组成,分别为 JobManager 和 TaskManager,Flink 架构也遵循主从(Master-Slave)架构设计原则,JobManager 为 Master 节点,TaskManager 为 Slave 节点。Flink 系统各组件的功能如下。

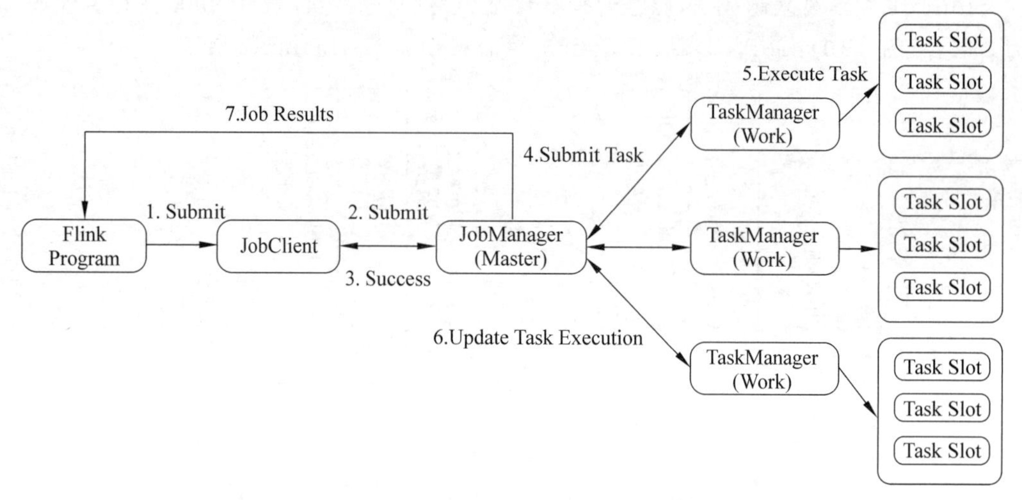

图 3-11 Flink 的体系架构及其工作原理

(1) JobClient:负责接收程序,解析和优化程序的执行计划,然后提交执行计划到 JobManager。这里执行的程序优化是将相邻的算子融合,形成"算子链",以减少任务的数量,提高 TaskManager 的资源利用率。

(2) JobManager:负责整个 Flink 集群任务的调度以及资源的管理,它从客户端中获取提交的应用,然后根据集群中 TaskManager 上 Task Slot 的使用情况,为提交的应用分配相应的 Task Slot 资源,并命令 TaskManager 启动从客户端中获取的应用。为了保证高可用,一般会有多个 JobManager 进程同时存在,它们之间也是采用主从模式,一个进程被选举为 Leader,其他进程为 Follower,在作业运行期间,只有 Leader 在工作,Follower 是闲置的,一旦 Leader 死亡,就会引发一次选举,产生新的 Leader 继续处理作业。JobManager 除了调度任务,另一个主要工作就是容错,主要依靠检查点机制进行容错。

(3) TaskManager:相当于整个集群的 Slave 节点,负责具体的任务执行和对应任务在每个节点上的资源申请与管理。客户端通过将编写好的 Flink 应用编译打包,提交到 JobManager,然后 JobManager 会根据已经注册在 JobManager 中 TaskManager 的资源情况,将任务分配给有资源的 TaskManager 节点,然后启动并运行任务。TaskManager 从 JobManager 接收需要部署的任务,然后使用 Slot 资源启动 Task,建立数据接入的网络连接,接收数据并开始数据处理。同时 TaskManager 之间的数据交互都是通过数据流的方式进行的。

(4) Slot：Slot 是 TaskManager 资源粒度的划分，每个 TaskManager 像一个容器一样，包含一个或多个 Slot，每个 Slot 都有自己独立的内存，所有 Slot 平均分配 TaskManager 的内存。需要注意的是，Slot 仅划分内存，不涉及 CPU 的划分，即 CPU 是共享使用的。每个 Slot 可以运行多个任务，而且一个任务会以单独的线程来运行。

采用 Slot 设计主要有 3 个好处：①可以起到隔离内存的作用，防止多个不同作业的任务竞争内存；②Slot 的个数就代表了一个 Flink 程序的最高并行度，简化了性能调优的过程；③允许多个任务共享 Slot，提升了资源利用率。

(5) Task：是在算子的子任务进行链化之后形成的，一个作业中有多少个 Task 和算子的并行度和链化的策略有关。

Flink 系统的工作原理：在执行 Flink 程序时，Flink 程序需要首先提交给 JobClient，然后，JobClient 将作业提交给 JobManager。JobManager 负责协调资源分配和作业执行，它首先要做的是分配所需的资源。资源分配完成后，任务将提交给相应的 TaskManager。在接收任务时，TaskManager 启动一个线程以开始执行。执行到位时，TaskManager 会继续向 JobManager 报告状态更改，可以有各种状态，例如开始执行、正在进行或已完成。作业执行完成后，结果将发送回客户端(JobClient)。

3.7 Flink 编程模型

Flink 提供了不同级别的抽象(见图 3-12)，以开发流处理或批处理作业。

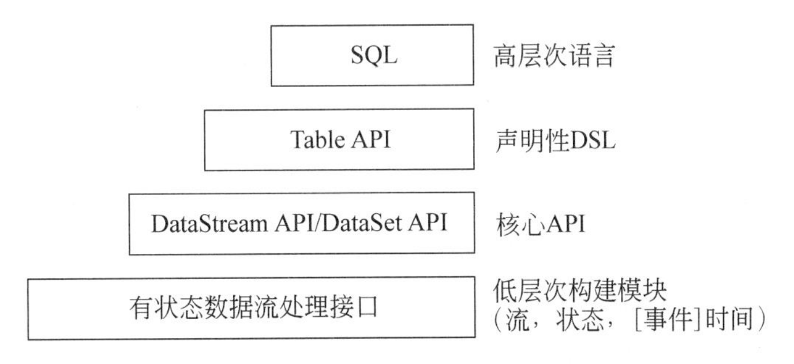

图 3-12 Flink 编程模型

(1) 在 Flink 编程模型中，最低级的抽象接口是有状态数据流处理接口。这个接口是通过过程函数(Process Function)被集成到 DataStream API 中的。该接口允许用户自由地处理来自一个或多个流中的事件，并使用一致的容错状态。另外，用户也可以通过注册事件时间并处理回调函数的方法来实现复杂的计算。

(2) 实际上，大多数应用并不需要上述的底层抽象，而是针对核心 API 进行编程，如 DataStream API(有界或无界流数据)以及 DataSet API(有界数据集)。这些 API 为数据处理提供了大量的通用模块，如用户定义的各种各样的转换(Transformation)、连接(Join)、聚合(Aggregation)、窗口(Window)等。DataStream API 集成了底层的处理函数,使得对一些特定的操作可以提供更低层次的抽象。DataSet API 为有界数据集提供了额外的支持,例如循环与迭代。

(3) Table API 以表为中心,能够动态地修改表(在表达流数据时)。Table API 是一种扩展的关系模型:表有二维数据结构(类似于关系数据库中的表),同时 API 提供可比较的操作,例如 select、project、join、group-by、aggregate 等。Table API 程序定义的是应该执行什么样的逻辑操作,而不是直接准确地指定程序代码运行的具体步骤。尽管 Table API 可以通过各种各样的用户自定义函数(UDF)进行扩展,但是它在表达能力上仍然比不上核心 API,不过,它使用起来会显得更加简洁(代码量更少)。除此之外,Table API 程序在执行之前会经过内置优化器进行优化。用户可以在表与 DataStream/DataSet 之间无缝切换,以允许程序将 Table API 与 DataStream API/DataSet API 混合使用。

(4) Flink 提供的最高级接口是 SQL。这一层抽象在语法与表达能力上与 Table API 类似,唯一的区别是通过 SQL 实现程序。SQL 抽象与 Table API 交互密切,同时 SQL 查询可以直接在 Table API 定义的表上执行。

3.8 Flink 的应用程序结构

如图 3-13 所示,一个完整的 Flink 应用程序结构包含如下 3 部分。

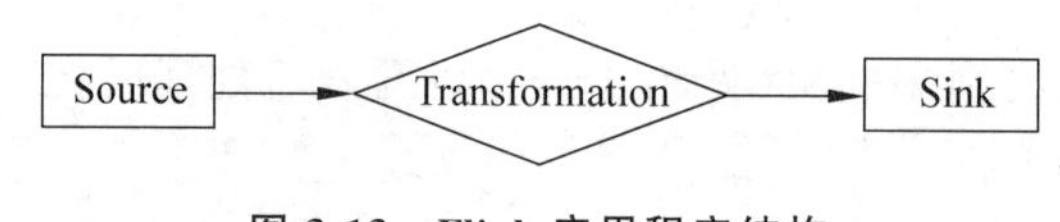

图 3-13 Flink 应用程序结构

(1) 数据源(Source):Flink 在流处理和批处理上的数据源大致有 4 类,即基于本地集合的数据源、基于文件的数据源、基于网络套接字的数据源、自定义的数据源。常见的自定义数据源包括 Apache Kafka、Amazon Kinesis Streams、RabbitMQ、Twitter Streaming API、Apache NiFi 等,当然用户也可以定义自己的数据源。

(2) 数据转换(Transformation):数据转换的各种操作包括 map、flatMap、filter、keyBy、reduce、aggregation、window、windowAll、union、select 等,可以将原始数据转换成满足要求的数据。

(3) 数据输出(Sink):数据输出是指 Flink 将转换计算后的数据发送的目的地。常见的数据输出包括写入文件、打印到屏幕、写入 Socket 、自定义 Sink 等。常见的自定义 Sink 有 Apache Kafka、RabbitMQ、MySQL、Elasticsearch、Apache Cassandra、Hadoop FileSystem 等。

图 3-14 以一段简单代码为实例,演示了 Flink 的应用程序结构。

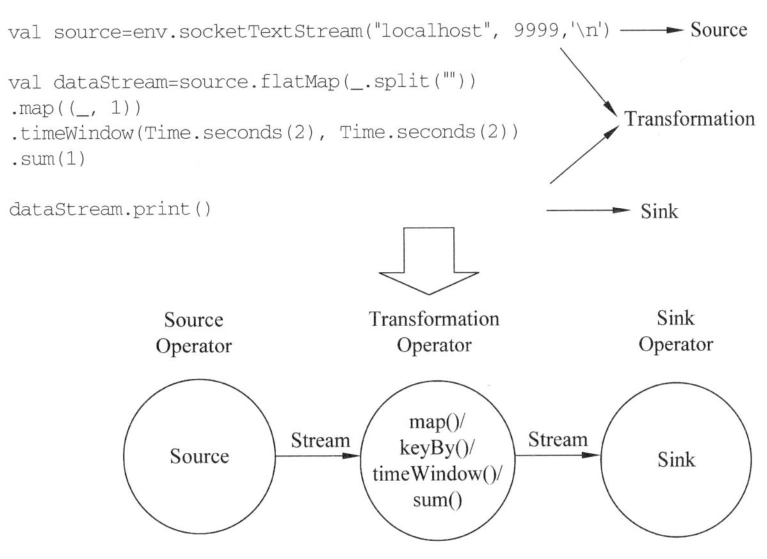

图 3-14 Fink应用程序结构实例

3.9 Flink的数据一致性

对于分布式流处理系统,高吞吐、低延迟往往是最主要的需求。与此同时,数据一致性在分布式流处理系统中也很重要,对于正确性要求较高的场景,"精确一次"一致性的实现往往也非常重要。如何保证分布式系统有状态计算的一致性,是Flink作为一个分布式流计算框架必须要解决的问题。Flink通过异步屏障快照机制来实现"精确一次"一致性的保证,当任务中途崩溃或者取消之后,可以通过检查点或者保存点来进行恢复,实现数据流的重放,让任务达到一致性的效果,同时,这种机制不会牺牲系统的性能。

3.9.1 有状态计算

流计算分为无状态和有状态两种情况。无状态计算观察每个独立的事件,每条消息来了以后和前后其他消息都没有关系,例如一个应用程序实时接收温度传感器的数据,当温度超过40℃时就报警,这就是无状态的数据。有状态计算则会基于多个事件输出结果,例如,计算过去1小时的平均温度,就属于有状态计算。

图3-15给出了无状态流处理与有状态流处理的区别,输入记录由黑条表示。无状态流处理每次只转换一条输入记录,并且仅根据最新的输入记录输出结果(白条)。有状态流处理则需要维护所有已处理记录的状态值,并根据每条新输入的记录更新状态,因此输出记录(灰条)反映的是综合考虑多个事件之后的结果。

3.9.2 数据一致性

当在分布式系统中引入状态时,自然也引入了一致性问题。根据正确性级别的不同,一致性可以分为如下3种形式。

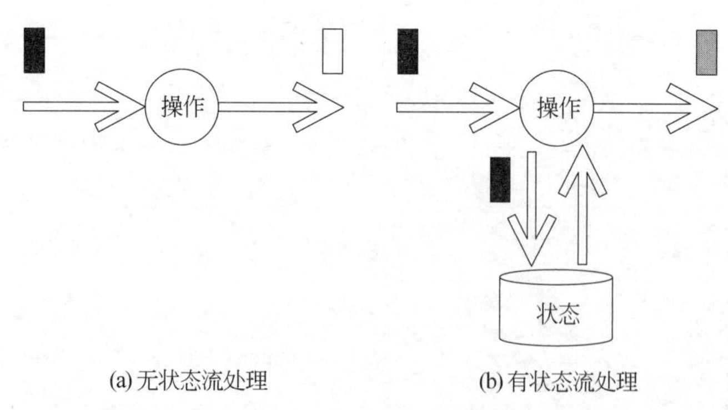

图 3-15 无状态流处理和有状态流处理的区别

(1) 最多一次：尽可能正确，但不保证一定正确。也就是说，当故障发生时，什么都不做，既不恢复丢失状态，也不重播丢失的数据。这就意味着，在系统发生故障以后，聚合结果可能会出错。

(2) 至少一次：在系统发生故障以后，聚合计算不会漏掉故障恢复之前窗口内的事件，但可能会重复计算某些事件，这通常用于实时性较高但准确性要求不高的场合。该模式意味着系统将以一种更加简单的方式对算子的状态进行快照处理，系统崩溃后恢复时，算子的状态中有一些记录可能会被重放多次。例如，失败后恢复时，统计值将大于或等于流中元素的真实值。

(3) 精确一次：在系统发生故障后，聚合结果与假定没有发生故障情况时一致。该模式意味着系统在进行恢复时，每条记录将在算子状态中只被重播一次。例如在一段数据流中，不管该系统崩溃或者重启了多少次，该统计结果将总是与流中元素的真实个数一致。这种语义加大了高吞吐和低延迟的实现难度。与"至少一次"模式相比，"精确一次"模式整体的处理速度会相对比较慢，因为在开启"精确一次"模式后，为了保证一致性，就会开启数据对齐，从而会影响系统的一些性能。

在流计算框架的发展史上，"至少一次"一致性曾经非常流行，第一代流处理框架(如 Storm 和 Samza)刚问世时只能保证"至少一次"一致性。最先保证"精确一次"一次性的系统(如 Storm Trident 和 Spark Streaming)，在性能和表现力这两方面付出了很大的代价。而 Flink 在没有牺牲性能的前提下，实现了"精确一次"一致性。

3.9.3 异步屏障快照机制

"精确一次"模式要求作业从失败恢复后的状态以及管道中的数据流要与失败时一致，通常这是通过定期对作业状态和数据流进行快照实现的。但是，传统的快照机制存在两个主要问题。

(1) 需要所有节点停止工作，即暂停整个计算过程，这个必然会影响数据处理效率和时效性。

(2) 需要保存所有节点操作中的状态以及所有在传输中的数据，这会消费大量的存储空间。

为了解决上述问题，Flink 采用了异步快照方式，它基于 Chandy-lamport 算法，制定了应对流计算“精确一次”语义的检查点机制——异步屏障快照（Asynchronous Barrier Snapshot）机制。

异步屏障快照是一种轻量级的快照技术，能以低成本备份有向无环图（Directed Acyclic Graph，DAG）或有向有环图（Directed Cycline Graph，DCG）计算作业的状态，这使得计算作业可以频繁进行快照并且不会对性能产生明显影响。异步屏障快照机制的核心思想是，通过屏障消息来标记触发快照的时间点和对应的数据，从而将数据流和快照时间解耦，以实现异步快照操作，同时也大大降低了对管道数据的依赖（对 DAG 类作业甚至完全不依赖），减小了随之而来的快照大小。

如图 3-16 所示，检查点屏障（简称“屏障”）是一种特殊的内部消息，用于将数据流从时间上切分为多个窗口，每个窗口对应一系列连续的快照中的一个。屏障由 JobManager 定时广播给计算任务所有的 Source，并伴随数据流一起流至下游。每个屏障是属于当前快照的数据与属于下个快照的数据的分割点。例如，如图 3-16 所示，第 $n-1$ 个屏障之后、第 n 个屏障之前的所有数据都属于第 n 个检查点。下游算子如果检测到屏障的存在，就会触发快照动作，不必再关心时间无法静止的问题。

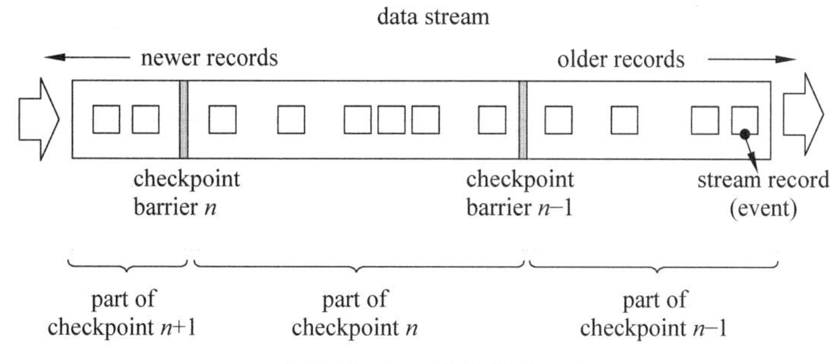

图 3-16　实时数据流屏障

异步屏障快照机制中的“异步”指的是快照数据写入的异步性，也就是说，在算子检测到屏障并触发快照之后，不会等待快照数据全部写入“状态后端”，而是一边后台写入，一边立刻继续处理数据流，并将屏障发送到下游，这样就实现了最小化延迟。

3.10　本章小结

Apache Flink 是一个分布式处理引擎，用于对无界和有界数据流进行有状态计算。Flink 以数据并行和流水线方式执行任意流数据程序，流水线运行时系统可以执行批处理和流处理程序。此外，Flink 运行时本身也支持迭代算法的执行。

近年来，数据架构设计开始由传统数据处理架构、大数据 Lambda 架构向流处理架构演变，这种转变使得 Flink 可以在大数据应用场景中“大显身手”。目前，Flink 支持的典型应用场景包括事件驱动型应用、数据分析应用和数据流水线应用。

经过多年的发展，Flink 已经形成了完备的生态系统，它的技术栈可以满足企业多种应用场景的开发需求，减轻了企业大数据应用系统的开发和维护负担。在未来，随着企业实时应用场景的不断增多，Flink 在大数据市场上的地位和作用将会更加凸显，发展前景值得期待。

3.11 习题

1. 简述传统数据处理架构的局限性。
2. 简述大数据 Lambda 架构的优点和局限性。
3. 简述与传统数据处理架构和大数据 Lambda 架构相比,流处理架构具有哪些优点?
4. 举例说明 Flink 在企业中的应用场景。
5. 简述 Flink 核心组件栈包含哪些层次?每个层次具体包含哪些内容?
6. Flink 的 JobManager 和 TaskManager 具体有哪些功能?
7. 简述 Flink 编程模式的层次结构。
8. 对 Spark、Flink 和 Storm 进行对比分析。
9. 简述数据一致性的 3 个级别。
10. 简述 Flink 的异步屏障快照机制。

第4章

Flink 环境搭建和使用方法

搭建 Flink 环境是开展 Flink 编程的基础。作为一种分布式处理框架，Flink 可以部署在集群中运行，也可以部署在单机上运行。同时，由于 Flink 仅仅是一种计算框架，不负责数据的存储和管理，因此，通常需要把 Flink 和 Hadoop 进行统一部署，由 Hadoop 中的 HDFS 和 HBase 等组件负责数据存储，由 Flink 负责完成计算。

本章首先介绍 Flink 的基本安装方法，然后介绍如何在 Scale Shell 中运行代码以及如何开发 Flink 独立应用程序，最后介绍 Flink 集群环境搭建方法以及如何在集群上运行 Flink 应用程序。

4.1 安装 Flink

Flink 部署模式主要有 4 种：Local 模式（单机模式）、Standalone 模式（使用 Flink 自带的简单集群管理器）、YARN 模式（使用 YARN 作为集群管理器）和 Kubernetes 模式。本节介绍 Local 模式（单机模式）的 Flink 安装，4.5 节会介绍集群模式的安装和使用方法。需要特别强调的是，如果没有特殊说明，本教程的大量操作都是默认在 Local 模式下进行的。

4.1.1 基础环境

Flink 和 Hadoop 可以部署在一起，相互协作，由 Hadoop 的 HDFS、HBase 等组件负责数据的存储和管理，由 Flink 负责数据的计算。另外，虽然 Flink 和 Hadoop 都可以安装在 Windows 系统中使用，但是建议在 Linux 系统中安装和使用。

本教程采用如下环境配置。

- Linux 系统：Ubuntu 18.04。
- Hadoop：3.1.3 版本。
- JDK：1.8 以上。
- Flink：1.11.2 版本。

Linux 系统、JDK 和 Hadoop 的安装和使用方法不是本教程的重点，如果还未安装，参照本教程官网“实验指南”栏目的“Linux 系统的安装”完成 Linux 系统的安装,参照"实验指南"栏目的"Hadoop 的安装和使用"完成 Hadoop、JDK 和 vim 编辑器的安装。完成 Linux 系统、JDK 和 Hadoop 的安装以后,才能开始安装 Flink。尤其是要确保 JDK 已经安装成功,因为 Flink 是运行在 Java 环境之上的。

需要注意的是,本节内容中 Flink 采用 Local 模式进行安装,也就是在单机上运行 Flink,因此,在安装 Hadoop 时,需要按照伪分布式模式进行安装。在单机上按照"Hadoop(伪分布式)+Flink(Local 模式)"这种方式进行 Hadoop 和 Flink 组合环境的搭建,可以较好满足入门级 Flink 学习的需求,因此,如果没有特殊说明,本教程中的编程操作默认都在这种环境下执行。

4.1.2 下载安装文件

Flink 和 Hadoop 都是 Apache 软件基金会旗下的开源分布式计算平台,因此,可以从 Flink 和 Hadoop 官网免费获得这些 Apache 开源社区软件。

登录 Linux 系统(本教程统一采用 hadoop 用户登录),打开浏览器,访问 Flink 官网(https://flink.apache.org/downloads.html),选择 Apache Flink 1.11.2 for Scala 2.12 版本的 Flink 安装文件 flink-1.11.2-bin-scala_2.12.tgz,下载到本地。或者也可以直接到本教程官网的"下载专区"栏目的"软件"目录中下载 Flink 安装文件 flink-1.11.2-bin-scala_2.12.tgz。这里假设下载的文件被保存到了 Linux 系统的/home/hadoop/Downloads 目录下。

下载完安装文件以后,需要对文件进行解压缩。按照 Linux 系统使用的默认规范,用户安装的软件一般都是存储在/usr/local/目录下。使用 hadoop 用户登录 Linux 系统,按 Ctrl+Alt+T 键打开一个"终端"(也就是一个 Linux Shell 环境,可以在终端窗口里面输入和执行各种 Shell 命令),执行如下命令:

```
$cd /home/hadoop
$sudo tar -zxvf ~/Downloads/flink-1.11.2-bin-scala_2.12.tgz -C /usr/local/
$cd /usr/local
$sudo mv ./flink-1.11.2 ./flink
$sudo chown -R hadoop: hadoop ./flink      #hadoop 是当前登录 Linux 系统的用户名
```

经过上述操作以后,Flink 就被解压缩到/usr/local/flink 目录下,这个目录是本教程默认的 Flink 安装目录。

4.1.3 配置相关文件

Flink 对于本地模式是开箱即用的,如果要修改 Java 运行环境,可以修改/usr/local/flink/conf/flink-conf.yaml 文件中的 env.java.home 参数,设置为本地 Java 的绝对路径。

使用如下命令添加环境变量:

```
$vim ~/.bashrc
```

在.bashrc 文件中添加如下内容:

```
export FLNK_HOME=/usr/local/flink
export PATH=$FLINK_HOME/bin: $PATH
```

保存并退出.bashrc 文件,然后执行如下命令让配置文件生效:

```
$source ~/.bashrc
```

使用如下命令启动 Flink:

```
$cd /usr/local/flink
$./bin/start-cluster.sh
```

使用 jps 命令查看进程:

```
$jps
17942 TaskManagerRunner
18022 Jps
17503 StandaloneSessionClusterEntrypoint
```

如果能够看到 TaskManagerRunner 和 StandaloneSessionClusterEntrypoint 这两个进程,就说明启动成功。这里需要说明的是,如果 Flink 采用 Local 模式部署,则 JobManager 和 TaskManager 在同一个进程内,因此,使用 jps 命令查看进程时,只有一个名为 TaskManagerRunner 的进程。

Flink 的 JobManager 同时会在 8081 端口上启动一个 Web 前端(见图 4-1),可以在浏览器中输入 http://localhost:8081 来访问。

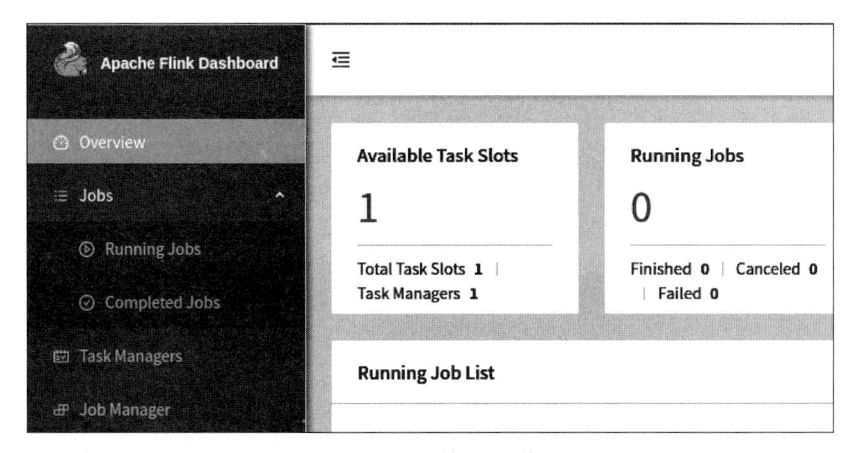

图 4-1　Flink 的 Web 前端

4.1.4　运行测试样例

Flink 安装包中自带了测试样例,这里可以运行 WordCount 样例程序来测试 Flink 的运行效果,具体命令如下:

```
$cd /usr/local/flink/bin
$./flink run /usr/local/flink/examples/batch/WordCount.jar
```

执行上述命令以后,如果执行成功,应该可以看到类似如下的屏幕信息:

```
Starting execution of program
Executing WordCount example with default input data set.
Use --input to specify file input.
Printing result to stdout. Use --output to specify output path.
(a,5)
(action,1)
(after,1)
(against,1)
(all,2)
…
```

4.1.5 Flink 和 Hadoop 的交互

经过上面的步骤以后,就在单机上按照“Hadoop(伪分布式)+Flink(Local 模式)”这种方式完成了 Hadoop 和 Flink 组合环境的搭建。Hadoop 和 Flink 可以相互协作,由 Hadoop 的 HDFS、HBase 等组件负责数据的存储和管理,由 Flink 负责数据的计算。

为了能够让 Flink 操作 HDFS 中的数据,需要先启动 HDFS。打开一个 Linux 终端,在 Linux Shell 中输入如下命令启动 HDFS:

```
$cd /usr/local/hadoop
$./sbin/start-dfs.sh
```

HDFS 启动完成后,可以通过命令 jps 来判断是否成功启动,命令如下:

```
$jps
```

若成功启动,则会列出如下进程:NameNode、DataNode 和 SecondaryNameNode。然后,Flink 就可以对 HDFS 中的数据进行读取或写入操作(具体读写方法将在第 5 章介绍)。

使用结束以后,可以使用如下命令关闭 HDFS:

```
$./sbin/stop-dfs.sh
```

4.2 在 Scala Shell 中运行代码

在开发调试 Flink 程序时,可以通过 Scala Shell 进行交互式编程。在这种模式中,当输入一条语句时,Scala Shell 会立即执行语句并返回结果,这就是 REPL。它提供了交互式执行环境,表达式计算完成以后就会立即输出结果,而不必等到整个程序运行完毕,因此可以即时查看中间结果并对程序进行修改,这样可以在很大程度上提升程序开发效率。

可以在不同的环境中启动 Scala Shell,目前,Flink 提供了 3 种 Scala Shell 模式,包括 Local、Remote Cluster 和 YARN Cluaster。这里以 Local 模式为例介绍 Scala Shell 的使用方法。

可以通过下面命令启动 Scala Shell 环境:

```
$cd /usr/local/flink
```

```
$./bin/start-scala-shell.sh local
```

启动 Scala Shell 后，就会进入“scala>”命令提示符状态，如图 4-2 所示。

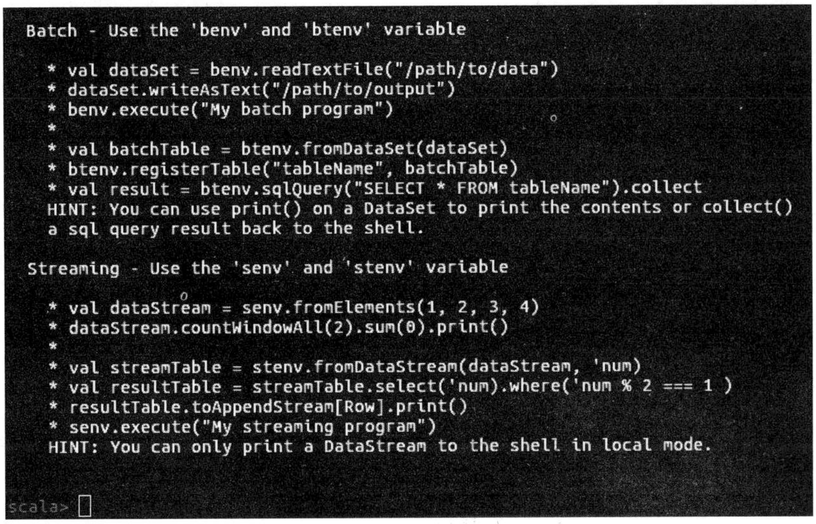

```
Batch - Use the 'benv' and 'btenv' variable

  * val dataSet = benv.readTextFile("/path/to/data")
  * dataSet.writeAsText("/path/to/output")
  * benv.execute("My batch program")
  *
  * val batchTable = btenv.fromDataSet(dataSet)
  * btenv.registerTable("tableName", batchTable)
  * val result = btenv.sqlQuery("SELECT * FROM tableName").collect
  HINT: You can use print() on a DataSet to print the contents or collect()
  a sql query result back to the shell.

Streaming - Use the 'senv' and 'stenv' variable

  * val dataStream = senv.fromElements(1, 2, 3, 4)
  * dataStream.countWindowAll(2).sum(0).print()
  *
  * val streamTable = stenv.fromDataStream(dataStream, 'num)
  * val resultTable = streamTable.select('num).where('num % 2 === 1 )
  * resultTable.toAppendStream[Row].print()
  * senv.execute("My streaming program")
  HINT: You can only print a DataStream to the shell in local mode.

scala>
```

图 4-2　Scala Shell 模式

现在，就可以在里面输入 Scala 代码进行调试了。例如，下面在 Scala 命令提示符“scala>”后面输入一个表达式“8 * 2 + 5”，然后按 Enter 键，就会立即得到结果：

```
scala>8 * 2+5
res0: Int =21
```

最后，可以使用命令“:quit”退出 Scala Shell：

```
scala>: quit
```

或者，也可以直接按 Ctrl+D 键退出 Scala Shell。

4.3　开发 Flink 独立应用程序

这里通过一个简单的应用程序 WordCount 来演示如何开发一个 Flink 独立应用程序。用 Scala 语言编写的程序，可以使用 Maven 进行编译打包。下面首先介绍如何使用文本编辑器 vim 和 Maven 工具开发 Flink 应用程序，然后介绍如何使用集成化开发工具 IntelliJ IDEA 开发 Flink 应用程序。

4.3.1　安装编译打包工具 Maven

Ubuntu 中没有自带安装 Maven，需要手动安装 Maven。可以访问 Maven 官网下载安装文件，下载地址为 https://downloads.apache.org/maven/maven-3/3.6.3/binaries/apache-maven-3.6.3-bin.zip。

或者也可以直接到本教程官网“下载专区”栏目的“软件”目录中下载 apache-maven-

3.6.3-bin.zip。

下载 Maven 安装文件以后，保存到～/Downloads 目录下，然后可以选择安装在/usr/local/maven 目录中，命令如下：

```
$sudo unzip ~/Downloads/apache-maven-3.6.3-bin.zip -d /usr/local
$cd /usr/local
$sudo mv apache-maven-3.6.3/ ./maven
$sudo chown -R hadoop ./maven
```

在使用 Maven 打包 Scala 程序时，默认是从位于国外的 Maven 中央仓库下载相关的依赖文件，造成从国内下载依赖文件时速度很慢。为了提高下载速度，需要修改 Maven 的配置文件，让 Maven 到国内的阿里云仓库下载相关依赖文件，具体命令如下：

```
$cd /usr/local/maven/conf
$vim settings.xml
```

打开 settings.xml 文件以后，清空该文件原来的所有内容，然后加入如下内容：

```
<settings xmlns="http://maven.apache.org/SETTINGS/1.0.0"
    xmlns: xsi="http://www.w3.org/2001/XMLSchema-instance"
    xsi: schemaLocation="http://maven.apache.org/SETTINGS/1.0.0
                         http://maven.apache.org/xsd/settings-1.0.0.xsd">
    <mirrors>
    <mirror>
      <id>aliyunmaven</id>
      <mirrorOf> * </mirrorOf>
      <name>阿里云公共仓库</name>
      <url>https://maven.aliyun.com/repository/public</url>
    </mirror>
    <mirror>
      <id>aliyunmaven</id>
      <mirrorOf> * </mirrorOf>
      <name>阿里云谷歌仓库</name>
      <url>https://maven.aliyun.com/repository/google</url>
    </mirror>
    <mirror>
      <id>aliyunmaven</id>
      <mirrorOf> * </mirrorOf>
      <name>阿里云阿帕奇仓库</name>
      <url>https://maven.aliyun.com/repository/apache-snapshots</url>
    </mirror>
    <mirror>
      <id>aliyunmaven</id>
      <mirrorOf> * </mirrorOf>
      <name>阿里云 spring 仓库</name>
      <url>https://maven.aliyun.com/repository/spring</url>
```

```
    </mirror>
    <mirror>
      <id>aliyunmaven</id>
      <mirrorOf>*</mirrorOf>
      <name>阿里云 spring 插件仓库</name>
      <url>https://maven.aliyun.com/repository/spring-plugin</url>
    </mirror>
  </mirrors>
</settings>
```

保存 settings.xml 文件让配置生效，此后，运行 Maven 编译打包命令时，Maven 工具就会到国内的阿里云仓库下载依赖文件，这样就大大提高了下载速度。

4.3.2　开发批处理程序

这里以批处理的方式实现 WordCount 应用程序。编写 WordCount 批处理程序主要包括以下 3 个步骤：

(1) 编写代码。

(2) 使用 Maven 编译打包程序。

(3) 通过 flink run 命令运行程序。

1. 编写代码

在 Linux 终端中首先执行如下命令，在用户主目录下创建一个文件夹 flinkapp 作为应用程序根目录：

```
$cd ~      #进入用户主目录
$mkdir -p ./flinkapp/src/main/scala
```

然后，使用 vim 编辑器在./flinkapp/src/main/scala 目录下建立代码文件 WordCount.scala，内容如下：

```
package cn.edu.xmu.dblab

import org.apache.flink.api.scala._

object WordCount {
  def main(args: Array[String]): Unit ={

    //第(1)步：建立执行环境
    val env =ExecutionEnvironment.getExecutionEnvironment

    //第(2)步：创建数据源
    val text =env.fromElements(
      "hello, world!",
       "hello, world!",
```

```
      "hello, world!")

    //第(3)步：对数据集指定转换操作
    val counts =text.flatMap { _.toLowerCase.split(" ") }
      .map { (_, 1) }
      .groupBy(0)
      .sum(1)

    //第(4)步：输出结果
    counts.print()
  }
}
```

可以看出，整个 Flink 批处理应用程序一共包括 4 个步骤：

(1) 建立执行环境；

(2) 创建数据源；

(3) 对数据集指定转换操作；

(4) 输出结果。

该程序依赖 Flink Scala API，因此，需要通过 Maven 进行编译打包。首先需要在 flinkapp 目录下新建文件 pom.xml，然后在 pom.xml 文件中添加如下内容，用来声明该独立应用程序的信息以及与 Flink 的依赖关系：

```
<project>
    <groupId>cn.edu.xmu.dblab</groupId>
    <artifactId>wordcount</artifactId>
    <modelVersion>4.0.0</modelVersion>
    <name>WordCount</name>
    <packaging>jar</packaging>
    <version>1.0</version>
    <repositories>
    <repository>
      <id>alimaven</id>
      <name>aliyun maven</name>
      <url>http://maven.aliyun.com/nexus/content/groups/public/</url>
    </repository>
  </repositories>
  <dependencies>
    <dependency>
      <groupId>org.apache.flink</groupId>
      <artifactId>flink-scala_2.12</artifactId>
      <version>1.11.2</version>
    </dependency>
    <dependency>
      <groupId>org.apache.flink</groupId>
```

```
    <artifactId>flink-streaming-scala_2.12</artifactId>
  <version>1.11.2</version>
  </dependency>
  <dependency>
    <groupId>org.apache.flink</groupId>
    <artifactId>flink-clients_2.12</artifactId>
    <version>1.11.2</version>
  </dependency>
</dependencies>
<build>
  <plugins>
    <plugin>
          <groupId>net.alchim31.maven</groupId>
          <artifactId>scala-maven-plugin</artifactId>
          <version>3.4.6</version>
          <executions>
              <execution>
                  <goals>
                      <goal>compile</goal>
                  </goals>
              </execution>
          </executions>
    </plugin>
    <plugin>
          <groupId>org.apache.maven.plugins</groupId>
          <artifactId>maven-assembly-plugin</artifactId>
          <version>3.0.0</version>
          <configuration>
              <descriptorRefs>
                  <descriptorRef>jar-with-dependencies</descriptorRef>
              </descriptorRefs>
          </configuration>
          <executions>
              <execution>
                  <id>make-assembly</id>
                  <phase>package</phase>
                  <goals>
                      <goal>single</goal>
                  </goals>
              </execution>
          </executions>
    </plugin>
  </plugins>
  </build>
</project>
```

2. 使用 Maven 编译打包程序

为了保证 Maven 能够正常运行,首先执行如下命令检查整个应用程序的文件结构:

```
$cd ~/flinkapp
$find .
```

文件结构应该是类似如下的内容:

```
.
./src
./src/main
./src/main/scala
./src/main/scala/WordCount.scala
./pom.xml
```

然后可以通过如下代码将整个应用程序打包成 JAR 包(注意:计算机需要保持连接网络的状态,而且首次运行打包命令时,Maven 会自动下载依赖包,需要消耗几分钟):

```
$cd ~/flinkapp                          #一定把这个目录设置为当前目录
$/usr/local/maven/bin/mvn package
```

如果屏幕返回的信息中包含 BUILD SUCCESS,则说明生成 JAR 包成功。

```
[INFO] Building jar: /home/hadoop/flinkapp/target/wordcount-1.0-jar-with-dependencies.jar
[INFO] ------------------------------------------------
[INFO] BUILD SUCCESS
[INFO] ------------------------------------------------
[INFO] Total time: 20.929 s
[INFO] Finished at: 2020-09-28T15: 24: 30+08: 00
[INFO] ------------------------------------------------
```

3. 通过 flink run 命令运行程序

最后,可以将生成的 JAR 包通过 flink run 命令提交到 Flink 中运行。上面编译打包成功以后,会在 target 子目录下生成两个 JAR 包,即 wordcount-1.0.jar 和 wordcount-1.0-jar-with-dependencies.jar。其中,wordcount-1.0.jar 不包含相关依赖 JAR 包,而 wordcount-1.0-jar-with-dependencies.jar 则包含了运行这个 Flink 程序所需要的所有相关依赖 JAR 包。当运行 Flink 程序不需要依赖外部 JAR 包时,可以在 flink run 命令中提交 wordcount-1.0.jar 或者 wordcount-1.0-jar-with-dependencies.jar;当运行 Flink 程序需要依赖外部 JAR 包时,则在 flink run 命令中必须提交 wordcount-1.0-jar-with-dependencies.jar。

下面是提交运行程序的具体命令(确认已经启动 Flink):

```
$cd ~/flinkapp
```

```
$/usr/local/flink/bin/flink run --class cn.edu.xmu.dblab.WordCount ./target/
wordcount-1.0.jar
```

执行成功后，可以在屏幕上看到词频统计结果。

4.3.3 开发流处理程序

这里以流处理的方式实现 WordCount 应用程序。编写 WordCount 流处理程序主要包括以下 3 个步骤：

(1) 编写代码；

(2) 使用 Maven 编译打包程序；

(3) 通过 flink run 命令运行程序。

1. 编写代码

在 Linux 终端中首先执行如下命令，在用户主目录下创建一个文件夹 flinkapp2 作为应用程序根目录：

```
$cd ~                                        #进入用户主目录
$mkdir -p ./flinkapp2/src/main/scala
```

然后，使用 vim 编辑器在./flinkapp2/src/main/scala 目录下建立代码文件 StreamWordCount.scala，内容如下：

```
package cn.edu.xmu.dblab

import org.apache.flink.streaming.api.scala._
import org.apache.flink.streaming.api.scala.StreamExecutionEnvironment
import org.apache.flink.streaming.api.windowing.time.Time

object StreamWordCount{
  def main(args: Array[String]): Unit ={

    //第(1)步：建立执行环境
    val env =StreamExecutionEnvironment.getExecutionEnvironment

    //第(2)步：创建数据源
    val source =env.socketTextStream("localhost",9999,'\n')

    //第(3)步：对数据集指定转换操作逻辑
    val dataStream =source.flatMap(_.split(" "))
      .map((_,1))
      .keyBy(0)
      .timeWindow(Time.seconds(2),Time.seconds(2))
      .sum(1)
```

```
    //第(4)步：指定计算结果输出位置
    dataStream.print()

    //第(5)步：指定名称并触发流计算
    env.execute("Flink Streaming Word Count")
  }
}
```

可以看出，整个 Flink 流处理应用程序一共包括 5 个步骤：

(1) 建立执行环境；

(2) 创建数据源；

(3) 对数据集指定转换操作逻辑；

(4) 指定计算结果输出位置；

(5) 指定名称并触发流计算。

需要特别注意的是，一定不要忘记执行第 5 步显式调用 execute 方法，否则前面第(3)步编写的转换操作逻辑并不会真正执行。

在 flinkapp2 目录下新建文件 pom.xml，用来声明该独立应用程序的信息以及与 Flink 的依赖关系。pom.xml 文件的内容和 4.3.2 节批处理程序中的相同。

2. 使用 Maven 编译打包程序

为了保证 Maven 能够正常运行，首先执行如下命令检查整个应用程序的文件结构：

```
$cd ~/flinkapp2
$find .
```

文件结构应该是类似如下的内容：

```
.
./src
./src/main
./src/main/scala
./src/main/scala/StreamWordCount.scala
./pom.xml
```

然后可以通过如下代码将整个应用程序打包成 JAR 包：

```
$cd ~/flinkapp2                          #一定把这个目录设置为当前目录
$/usr/local/maven/bin/mvn package
```

如果屏幕返回的信息中包含 BUILD SUCCESS，则说明生成 JAR 包成功。

3. 通过 flink run 命令运行程序

首先打开一个新的 Linux 终端窗口(这里称为“NC 窗口”)，启动一个 Socket 服务器端，让该服务器端接收客户端(StreamWordCount 程序)的请求，并向客户端不断发送数

据流。通常,Linux发行版中都带有NetCat(简称nc),可以使用如下nc命令生成一个Socket服务器端:

```
$nc  -lk  9999
```

在上面的nc命令中,参数-l表示启动监听模式,也就是作为Socket服务器端,nc会监听本机(localhost)的9999号端口,只要监听到来自客户端的连接请求,就会与客户端建立连接通道,把数据发送给客户端;参数-k表示多次监听,而不是只监听1次。

其次,新建一个Linux终端窗口,将上面生成的JAR包通过flink run命令提交到Flink中运行(确认已经启动Flink),命令如下:

```
$cd ~/flinkapp2
$/usr/local/flink/bin/flink run --class cn.edu.xmu.dblab.StreamWordCount ./
target/wordcount-1.0.jar
```

再次,切换到"NC窗口",在该窗口中输入如下3行内容(每输入一行后按Enter键):

```
hello hadoop
hello spark
hello flink
```

最后,再新建一个Linux终端窗口,在里面输入如下命令查看词频统计结果:

```
$cd /usr/local/flink/log
$tail -f flink*.out
```

执行上面命令以后,就可以在屏幕上看到如下输出信息,里面就包含了词频统计结果:

```
==>flink-hadoop-taskexecutor-1-ubuntu.out <==
(hello,1)
(hadoop,1)
(hello,1)
(spark,1)
(hello,1)
(flink,1)
```

4.3.4 使用IntelliJ IDEA开发Flink应用程序

前面介绍了使用文本编辑器vim和Maven工具开发Flink应用程序,这种方法开发效率较低,不容易排查程序错误。为了提高程序开发效率,可以使用集成化开发环境开发Flink应用程序,本节介绍使用IntelliJ IDEA开发Flink应用程序的具体方法。

IntelliJ IDEA(简称IDEA),是使用Java语言开发的集成开发环境,是被业界公认为最好的Java开发工具之一,尤其在智能代码助手、代码自动提示、重构、J2EE支持、各类版本工具(git、svn、github等)、JUnit、CVS整合、代码分析、创新的GUI设计等方面,具有非常好的特性。在IDEA中安装Scala插件以后,就可以支持Flink应用程序的开发。

本节将详细讲解 IDEA 的安装、Scala 插件的安装以及使用 IDEA 开发 Flink 应用程序的方法。

1. 下载和安装 IDEA

IDEA 分为社区版(Community Edition)和商业版(Ultimate Edition),这里选择社区版。访问 IDEA 官网(https://www.jetbrains.com/idea/)下载 IDEA 社区版安装包 ideaIC-2020.2.3.tar.gz,或者也可以直接到本教程官网"下载专区"栏目的"软件"目录下,下载安装文件 ideaIC-2020.2.3.tar.gz,保存到本地,这里假设保存到~/Downloads 目录下。

登录 Linux 系统(本教程全部采用用户名 hadoop 登录 Linux 系统),打开一个 Linux 终端,执行如下命令进行 IDEA 的安装:

```
$cd ~                                          #进入用户主目录
$sudo tar -zxvf /home/hadoop/download/ideaIC-2020.2.3.tar.gz -C /usr/local
                                               #解压缩文件
$cd /usr/local
$sudo mv ./idea-IU-202.7660.26 ./idea          #重命名,方便操作
$sudo chown -R hadoop ./idea        #为当前 Linux 用户 hadoop 赋予针对 idea 目录的权限
```

2. 下载 Scala 插件安装包

采用 Scala 语言编写 Flink 应用程序,因此,需要为 IDEA 添加 Scala 插件。可以直接到本教程官网"下载专区"栏目的"软件"目录下,下载 Scala 插件安装包 scala-intellij-bin-2020.2.3.zip,或者也可以访问 Scala 插件网站(http://plugins.jetbrains.com/plugin/1347-scala),进入网站后,可以看到一个版本列表,一定要找到和已经安装的 IDEA 版本号一致的 Scala 插件(例如,这里使用的 IDEA 版本号是 2020.2.3),如果在版本列表中没有找到 2020.2.3,可以单击列表下面的 Show More 按钮,这时会出现更多的版本,找到 2020.2.3 这个版本,单击右侧 Download 下载即可,可以保存到本地的~/Downloads 目录下,供后面安装 Scala 插件环节使用。

3. 启动 IDEA

打开一个 Linux 终端,使用如下命令启动开发工具 IDEA:

```
$cd /usr/local/idea
$./bin/idea.sh
```

如果是第一次启动 IDEA,会弹出一个安装插件的界面,如果打算在线安装 Scala 插件,则单击 Scala 下面的 Install 按钮。但是,在线安装过程非常慢,耗时很长,因此,不建议在线安装,这里不要单击 Install 按钮,后面会手动安装 Scala 插件。现在,只需要单击 Start using IntelliJ IDEA 按钮,开始启动进入 IDEA。

4. 为 IDEA 安装 Scala 插件

启动进入 IDEA 以后，从 File 菜单下的子菜单 Settings 进入打开 Plugins 界面（见图 4-3），单击界面右上角的"齿轮"图标，在弹出的菜单中选择 Install Plugin From Disk 命令。

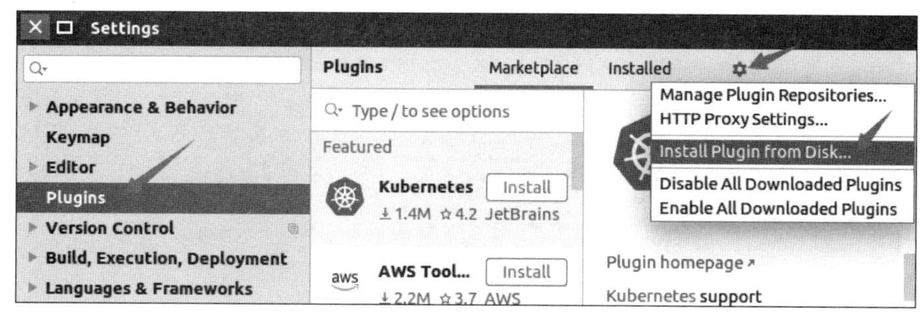

图 4-3 IDEA 的插件安装界面

在弹出的界面中，找到前面 Scala 插件安装包 scala-intellij-bin-2020.2.3.zip 所保存的目录～/Downloads，选中安装文件 scala-intellij-bin-2020.2.3.zip，然后单击 OK 按钮。最后，重新启动 IDEA 让插件生效。

5. 使用 IDEA 开发 WordCount 程序

这里以一个词频统计程序为例，介绍如何使用 IDEA 开发 Flink 应用程序。

通过菜单选择 File→New→Project 打开一个新建项目界面（见图 4-4），选择 Maven 项目，并设置好 Project SDK 后，单击 Next 按钮。

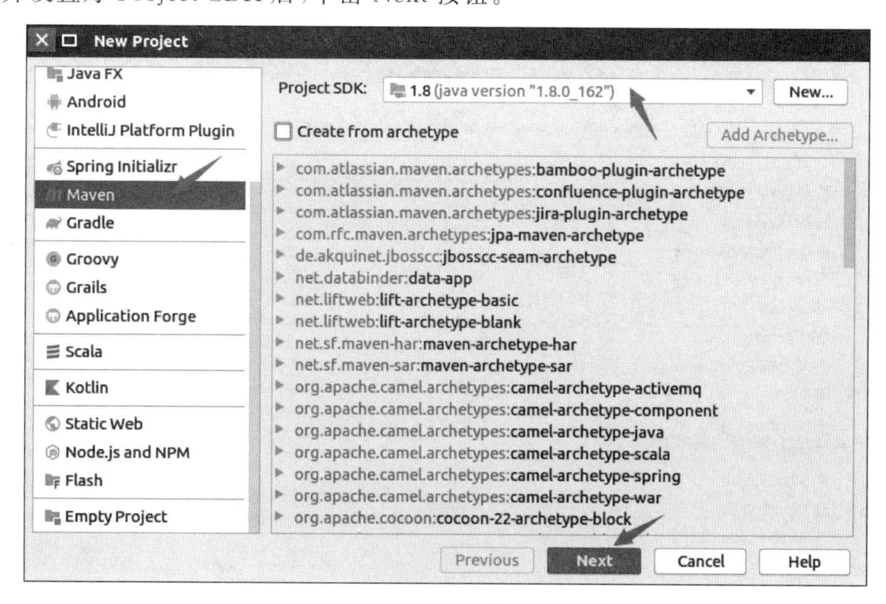

图 4-4 新建项目界面

在弹出的界面中(见图 4-5),设置 Name 为 WordCount,GroupId 为 dblab,其他内容可以采用系统默认设置,然后单击 Finish 按钮完成项目创建。

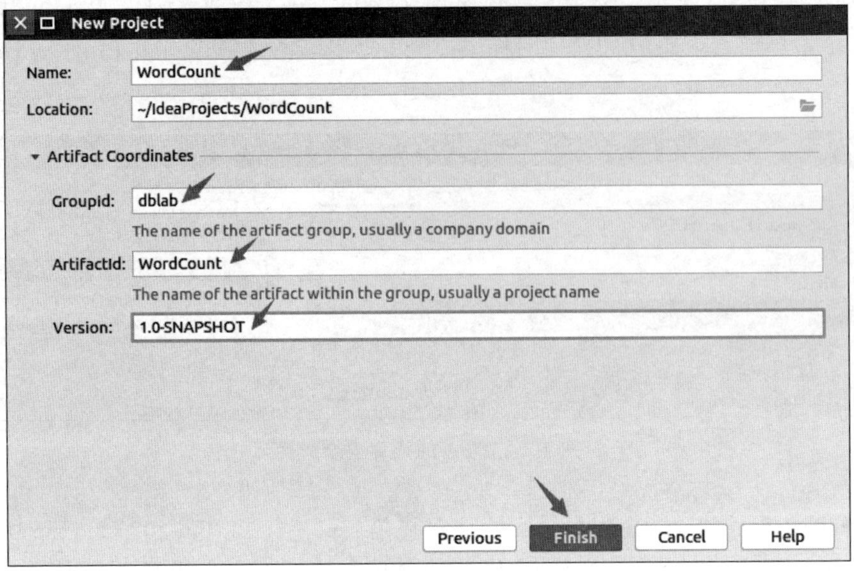

图 4-5 设置项目信息界面

这时,系统自动创建了项目的目录结构,需要把 src/main/java 目录修改为 src/main/scala 目录,这是放置 Scala 代码文件的目录。

下面需要为项目添加 Scala 框架支持,从而可以新建 Scala 代码文件。在项目名称 WordCount 上右击,在弹出的快捷菜单中选择 Add Framework Support 命令。在弹出的界面中(见图 4-6)选中 Scala 复选框,然后单击 Create 按钮。

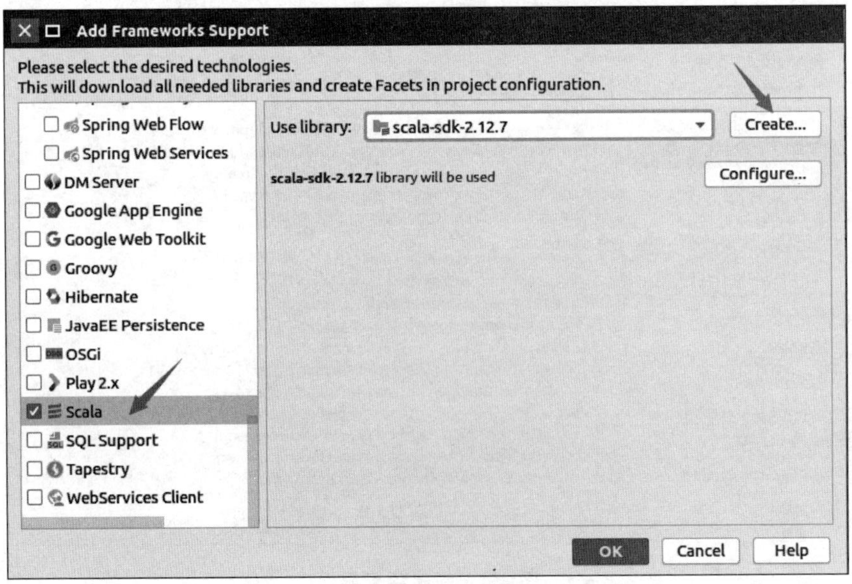

图 4-6 添加框架支持界面

在弹出的界面中(见图 4-7)单击 Browse 按钮,找到 Scala2.12.12 的安装目录(学习第 2 章内容时,已经在/usr/local/scala 目录下安装了 Scala2.12.12),单击 OK 按钮,回到上一级界面以后再次单击 OK 按钮,完成设置。

这时,在项目目录树的 Scala 子目录上右击,在弹出的快捷菜单中选择 New→Scala Class 命令,然后在弹出的界面中(见图 4-8)输入类的名称 WordCount,类型选择 Object,再按 Enter 键,就可以创建一个空的代码文件 WordCount.scala。

Select JAR's for the new Scala SDK

Location	Version	Sources	Docs
System	2.11.8	☐	☐
Ivy	2.12.10	☐	☐
Maven	2.12.7	☑	☑
Maven	2.11.12	☐	☐
Maven	2.10.6	☐	☐
Coursier	2.12.10	☐	☐
Coursier	2.11.12	☐	☐

Download...　Browse...　OK　Cancel

图 4-7　选择 JAR 包界面

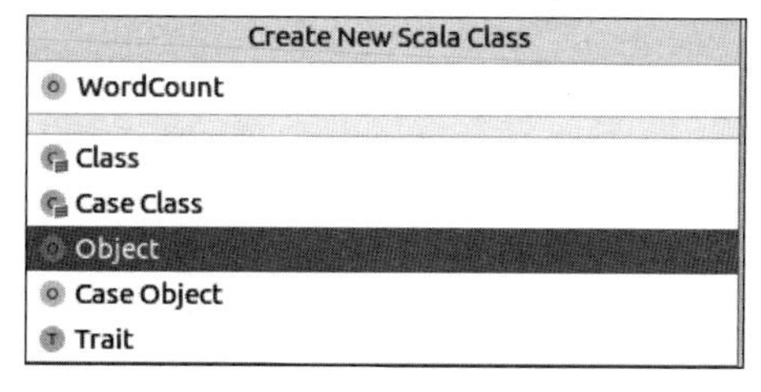

图 4-8　新建代码文件界面

在代码文件 WordCount.scala 中输入如下内容:

```
package cn.edu.xmu.dblab

import org.apache.flink.api.scala._

object WordCount {
    def main(args: Array[String]): Unit = {

        //第(1)步:建立执行环境
        val env = ExecutionEnvironment.getExecutionEnvironment

        //第(2)步:创建数据源
        val text = env.fromElements(
          "hello, world!",
          "hello, world!",
          "hello, world!")
```

```
        //第(3)步: 对数据集指定转换操作
        val counts =text.flatMap { _.toLowerCase.split(" ") }
          .map { (_, 1) }
          .groupBy(0)
          .sum(1)

        //第(4)步: 输出结果
        counts.print()
    }
}
```

把 pom.xml 设置为如下内容:

```
<project>
    <groupId>dblab</groupId>
    <artifactId>WordCount</artifactId>
    <modelVersion>4.0.0</modelVersion>
    <name>WordCount</name>
    <packaging>jar</packaging>
    <version>1.0</version>
    <repositories>
        <repository>
            <id>alimaven</id>
            <name>aliyun maven</name>
            <url>http://maven.aliyun.com/nexus/content/groups/public/</url>
        </repository>
    </repositories>
    <dependencies>
        <dependency>
            <groupId>org.apache.flink</groupId>
            <artifactId>flink-scala_2.12</artifactId>
            <version>1.11.2</version>
        </dependency>
        <dependency>
            <groupId>org.apache.flink</groupId>
            <artifactId>flink-streaming-scala_2.12</artifactId>
            <version>1.11.2</version>
        </dependency>
        <dependency>
            <groupId>org.apache.flink</groupId>
            <artifactId>flink-clients_2.12</artifactId>
            <version>1.11.2</version>
        </dependency>
    </dependencies>
    <build>
```

```
        <plugins>
            <plugin>
                <groupId>net.alchim31.maven</groupId>
                <artifactId>scala-maven-plugin</artifactId>
                <version>3.4.6</version>
                <executions>
                    <execution>
                        <goals>
                            <goal>compile</goal>
                        </goals>
                    </execution>
                </executions>
            </plugin>
            <plugin>
                <groupId>org.apache.maven.plugins</groupId>
                <artifactId>maven-assembly-plugin</artifactId>
                <version>3.0.0</version>
                <configuration>
                    <descriptorRefs>
                        <descriptorRef>jar-with-dependencies</descriptorRef>
                    </descriptorRefs>
                </configuration>
                <executions>
                    <execution>
                        <id>make-assembly</id>
                        <phase>package</phase>
                        <goals>
                            <goal>single</goal>
                        </goals>
                    </execution>
                </executions>
            </plugin>
        </plugins>
    </build>
</project>
```

在 WordCount.scala 代码窗口内右击，在弹出的快捷菜单中选择 Run 命令，启动程序运行，最后会在界面底部的信息栏内出现词频统计信息。

程序运行成功以后，可以对程序进行打包，以便部署到 Flink 平台上。具体方法：在项目开发界面的右侧，单击 Maven 按钮，然后在弹出的界面中(图 4-9)双击 package，就可以完成对应用程序的打包。打包成功以后，可以在项目开发界面左侧目录树的 target 子目录下找到 WordCount-1.0.jar 和 WordCount-1.0-jar-with-dependencies.jar 两个文件。

打包成功以后，就可以提交到 Flink 系统中运行。下面是提交运行程序的具体命令

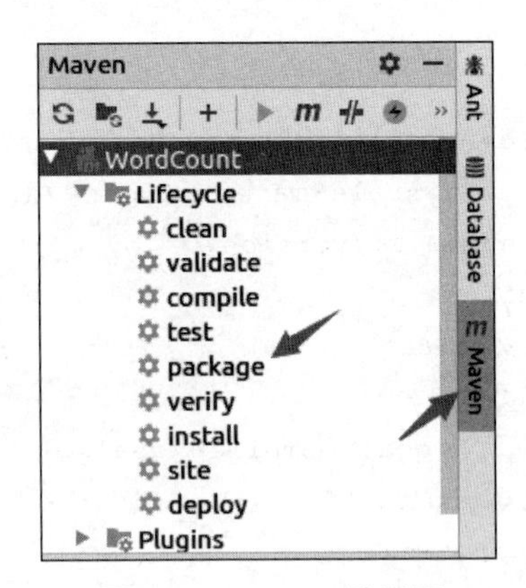

图 4-9 Maven 工具界面

(确认已经启动 Flink):

```
$cd ~/flinkapp
$/usr/local/flink/bin/flink run --class cn.edu.xmu.dblab.WordCount ./target/
WordCount-1.0.jar
```

执行成功后,可以在屏幕上看到词频统计结果。

4.4 设置程序运行并行度

如图 4-10 所示,Flink 的每个 TaskManager 为集群提供插槽(Slot)。插槽可以看成是一个资源组,插槽的数量通常与每个 TaskManager 节点的可用 CPU 内核数成比例。在一般情况下,插槽数是每个节点的 CPU 内核数。

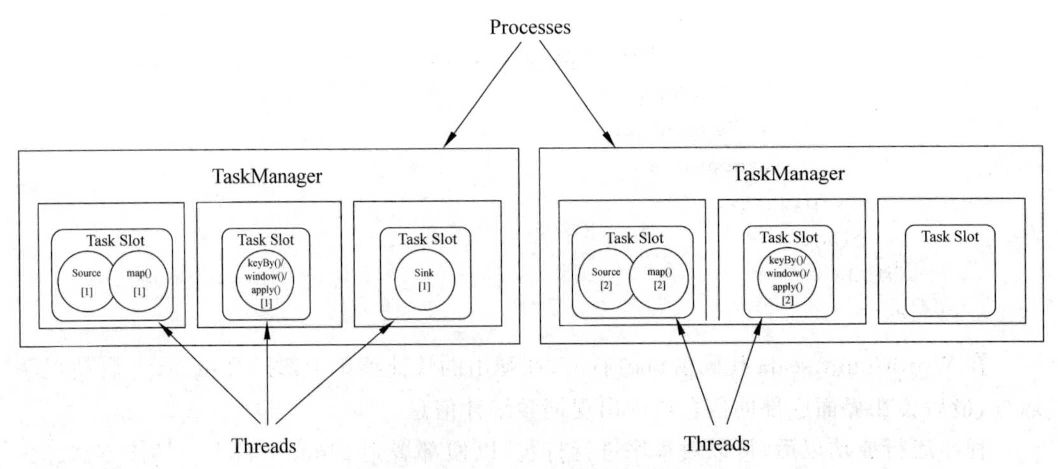

图 4-10 Flink 的插槽和并行度

在 Flink 中,一个任务会被分解成多个子任务,然后这些子任务由多个并行的线程来执行,一个任务的并行线程数目就被称为该任务的并行度。由于 Flink 会将这些子任务分配到插槽来并行执行，因此，任务的最大并行度是由每个 TaskManager 上可用的插槽数量决定的。例如，如果 TaskManager 有 4 个插槽，那么它将为每个插槽分配 25%的内存。可以在一个插槽中运行一个或多个线程。同一插槽中的线程共享相同的 JVM。同一 JVM 中的任务共享 TCP 连接和心跳消息。TaskManager 的一个插槽代表一个可用线程，该线程具有固定的内存(需要注意的是，插槽只对内存隔离，并没有对 CPU 隔离)。在默认情况下，Flink 允许子任务共享插槽，即使它们是不同任务的子任务，只要它们来自相同的作业。这种共享可以实现更好的资源利用率。

在图 4-10 中，Source/map()/keyBy()/window()/apply()这些操作的并行度为 2，Sink 的并行度为 1。

任务的并行度设置可以从多个层次指定，包括算子层次、执行环境层次、客户端层次和系统层次。这里只介绍执行环境层次的并行度设置方法，其他层次的并行度设置方法可以参考 Flink 官网资料。

```
//设置执行环境
val env =StreamExecutionEnvironment.getExecutionEnvironment
//设置程序并行度
env.setParallelism(1)
```

4.5 Flink 集群环境搭建

本节介绍 Flink 集群的搭建方法，包括安装 Flink、配置环境变量、配置 Flink、启动和关闭 Flink 集群等。Flink 集群的安装模式包括 Standalone、YARN 和 Kubernetes 等，这里采用 Standalone 模式，其他模式的安装方法可以参考网络资料。

搭建 Flink 集群主要包括以下 5 个步骤：

(1) 集群基础配置；

(2) 在集群中安装 Java；

(3) 设置 SSH 无密码登录；

(4) 安装和配置 Flink；

(5) 启动和关闭 Flink 集群。

4.5.1 集群基础配置

这里采用 3 台机器(节点)作为实例来演示如何搭建 Flink 集群，其中 1 台机器(节点)作为 Master 节点，主机名为 Master(IP 地址是 192.168.1.101)，另外两台机器(节点)作为 Slave 节点(作为 Worker 节点)，主机名分别为 Slave1(IP 地址是 192.168.1.102)和 Slave2(IP 地址是 192.168.1.103)。

在 Master 节点上执行如下命令修改主机名：

```
$sudo vim /etc/hostname
```

执行上面命令后，就打开了/etc/hostname 这个文件，文件里面记录了主机名，可以把文件中的原有内容全部清空,只加入一行记录 Master(注意是区分大小写的),然后保存退出 vim 编辑器,这样就完成了主机名的修改,需要重启 Linux 系统才能看到主机名的变化。

按照同样的方法,把 Slave1 节点上的/etc/hostname 文件中的主机名修改为 Slave1,把 Slave2 节点上的/etc/hostname 文件中的主机名修改为 Slave2。

在 Master 节点上执行如下命令打开并修改 Master 中的/etc/hosts 文件:

```
$sudo vim /etc/hosts
```

可以在 hosts 文件中增加如下 3 条 IP 和主机名映射关系:

```
192.168.1.101  Master
192.168.1.102  Slave1
192.168.1.103  Slave2
```

需要注意的是,一般 hosts 文件中原来已经存在一条映射 127.0.0.1 localhost,这条映射可以保留,但是 hosts 文件中最多只能有一条包含 127.0.0.1 的映射,如果有多余的 127.0.0.1 映射应删除,特别是不能存在 127.0.0.1 Master 这样的映射记录。修改后需要重启 Linux 系统。

上面完成了 Master 节点的配置,接下来要继续完成对其他 Slave 节点的配置修改。分别到 Slave1 和 Slave2 节点上,修改/etc/hosts 的内容,在 hosts 文件中增加如下 3 条 IP 和主机名映射关系:

```
192.168.1.101  Master
192.168.1.102  Slave1
192.168.1.103  Slave2
```

修改完成以后,重新启动 Slave 节点的 Linux 系统。

这样就完成了 Master 节点和 Slave 节点的配置,然后需要在各个节点上都执行如下命令,测试是否相互 ping 得通,如果 ping 不通,后面就无法顺利配置成功。

```
$ping Master -c 3                #ping 3 次就会停止,否则要按 Ctrl+C 键中断 ping 命令
$ping Slave1 -c 3
```

例如,在 Master 节点上 ping Slave1,如果 ping 通,会显示图 4-11 所示的结果。

```
hadoop@Master: ~
hadoop@Master:~$ ping Slave1 -c 3
PING Slave1 (192.168.1.122) 56(84) bytes of data.
64 bytes from Slave1 (192.168.1.122): icmp_seq=1 ttl=64 time=0.315 ms
64 bytes from Slave1 (192.168.1.122): icmp_seq=2 ttl=64 time=0.427 ms
64 bytes from Slave1 (192.168.1.122): icmp_seq=3 ttl=64 time=0.338 ms

--- Slave1 ping statistics ---
3 packets transmitted, 3 received, 0% packet loss, time 1999ms
rtt min/avg/max/mdev = 0.315/0.360/0.427/0.048 ms
```

图 4-11 使用 ping 命令的效果

4.5.2 在集群中安装 Java

Flink 是运行在 JVM 上的,因此需要为集群中的每台机器安装 Java 环境。对于 Flink 1.11.2,要求使用 JDK 1.8 或者更新的版本。

在 Master 机器上,访问 Oracle 官网(https://www.oracle.com/technetwork/java/javase/downloads)下载 JDK 1.8 安装包,或者也可以访问本教程官网,进入"下载专区"栏目的"软件"目录,找到文件 jdk-8u162-linux-x64.tar.gz 下载到本地。这里假设下载得到的 JDK 安装文件保存在 Ubuntu 系统的/home/hadoop/Downloads/目录下。

执行如下命令创建/usr/lib/jvm 目录用来存储 JDK 文件:

```
$cd /usr/lib
$sudo mkdir jvm #创建/usr/lib/jvm 目录用来存储 JDK 文件
```

执行如下命令对安装文件进行解压缩:

```
$cd ~ #进入 hadoop 用户的主目录
$cd Downloads
$sudo tar -zxvf ./jdk-8u162-linux-x64.tar.gz -C /usr/lib/jvm
```

下面继续执行如下命令,设置环境变量:

```
$vim ~/.bashrc
```

上面命令使用 vim 编辑器打开了 hadoop 这个用户的环境变量配置文件,在这个文件的开头位置,添加如下 4 行内容:

```
export JAVA_HOME=/usr/lib/jvm/jdk1.8.0_162
export JRE_HOME=${JAVA_HOME}/jre
export CLASSPATH=.:${JAVA_HOME}/lib:${JRE_HOME}/lib
export PATH=${JAVA_HOME}/bin:$PATH
```

保存.bashrc 文件并退出 vim 编辑器。然后继续执行如下命令让.bashrc 文件的配置立即生效:

```
$source ~/.bashrc
```

这时,可以使用如下命令查看是否安装成功:

```
$java -version
```

如果能够在屏幕上返回如下信息,则说明安装成功:

```
java version "1.8.0_162"
Java(TM) SE Runtime Environment (build 1.8.0_162-b12)
Java HotSpot(TM) 64-Bit Server VM (build 25.162-b12, mixed mode)
```

至此,Master 机器上就成功安装了 Java 环境。然后在 Slave1 和 Slave2 这两台机器上分别执行上述同样的过程,完成 Java 环境的安装。

4.5.3 设置 SSH 无密码登录

SSH 是 Secure Shell 的缩写,是建立在应用层和传输层基础上的安全协议。SSH 是目前较可靠、专为远程登录会话和其他网络服务提供安全性的协议。利用 SSH 协议可以有效防止远程管理过程中的信息泄露问题。SSH 最初是 UNIX 系统上的一个程序,后来又迅速扩展到其他操作平台。SSH 是由客户端和服务端的软件组成的。服务端是一个守护进程,它在后台运行并响应来自客户端的连接请求;客户端包含 ssh 程序以及像 scp(远程复制)、slogin(远程登录)、sftp(安全文件传输)等其他的应用程序。

为什么在安装 Flink 之前要配置 SSH 呢?这是因为,Flink 集群中的主节点需要和集群中所有机器建立通信,这个过程需要通过 SSH 登录来实现。Flink 并没有提供 SSH 输入密码登录的形式,因此,为了能够顺利登录集群中的每台机器,需要将所有机器配置为"主节点可以无密码登录"。

Ubuntu 默认已安装了 SSH 客户端,因此这里还需要安装 SSH 服务端,在 Master 节点的 Linux 终端中执行以下命令:

```
$sudo apt-get install openssh-server
```

安装后,可以使用如下命令登录本机:

```
$ssh localhost
```

执行该命令后会出现提示信息,可以输入 yes,然后按提示输入密码,则登录到本机。执行如下命令则退出 SSH 登录:

```
$exit
```

可以看出,现在在 Master 节点用 SSH 方式登录本机,是需要密码的。为了让 Master 节点能够 SSH 无密码登录本机,需要在 Master 节点上执行如下命令:

```
$cd ~/.ssh                          #如果没有该目录,先执行一次 ssh localhost
$rm ./id_rsa*                       #删除之前生成的公匙(如果已经存在)
$ssh-keygen -t rsa                  #执行该命令后,遇到提示信息,一直按 Enter 键即可
$cat ./id_rsa.pub >>./authorized_keys
```

完成后可以执行 ssh Master 命令来验证一下,这时就可以成功登录本机,且不需要输入密码了。测试成功后,执行 exit 命令退出 SSH 登录。

在 Master 节点上执行如下命令将公匙传输到 Slave1 和 Slave2 节点上:

```
$scp ~/.ssh/id_rsa.pub hadoop@Slave1: /home/hadoop/
$scp ~/.ssh/id_rsa.pub hadoop@Slave2: /home/hadoop/
```

上面的命令中,scp 是 secure copy 的简写,用于在 Linux 下进行远程复制文件,类似于 cp 命令,不过 cp 只能在本机中复制。执行 scp 时会要求输入 Slave1 上 hadoop 用户的密码,输入完成后会提示传输完毕。

分别在 Slave1 和 Slave2 节点上执行如下命令,将 SSH 公匙加入授权:

```
$mkdir ~/.ssh                    #如果不存在该文件夹需先创建,若已存在,则忽略本命令
$cat ~/id_rsa.pub >>~/.ssh/authorized_keys
$rm ~/id_rsa.pub                 #用完以后就可以删除
```

这样,在 Master 节点上就可以 SSH 无密码登录到各个 Slave 节点,可在 Master 节点上执行如下命令进行检验:

```
$ssh Slave1
$ssh Slave2
```

如果检验成功,就可以进入后续的安装步骤。

4.5.4 安装和配置 Flink

1. 在 Master 节点上安装 Flink

在 Master 节点上,到 Flink 官网或者本教程官网下载 Flink 安装文件 flink-1.11.2-bin-scala_2.12.tgz。这里假设下载的文件被保存到了 Linux 系统的/home/hadoop/Downloads 目录下。

在 Master 节点上执行如下命令安装 Flink:

```
$sudo tar -zxf ~/Downloads/flink-1.11.2-bin-scala_2.12.tgz -C /usr/local/
$cd /usr/local
$sudo mv ./flink-1.11.2 ./flink
$sudo chown -R hadoop: hadoop ./flink      #hadoop 是当前登录 Linux 系统的用户名
```

2. 配置环境变量

在 Master 节点上执行如下命令:

```
$vim ~/.bashrc
```

在.bashrc 添加如下配置:

```
export FLNK_HOME=/usr/local/flink
export PATH=$FLINK_HOME/bin: $PATH
```

运行 source 命令使得配置立即生效:

```
$source ~/.bashrc
```

3. 配置相关文件

在 Master 节点上执行如下命令打开文件 flink-conf.yaml:

```
$cd /usr/local/flink/conf
$vim flink-conf.yaml
```

在 flink-conf.yaml 中增加如下两个配置项:

```
jobmanager.rpc.address: Master
taskmanager.tmp.dirs: /usr/local/flink/tmp
```

上面的第 1 条配置信息用于设置主节点地址,可以用 IP 地址,也可以使用主机名。第 2 条配置信息用于设置 Flink 的临时数据的保存目录。需要注意的是,每条配置信息中,冒号后面必须有一个英文空格,否则运行时会报错。

执行如下命令打开文件 masters:

```
$cd /usr/local/flink/conf
$vim masters
```

清空 masters 文件的原有内容,增加如下 1 行配置:

```
Master: 8081
```

执行如下命令打开文件 workers:

```
$cd  /usr/local/flink/conf
$vim workers
```

清空 workers 文件的原有内容,增加如下 3 行配置:

```
Master
Slave1
Slave2
```

4. 把 Master 节点的安装文件发送到 Slave 节点

在 Master 节点上执行如下命令,将 Master 节点上的/usr/local/flink 文件夹复制到各 Slave 节点上:

```
$cd  /usr/local/
$tar  -zcf  ~/flink.master.tar.gz  ./flink
$cd  ~
$scp  ./flink.master.tar.gz  Slave1: /home/hadoop
$scp  ./flink.master.tar.gz  Slave2: /home/hadoop
```

在 Slave1 和 Slave2 节点上分别执行下面同样的操作:

```
$sudo  rm -rf  /usr/local/flink/
$sudo  tar -zxf  ~/flink.master.tar.gz -C /usr/local
$sudo  chown -R  hadoop /usr/local/flink
```

5. 建立 tmp 目录

在前面配置 flink-conf.yaml 时,设置了临时数据的保存目录/usr/local/flink/tmp。但是,Flink 自己不会自动创建这个目录,因此需要在 Master、Slave1 和 Slave2 上分别执行如下命令创建 tmp 目录并设置权限:

```
$cd /usr/local/flink
$sudo mkdir tmp
$sudo chmod -R 755 ./tmp
```

4.5.5 启动和关闭Flink集群

在Master节点上执行如下命令启动Flink集群:

```
$cd  /usr/local/flink/
$./bin/start-cluster.sh
```

启动以后,在Master节点上执行jps命令,可以看到如下信息:

```
$jps
7265 Jps
5829 StandaloneSessionClusterEntrypoint
6153 TaskManagerRunner
```

在Slave1和Slave2节点上分别执行jps命令,可以看到如下信息:

```
$jps
4757 TaskManagerRunner
5639 Jps
```

如果能够看到上述信息,说明集群启动成功。启动成功以后,可以在Master节点上打开浏览器,访问http://master:8081,通过浏览器查看Flink集群信息。

Flink安装包中自带了测试样例,可以在Master、Slave1和Slave2中的任意一个节点上运行WordCount样例程序来测试Flink的运行效果,具体命令如下:

```
$cd /usr/local/flink/bin
$./flink run /usr/local/flink/examples/batch/WordCount.jar
```

执行以后,屏幕上就会出现词频统计信息。

最后,可以在Master节点上执行如下命令关闭Flink集群:

```
$cd /usr/local/flink
$./bin/stop-cluster.shh
```

4.6 本章小结

Flink可以支持多种部署模式,在日常学习和应用开发环节,可以使用单机环境进行部署。本章首先介绍了Flink在单机环境下的安装配置方法,以及Flink和Hadoop的交互方法。

Scala Shell是一种交互式开发环境,可以立即解释执行用户输入的语句。目前,Flink提供了3种Scala Shell模式,包括Local、Remote Cluster和YARN Cluaster,本章以Local模式为例介绍了Scala Shell的使用方法。

在开发 Flink 独立应用程序时,需要采用 Maven 等工具对代码进行编译打包,然后通过 flink run 命令提交运行程序。本章介绍了使用 Maven 工具编译打包 Flink 程序的具体方法,需要注意的是,一定要确保 pom.xml 文件中添加了程序所需要的各种外部依赖。

本章最后介绍了 Flink 集群环境的搭建方法,但是,这里不建议初学者在集群环境下学习和实践 Flink 应用程序,因为,在集群环境中执行,时常会碰到一些棘手的问题,给学习者带来挫折感。

4.7 习题

1. 简述 Flink 的 4 种部署模式。
2. 简述 Flink 和 Hadoop 的相互关系。
3. 简述开发批处理程序的 4 个步骤。
4. 简述开发流处理程序的 5 个步骤。
5. 简述使用 Maven 工具对程序进行编译打包的基本方法。
6. 简述如何安装 Java 环境?
7. 如何设置 SSH 无密码登录?
8. 简述 Flink 集群环境搭建的基本过程。

实验 3 Flink 和 Hadoop 的安装

1. 实验目的

(1) 掌握在 Linux 虚拟机中安装 Hadoop 和 Flink 的方法。
(2) 熟悉 HDFS 的基本使用方法。
(3) 为后续章节内容的学习奠定基础。

2. 实验平台

操作系统:Ubuntu 18.04。
Flink 版本:Apache Flink 1.11.2 for Scala 2.12。
Hadoop 版本:3.1.3。

3. 实验内容和要求

1) 安装 Hadoop 和 Flink

进入 Linux 系统,参照本教程官网“实验指南”栏目的“Hadoop 的安装和使用”,完成 Hadoop 伪分布式模式的安装。完成 Hadoop 的安装以后,再安装 Flink(Local 模式),运行 Flink 自带的 WordCount 测试样例。

2) HDFS 常用操作

使用 hadoop 用户名登录 Linux 系统,启动 Hadoop,参照相关 Hadoop 书籍或网络资料，也可以参考本教程官网“实验指南”栏目的“HDFS 操作常用 Shell 命令”，使用 Hadoop 提供的 Shell 命令完成如下操作。

(1) 启动 Hadoop，在 HDFS 中创建用户目录/user/hadoop。

(2) 在 Linux 系统的本地文件系统的/home/hadoop 目录下新建一个文本文件 test.txt，并在该文件中随便输入一些内容，然后上传到 HDFS 的/user/hadoop 目录下。

(3) 把 HDFS 中/user/hadoop 目录下的 test.txt 文件，下载到 Linux 系统的本地文件系统中的“/home/hadoop/下载”目录下。

(4) 将 HDFS 中/user/hadoop 目录下的 test.txt 文件的内容输出到终端中进行显示。

(5) 在 HDFS 中的/user/hadoop 目录下，创建子目录 input，把 HDFS 中/user/hadoop 目录下的 test.txt 文件，复制到/user/hadoop/input 目录下。

(6) 删除 HDFS 中/user/hadoop 目录下的 test.txt 文件，删除 HDFS 中/user/hadoop 目录下的 input 子目录及其子目录下的所有内容。

4. 实验报告

《Flink 编程基础(Scala 版)》实验报告		
题目：	姓名：	日期：
实验环境：		
实验内容与完成情况：		
出现的问题：		
解决方案(列出遇到的问题和解决办法，列出没有解决的问题)：		

第5章

DataStream API

实时分析是当前比较热门的数据处理技术,因为许多不同领域的数据都需要进行实时处理、计算。随着大数据技术在各行各业的广泛应用,对海量数据进行实时分析的需求越来越多,同时,数据处理的业务逻辑也越来越复杂。传统的批处理方式和早期的流处理框架(如 Storm)越来越难以在延迟性、吞吐量、容错能力以及使用便捷性等方面满足业务日益严苛的要求。在这种形式下,新型流处理框架 Flink 通过创造性地把现代大规模并行处理技术应用到流处理中,极大地改善了以前的流处理框架所存在的问题。为了满足实时计算需求,Flink 提供了数据流处理 API,即 DataStream API,它基于 Google Dataflow 模型,支持原生数据流处理,可以让用户灵活且高效地编写流应用程序。虽然 Spark 也提供了流计算的支持,但是,相比较而言,Flink 在流计算上有明显优势,核心架构和模型也更透彻和灵活一些。

本章将重点介绍如何利用 DataStream API 开发流式应用。首先介绍 DataStream 编程模型(包括数据源、数据转换、数据输出)和窗口的划分;其次介绍时间概念,包括事件生成时间、事件接入时间和事件处理时间;再次介绍窗口计算,包括窗口类型和窗口计算函数;最后介绍水位线、延迟数据处理和状态编程。

5.1 DataStream 编程模型

Flink 流处理程序的基本运行流程包括以下 5 个步骤。

(1) 创建流处理执行环境。

(2) 创建数据源。

(3) 指定对接收的数据进行转换操作的逻辑。

(4) 指定数据计算的输出结果方式。

(5) 程序触发执行。

第(1)步中创建流处理执行环境的方式如下:

```
val env =StreamExecutionEnvironment.getExecutionEnvironment
```

从上述步骤中可以看出,真正需要操作的只有 3 个过程:创建数据源、指定对接收的数据进行转换操作的逻辑、指定数据计算的输出结果方式。为了支持这 3 个过程的操作，Flink 提供了一套功能完整的数据流处理 API，即 DataStream API。Datastream API 主要包含 3 个模块：数据源、数据转换和数据输出。数据源模块(Source)定义了输入接入功能，可以将各种数据源接入 Flink 系统中，并将接入数据转换成 DataStream 数据集。数据转换模块(Transformation)定义了对 DataStream 数据集执行的各种转换操作，如 map、flatMap、filter、reduce 等。数据输出模块(Sink)负责把数据输出到文件或其他系统中(如 Kafka)。

此外，需要在 pom.xml 文件中引入 flink-streaming-scala_2.12 依赖库，具体如下：

```
<dependency>
    <groupId>org.apache.flink</groupId>
    <artifactId>flink-streaming-scala_2.12</artifactId>
    <version>1.11.2</version>
</dependency>
```

5.1.1　数据源

数据源模块定义了 DataStream API 中的数据输入操作，Flink 将数据源主要分为两种类型：内置数据源和第三方数据源。内置数据源包括文件数据源、Socket 数据源和集合数据源。第三方数据源包括 Kafka、Amazon Kinesis Streams、RabbitMQ、NiFi 等。

1. 内置数据源

内置数据源在 Flink 系统内部已经实现，不需要引入其他依赖库，用户可以直接调用相关方法使用。

1) 文件数据源

Flink 支持从文件中读取数据，它会逐行读取数据并将其转换成 DataStream 返回。可以使用 readTextFile(path)方法直接读取文本文件，其中，path 表示文本文件的路径。以下是一个具体实例：

```
package cn.edu.xmu.dblab

import org.apache.flink.streaming.api.scala._
import org.apache.flink.streaming.api.scala.StreamExecutionEnvironment

object FileSource{
  def main(args: Array[String]): Unit ={

    //获取执行环境
    val env =StreamExecutionEnvironment.getExecutionEnvironment

    //加载或创建数据源
    val dataStream =env.readTextFile("file:///usr/local/flink/README.txt")
```

```
    //打印输出
    dataStream.print()

    //程序触发执行
    env.execute()
  }
}
```

2) Socket 数据源

Flink 可以通过调用 socketTextStream 方法从 Socket 端口中接入数据，在调用 socketTextStream 方法时，一般需要提供两个参数，即 IP 地址和端口，下面是一个实例：

```
val socketDataStream =env.socketTextStream("localhost",9999)
```

4.3.3 节中的实例已经演示了 Socket 数据源的应用场景，这里不再赘述。

3) 集合数据源

Flink 可以直接将 Java 或 Scala 程序中集合类转换成 DataStream 数据集，这里给出两个具体实例。

使用 fromElements 方法从元素集合中创建 DataStream 数据集，语句如下：

```
val dataStream =env.fromElements(Tuple2(1L,3L),Tuple2(1L,5L))
```

使用 fromCollection 方法从列表创建 DataStream 数据集，语句如下：

```
val dataStream =env.fromCollection(List(1,2,3))
```

2. Kafka 数据源

1) Kafka 简介

Kafka 是一种高吞吐量的分布式发布订阅消息系统，为了更好地理解和使用 Kafka，这里介绍一下 Kafka 的相关概念。

(1) Broker：Kafka 集群包含一个或多个服务器，这些服务器被称为 Broker。

(2) Topic：每条发布到 Kafka 集群的消息都有一个类别，这个类别被称为 Topic。物理上不同 Topic 的消息分开存储，逻辑上一个 Topic 的消息虽然保存于一个或多个 Broker 上，但用户只需指定消息的 Topic，即可生产或消费数据，而不必关心数据存于何处。

(3) Partition：是物理上的概念，每个 Topic 包含一个或多个 Partition。

(4) Producer：负责发布消息到 Kafka Broker。

(5) Consumer：消息消费者，向 Kafka Broker 读取消息的客户端。

(6) Consumer Group：每个 Consumer 属于一个特定的 Consumer Group，可为每个 Consumer 指定 Group Name，若不指定 Group Name，则属于默认的 Group。

2) Kafka 准备工作

访问 Kafka 官网下载页面(https://kafka.apache.org/downloads)，下载 Kafka 稳定

版本 kafka_2.12-2.6.0.tgz，或者直接到本教程官网“下载专区”栏目的“软件”目录中下载安装文件 kafka_2.12-2.6.0.tgz。下载完安装文件以后，就可以安装到 Linux 系统中，具体安装过程可以参照本教程官网“实验指南”栏目的“Kafka 的安装和使用方法”。为了让 Flink 应用程序能够顺利使用 Kafka 数据源，在下载 Kafka 安装文件的时候要注意，Kafka 版本号一定要和自己计算机上已经安装的 Scala 版本号一致才可以。本教程安装的 Flink 版本号是 1.11.2，Scala 版本号是 2.12，所以，一定要选择 Kafka 版本号是 2.12 开头的。例如，到 Kafka 官网中，可以下载安装文件 kafka_2.12-2.6.0.tgz，前面的 2.12 就是支持的 Scala 版本号，后面的 2.6.0 是 Kafka 自身的版本号。

首先需要启动 Kafka，登录 Linux 系统(本教程统一使用 hadoop 用户登录)，打开一个终端，输入下面命令启动 Zookeeper 服务：

```
$cd /usr/local/kafka
$./bin/zookeeper-server-start.sh config/zookeeper.properties
```

注意，执行上面命令以后，终端窗口会返回一堆信息，然后停住不动，没有回到 Shell 命令提示符状态，这时，不要误以为是死机了，而是 Zookeeper 服务器已经启动，正在处于服务状态。所以，不要关闭这个终端窗口，一旦关闭，Zookeeper 服务就停止了。

另外打开第二个终端，然后输入下面命令启动 Kafka 服务：

```
$cd  /usr/local/kafka
$./bin/kafka-server-start.sh  config/server.properties
```

同样，执行上面命令以后，终端窗口会返回一堆信息，然后停住不动，没有回到 Shell 命令提示符状态，这时，同样不要误以为是死机了，而是 Kafka 服务器已经启动，正在处于服务状态。所以，不要关闭这个终端窗口，一旦关闭，Kafka 服务就停止了。

当然，还有一种方式是采用下面加了“&”的命令：

```
$cd /usr/local/kafka
$bin/kafka-server-start.sh config/server.properties &
```

这样，Kafka 就会在后台运行，即使关闭了这个终端。不过，采用这种方式时，有时候我们常忘记还有 Kafka 在后台运行，所以，建议暂时不要用这种命令形式。

下面先测试一下 Kafka 是否可以正常使用。再打开第三个终端，然后输入下面命令创建一个自定义名称为 wordsendertest 的 Topic：

```
$cd /usr/local/kafka
$./bin/kafka-topics.sh --create --zookeeper localhost: 2181 \
>--replication-factor 1 --partitions 1 --topic wordsendertest
#这个 Topic 叫 wordsendertest, 2181 是 Zookeeper 默认的端口号, --partitions 是
Topic 里面的分区数, --replication-factor 是备份的数量, 在 Kafka 集群中使用, 由于这里
是单机版, 所以不用备份
#可以用 list 列出所有创建的 Topic, 来查看上面创建的 Topic 是否存在
$./bin/kafka-topics.sh --list --zookeeper localhost: 2181
```

这个名称为 wordsendertest 的 Topic，就是专门负责采集发送一些单词的。

下面用生产者(Producer)来产生一些数据,在当前终端内继续输入下面命令:

```
$./bin/kafka-console-producer.sh --broker-list localhost:9092 \
>--topic wordsendertest
```

上面命令执行后,就可以在当前终端(假设名称为"生产者终端")内输入一些英文单词:

```
hello hadoop
hello spark
```

这些单词就是数据源,会被 Kafka 捕捉到以后发送给消费者。现在可以启动一个消费者,来查看刚才生产者产生的数据。另外打开第四个终端,输入下面命令:

```
$cd /usr/local/kafka
$./bin/kafka-console-consumer.sh --bootstrap-server  localhost:9092  \
>--topic  wordsendertest  --from-beginning
```

可以看到,屏幕上会显示如下结果,也就是刚才在另外一个终端里面输入的内容:

```
hello hadoop
hello spark
```

注意,到这里为止,前面打开的所有 Linux 终端窗口都不要关闭,以供后面步骤继续使用。

3) 编写 Flink 程序使用 Kafka 数据源

在~/flinkapp/src/main/scala 目录下新建代码文件 KafkaWordCount.scala,内容如下:

```
package cn.edu.xmu.dblab

import java.util.Properties
import org.apache.flink.streaming.api.scala._
import org.apache.flink.streaming.connectors.kafka.FlinkKafkaConsumer
import org.apache.flink.api.common.serialization.SimpleStringSchema
import org.apache.flink.streaming.api.windowing.time.Time

object KafkaWordCount {
  def main(args: Array[String]): Unit ={

    val kafkaProps =new Properties()
    //Kafka 的一些属性
    kafkaProps.setProperty("bootstrap.servers", "localhost:9092")
    //所在的消费组
    kafkaProps.setProperty("group.id", "group1")

    //获取当前的执行环境
```

```
    val env =StreamExecutionEnvironment.getExecutionEnvironment

    //创建 Kafka 的消费者,wordsendertest 是要消费的 Topic
    val kafkaSource = new FlinkKafkaConsumer[String]("wordsendertest", new
SimpleStringSchema,kafkaProps)
    //设置从最新的 offset 开始消费
    kafkaSource.setStartFromLatest()
    //自动提交 offset
    kafkaSource.setCommitOffsetsOnCheckpoints(true)

    //绑定数据源
    val stream =env.addSource(kafkaSource)

    //设置转换操作逻辑
    val text = stream.flatMap{ _.toLowerCase().split("\\W+") filter { _.
nonEmpty} }
      .map{(_,1)}
      .keyBy(0)
      .timeWindow(Time.seconds(5))
      .sum(1)

    //打印输出
    text.print()

    //程序触发执行
    env.execute("Kafka Word Count")
  }
}
```

在这个 KafkaWordCount 程序中,FlinkKafkaConsumer 的构造函数有 3 个参数。第一个参数定义的是读入的目标 Topic 的名称。第二个参数是一个 DeserializationSchema 或 KeyedDeserializationSchema 对象。Kafka 中的消息是以纯字节消息存储的,所以需要被反序列化为 Java 或 Scala 对象。这里用到的 SimpleStringSchema 对象是一个内置的 DeserializationSchema 对象,可以将字节数据反序列化为一个 String 对象。第三个参数是一个 Properties 对象,用于配置 Kafka 的客户端,该对象至少要包含两个条目,即 bootstrap.servers 与 group.id。

另外,在 FlinkKafkaConsumer 开始读 Kafka 消息时,可以配置它的读起始位置,有以下 4 种。

(1) setStartFromGroupOffsets()。默认读取上次保存的 offset 信息,若是第一次启动应用,读取不到上次的 offset 信息,则会根据参数 auto.offset.reset 的值来进行数据读取。

(2) setStartFromEarliest()。从最早的数据开始进行消费,忽略存储的 offset 信息。

(3) setStartFromLatest()。从最新的数据进行消费,忽略存储的 offset 信息。

(4) setStartFromSpecificOffsets(Map<KafkaTopicPartition, Long>)。从指定位置进行消费。

KafkaWordCount 程序中,“设置转换操作逻辑”部分的代码用于实现词频统计,里面用到了 flatMap、map、keyBy、timeWindow 和 sum 操作。

下面在~/flinkapp 目录下再新建一个 pom.xml 文件,内容如下:

```
<project>
    <groupId>cn.edu.xmu.dblab</groupId>
    <artifactId>wordcount</artifactId>
    <modelVersion>4.0.0</modelVersion>
    <name>WordCount</name>
    <packaging>jar</packaging>
    <version>1.0</version>
    <repositories>
      <repository>
          <id>alimaven</id>
          <name>aliyun maven</name>
          <url>http://maven.aliyun.com/nexus/content/groups/public/</url>
      </repository>
    </repositories>
    <dependencies>
      <dependency>
      <groupId>org.apache.flink</groupId>
      <artifactId>flink-scala_2.12</artifactId>
      <version>1.11.2</version>
    </dependency>
    <dependency>
      <groupId>org.apache.flink</groupId>
      <artifactId>flink-streaming-scala_2.12</artifactId>
      <version>1.11.2</version>
    </dependency>
    <dependency>
      <groupId>org.apache.flink</groupId>
      <artifactId>flink-clients_2.12</artifactId>
      <version>1.11.2</version>
    </dependency>
    <dependency>
      <groupId>org.apache.flink</groupId>
      <artifactId>flink-connector-kafka_2.12</artifactId>
      <version>1.11.2</version>
    </dependency>
      </dependencies>
      <build>
```

```
        <plugins>
          <plugin>
              <groupId>net.alchim31.maven</groupId>
              <artifactId>scala-maven-plugin</artifactId>
              <version>3.4.6</version>
              <executions>
                  <execution>
                      <goals>
                          <goal>compile</goal>
                      </goals>
                  </execution>
              </executions>
          </plugin>
          <plugin>
              <groupId>org.apache.maven.plugins</groupId>
              <artifactId>maven-assembly-plugin</artifactId>
              <version>3.0.0</version>
              <configuration>
                  <descriptorRefs>
                      <descriptorRef>jar-with-dependencies</descriptorRef>
                  </descriptorRefs>
              </configuration>
              <executions>
                <execution>
                  <id>make-assembly</id>
                  <phase>package</phase>
                  <goals>
                      <goal>single</goal>
                  </goals>
              </execution>
          </executions>
      </plugin>
    </plugins>
  </build>
</project>
```

在这个 pom.xml 文件中，添加了一个新的依赖 flink-connector-kafka_2.12，用于实现 Flink 和 Kafka 之间的连接。

使用 Maven 工具对 KafkaWordCount 程序进行编译打包，打包成功以后，新建一个 Linux 终端，执行如下命令运行程序(确认已经启动 Flink)：

```
$cd ~/flinkapp
$/usr/local/flink/bin/flink run \
>--class cn.edu.xmu.dblab.KafkaWordCount \
```

```
>./target/wordcount-1.0-jar-with-dependencies.jar
```

注意,运行 KafkaWordCount 程序需要依赖外部 JAR 包(用于支持 Flink 和 Kafka 之间的连接),因此,这里需要提交 wordcount-1.0-jar-with-dependencies.jar,而不是提交 wordcount-1.0.jar。

在前面已经打开的"生产者终端"内,继续输入以下内容(每输入一行后按 Enter 键):

```
hello wuhan
hello xiamen
```

然后,新建一个 Linux 终端,执行如下命令:

```
$cd /usr/local/flink/log
$tail -f flink*.out
```

可以看到屏幕上会输出如下信息:

```
==>flink-hadoop-taskexecutor-0-ubuntu.out <==
(hello,1)
(wuhan,1)
(hello,1)
(xiamen,1)
```

上述信息就是 KafkaWordCount 程序的词频统计结果。

3. HDFS 数据源

HDFS 在大数据领域具有广泛的应用,Flink 也经常需要读取来自 HDFS 的数据。为了演示方便,需要在 Linux 系统中提前启动 HDFS(假设使用 hadoop 用户名登录 Linux 系统,Hadoop 系统版本为 3.1.3),并在 HDFS 的/user/hadoop 目录中创建一个文本文件 word.txt,里面包含如下 3 行内容:

```
hello hadoop
hello spark
hello flink
```

在~/flinkapp/src/main/scala 目录下新建代码文件 ReadHDFSFile.scala,内容如下:

```
package cn.edu.xmu.dblab

import org.apache.flink.streaming.api.scala._
import org.apache.flink.streaming.api.scala.StreamExecutionEnvironment

object ReadHDFSFile{
  def main(args: Array[String]): Unit ={

    //获取执行环境
```

```
    val env =StreamExecutionEnvironment.getExecutionEnvironment

    //加载或创建数据源
    val dataStream = env.readTextFile("hdfs://localhost:9000/user/hadoop/
    word.txt")

    //打印输出
    dataStream.print()

    //程序触发执行
    env.execute()
  }
}
```

为了让 Flink 能够支持访问 HDFS,需要在 pom.xml 中添加依赖 hadoop-common 和 hadoop-client,具体内容如下:

```
<project>
    <groupId>cn.edu.xmu.dblab</groupId>
    <artifactId>wordcount</artifactId>
    <modelVersion>4.0.0</modelVersion>
    <name>WordCount</name>
    <packaging>jar</packaging>
    <version>1.0</version>
    <repositories>
        <repository>
          <id>alimaven</id>
          <name>aliyun maven</name>
          <url>http://maven.aliyun.com/nexus/content/groups/public/</url>
      </repository>
      </repositories>
        <dependencies>
          <dependency>
              <groupId>org.apache.flink</groupId>
              <artifactId>flink-scala_2.12</artifactId>
              <version>1.11.2</version>
          </dependency>
          <dependency>
              <groupId>org.apache.flink</groupId>
              <artifactId>flink-streaming-scala_2.12</artifactId>
              <version>1.11.2</version>
          </dependency>
          <dependency>
              <groupId>org.apache.flink</groupId>
              <artifactId>flink-clients_2.12</artifactId>
```

```
            <version>1.11.2</version>
        </dependency>
        <dependency>
            <groupId>org.apache.flink</groupId>
            <artifactId>flink-connector-kafka_2.12</artifactId>
            <version>1.11.2</version>
        </dependency>
        <dependency>
            <groupId>org.apache.hadoop</groupId>
            <artifactId>hadoop-common</artifactId>
            <version>3.1.3</version>
        </dependency>
        <dependency>
            <groupId>org.apache.hadoop</groupId>
            <artifactId>hadoop-client</artifactId>
            <version>3.1.3</version>
        </dependency>
    </dependencies>
    <build>
        <plugins>
            <plugin>
              <groupId>net.alchim31.maven</groupId>
              <artifactId>scala-maven-plugin</artifactId>
              <version>3.4.6</version>
                  <executions>
                      <execution>
                          <goals>
                              <goal>compile</goal>
                          </goals>
                      </execution>
                  </executions>
              </plugin>
              <plugin>
                  <groupId>org.apache.maven.plugins</groupId>
                  <artifactId>maven-assembly-plugin</artifactId>
                  <version>3.0.0</version>
                  <configuration>
                      <descriptorRefs>
                          <descriptorRef>jar-with-dependencies</descriptorRef>
                      </descriptorRefs>
                  </configuration>
                  <executions>
                      <execution>
                          <id>make-assembly</id>
```

```
                        <phase>package</phase>
                        <goals>
                            <goal>single</goal>
                        </goals>
                    </execution>
                </executions>
            </plugin>
        </plugins>
    </build>
</project>
```

使用 Maven 工具对 ReadHDFSFile 程序进行编译打包。

为了让 Flink 应用程序能够顺利访问 HDFS，还需要修改环境变量。执行如下命令修改环境变量：

```
$vim ~/.bashrc
```

该文件中原有配置信息仍然保留，然后在.bashrc 文件中继续增加如下配置信息：

```
export HADOOP_HOME=/usr/local/hadoop
export HADOOP_CONF_DIR=${HADOOP_HOME}/etc/hadoop
export HADOOP_CLASSPATH=$(/usr/local/hadoop/bin/hadoop classpath)
```

执行如下命令使得环境变量设置生效：

```
$source ~/.bashrc
```

重新启动 Flink，从而让 Flink 能够使用最新的环境变量。

执行如下命令把应用程序提交到 Flink 中运行：

```
$cd ~/flinkapp
$/usr/local/flink/bin/flink run --class cn.edu.xmu.dblab.ReadHDFSFile ./
target/wordcount-1.0-jar-with-dependencies.jar
```

执行如下命令，在 Flink 运行日志中查看输出结果：

```
$cd /usr/local/flink/log
$tail -f flink*.out
```

可以看到日志中包含了如下信息：

```
==>flink-hadoop-taskexecutor-0-ubuntu.out <==
hello hadoop
hello spark
hello flink
```

4. 自定义数据源

Flink 提供了一些常用的数据源连接器，可以满足大部分应用场景的需求，但是在日常开发中所使用的数据源和持久化工具是多种多样的,Flink 提供的数据源可能无法满足需求,这时就需要使用 Flink 提供的接口自定义数据源。Flink 允许用户自定义数据源,以满足不同数据源的接入需求。可以通过实现 SourceFunction 接口或者继承 RichSourceFunction 类来定义单线程接入的数据源,也可以通过实现 ParallelSourceFunction 接口或者继承 RichParallelSourceFunction 类来定义并发数据源。在完成数据源的定义以后,可以调用 StreamExecutionEnvironment 的 addSource 方法添加数据源。

这里给出一个自定义数据源的具体实例。

```
package cn.edu.xmu.dblab

import java.util.Calendar
import org.apache.flink.streaming.api.functions.source.RichSourceFunction
import org.apache.flink.streaming.api.functions.source.SourceFunction.SourceContext
import org.apache.flink.streaming.api.scala._
import org.apache.flink.streaming.api.scala.StreamExecutionEnvironment
import scala.util.Random

case class StockPrice(stockId: String,timeStamp: Long,price: Double)

object StockPriceStreaming {
  def main(args: Array[String]) {

    设置执行环境
    val env =StreamExecutionEnvironment.getExecutionEnvironment

    //设置程序并行度
    env.setParallelism(1)

    //股票价格数据流
    val stockPriceStream: DataStream[StockPrice] =env
    //该数据流由 StockPriceSource 类随机生成
    .addSource(new StockPriceSource)

    //打印结果
    stockPriceStream.print()

    //程序触发执行
    env.execute("stock price streaming")
  }

  class StockPriceSource extends RichSourceFunction[StockPrice]{

    var isRunning: Boolean =true
```

```
    val rand =new Random()
    //初始化股票价格
    var priceList: List[Double] =List(10.0d, 20.0d, 30.0d, 40.0d, 50.0d)
    var stockId =0
    var curPrice =0.0d

    override def run(srcCtx: SourceContext[StockPrice]): Unit ={
      while (isRunning) {
        //每次从列表中随机选择一只股票
        stockId =rand.nextInt(priceList.size)
        val curPrice =priceList(stockId) +rand.nextGaussian() * 0.05
        priceList =priceList.updated(stockId, curPrice)
        val curTime =Calendar.getInstance.getTimeInMillis
        //将数据源收集写入 SourceContext
        srcCtx.collect( StockPrice ( " stock _" + stockId. toString, curTime,
        curPrice))
        Thread.sleep(rand.nextInt(10))
      }
    }

   override def cancel(): Unit ={
       isRunning =false
     }
   }
}
```

使用 Maven 工具对程序进行编译打包,并提交到 Flink 中运行(确认 Flink 已经启动)。然后,在 Linux 终端中执行如下命令查看输出结果:

```
$cd /usr/local/flink/log
$tail -f flink* .out
```

执行上述命令以后,可以在屏幕上看到类似如下的结果:

```
==>flink-hadoop-taskexecutor-0-ubuntu.out <==
StockPrice(stock_4,1602031562148,43.48818983060794)
StockPrice(stock_1,1602031562148,22.961883104543286)
StockPrice(stock_0,1602031562153,8.240087598085388)
StockPrice(stock_3,1602031562153,42.10778022717849)
...
```

5.1.2 数据转换

数据转换模块提供了丰富的数据转换算子,主要分为 4 种类型(见图 5-1):基于单条记录、基于窗口、合并多条流、拆分单条流。这里只介绍基于单条记录的转换算子,基于窗口的转换算子在 5.2 节中介绍,合并多条流和拆分单条流的转换算子的用法可以参考

Flink 官网资料,这里不做介绍。

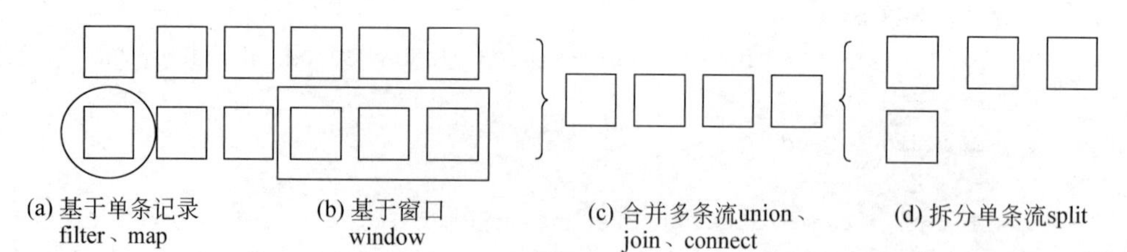

图 5-1 数据转换算子的 4 种类型

表 5-1 给出了常用的 DataStream 转换算子,下面将结合具体实例对这些转换算子进行逐一介绍。

表 5-1 常用的 DataStream 转换算子

转换算子	输入输出类型	含 义
map(func)	DataStream→DataStream	将一个 DataStream 中的每个元素传递到函数 func 中,并将结果返回为一个新的 DataStream
flatMap(func)	DataStream→DataStream	与 map()相似,但每个输入元素都可以映射到 0 或多个输出结果
filter(func)	DataStream→DataStream	筛选出满足函数 func 的元素,并返回一个新的数据集
keyBy()	DataStream→KeyedStream	根据指定的 Key 将输入的 DataStream 转换为 KeyedStream
reduce(func)	KeyedStream→DataStream	将输入的 KeyedStream 通过传入的用户自定义函数 func 滚动地进行数据聚合处理
聚合	KeyedStream→DataStream	根据指定的字段进行聚合操作

1. map

map(func)操作将一个 DataStream 中的每个元素传递到函数 func 中,并将结果返回为一个新的 DataStream。输出的数据流 DataStream[OUT]类型可能和输入的数据流 DataStream[IN]不同。具体实例如下:

```
val dataStream =env.fromElements(1,2,3,4,5)
val mapStream =dataStream.map(x=>x+10)
```

上述语句执行过程如图 5-2 所示。第 1 行语句创建了一个包含 5 个 Int 类型元素的 DataStream,名称为 dataStream。第 2 行语句执行 map 操作,map 的输入参数“x=>x+10”是一个 λ 表达式。“dataStream.map(x=>x+10)”的含义是,依次取出 DataStream(mapStream)中的每个元素,对于当前取到的元素,把它赋值给 λ 表达式中的变量 x,然后,执行 λ 表达式的函数体部分“x+10”,也就是把变量 x 的值和 10 相加后,作为函数的返回值,并作为一个元素放入新的 DataStream 中。最终,新生成的 DataStream 包含了 5 个 Int 类型的元素,即 11、12、13、14、15。

除了使用 λ 表达式以外,也可以通过重写 MapFunction 或 RichMapFunction 来自定

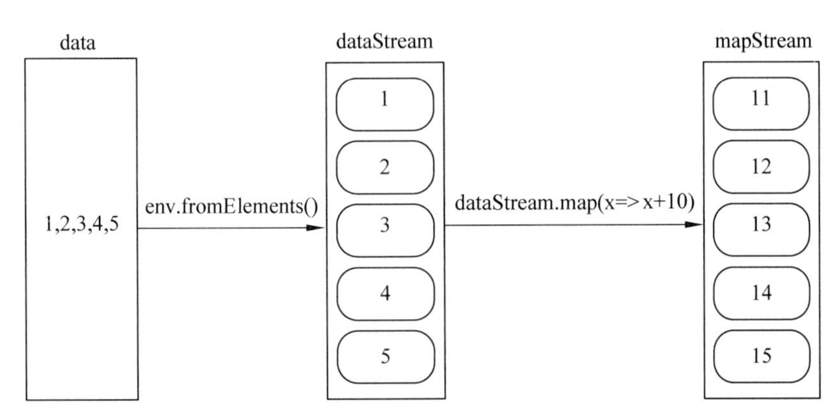

图 5-2 map 操作执行过程

义 map 函数。RichMapFunction 的定义为 RichMapFunction[IN, OUT],其内部有一个 map 虚函数,需要重写这个虚函数,具体实例如下:

```
package cn.edu.xmu.dblab

import org.apache.flink.api.common.functions.RichMapFunction
import org.apache.flink.streaming.api.scala._
import org.apache.flink.streaming.api.scala.StreamExecutionEnvironment

case class StockPrice(stockId: String,timeStamp: Long,price: Double)

object MapFunctionTest {
  def main(args: Array[String]): Unit ={

    //设定执行环境
    val env =StreamExecutionEnvironment.getExecutionEnvironment

    //设定程序并行度
    env.setParallelism(1)

    //创建数据源
    val dataStream: DataStream[Int] =env.fromElements(1, 2, 3, 4, 5, 6, 7)

    //设置转换操作逻辑
    val richFunctionDataStream =dataStream.map {new MyMapFunction() }

    //打印输出
    richFunctionDataStream.print()

    //程序触发执行
    env.execute("MapFunctionTest")
```

```
    }

    //自定义函数,继承 RichMapFunction
    class MyMapFunction extends RichMapFunction[Int, String] {
      override def map(input: Int): String =
        ("Input : " +input.toString +", Output : " +(input * 3).toString)
    }
  }
```

2. flatMap

flatMap(func)与 map(func)相似,但每个输入元素都可以映射到 0 或多个输出结果。例如:

```
val dataStream = env.fromElements("Hadoop is good","Flink is fast","Flink is better")
val flatMapStream =dataStream.flatMap(line =>line.split(" "))
```

上述语句执行过程如图 5-3 所示。在第 1 行语句中,执行 env.fromElements()方法生成一个 DataStream,名称为 dataStream,这个 DataStream 中的每个元素都是 String 类型,即每个 DataStream 元素都是一行文本。在第 2 行语句中,执行 dataStream.flatMap()操作,flatMap()的输入参数 line => line.split(" ")是一个 λ 表达式。dataStream.flatMap(line => line.split(" "))的结果等价于如下两步操作的结果。

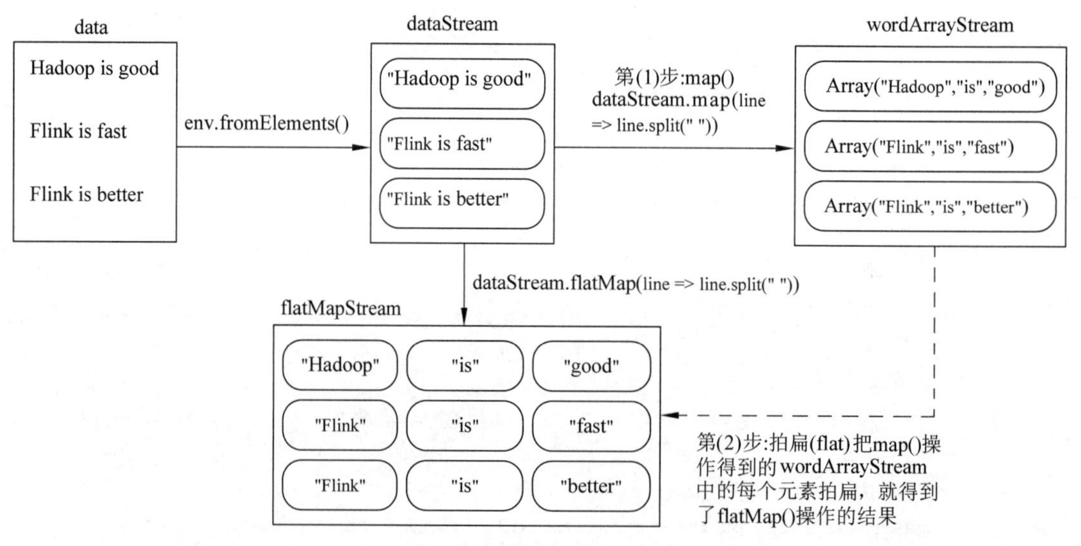

图 5-3 flatMap 操作过程

(1) map()。执行 dataStream.map(line => line.split(" "))操作,从 dataStream 转换得到一个新的 dataStream(wordArrayStream),wordArrayStream 中的每个元素都是一个数组对象,例如,第 1 个元素是 Array("Hadoop", "is", "good"),第 2 个元素是

Array("Flink", "is", "fast"),第3个元素是Array("Flink", "is", "better")。

(2) 拍扁(flat)。flatMap()操作中的flat是一个很形象的动作——拍扁,也就是把wordArrayStream中的每个元素都拍扁成多个元素,最终,所有这些被拍扁以后得到的元素,构成一个新的DataStream,即flatMapStream。例如,wordArrayStream中的第1个元素是Array("Hadoop", "is", "good"),被拍扁以后得到3个新的String类型的元素,即"Hadoop"、"is"和"good";wordArrayStream中的第2个元素是Array("Flink", "is", "fast"),被拍扁以后得到3个新的元素,即"Flink"、"is"和"fast";wordArrayStream中的第3个元素是Array("Flink", "is", "better"),被拍扁以后得到3个新的元素,即"Flink"、"is"和"better"。最终,这些被拍扁以后得到的9个String类型的元素构成一个新的DataStream(flatMapStream),也就是说,flatMapStream里面包含了9个String类型的元素,分别是"Hadoop"、"is"、"good"、"Flink"、"is"、"fast"、"Flink"、"is"和"better"。

除了使用λ表达式以外,也可以通过重写FlatMapFunction或RichFlatMapFunction来自定义flatMap函数,具体实例如下:

```
package cn.edu.xmu.dblab

import org.apache.flink.api.common.functions.FlatMapFunction
import org.apache.flink.streaming.api.scala._
import org.apache.flink.streaming.api.scala.StreamExecutionEnvironment
import org.apache.flink.util.Collector

case class StockPrice(stockId: String,timeStamp: Long,price: Double)

object FlatMapFunctionTest {
  def main(args: Array[String]): Unit ={

      //设定执行环境
      val env =StreamExecutionEnvironment.getExecutionEnvironment

      //设定程序并行度
      env.setParallelism(1)

      //设置数据源
      val dataStream: DataStream[String] = env. fromElements ( "Hello Spark",
      "Flink is excellent")

      //指定针对数据集的转换操作逻辑
      val result =dataStream.flatMap(new WordSplitFlatMap(15))

        //打印输出
      result.print()
```

```
        //程序触发执行
        env.execute("FlatMapFunctionTest")
    }

    //使用 FlatMapFunction 实现过滤逻辑,只对字符串长度大于 threshold 的内容进行切词
    class WordSplitFlatMap (threshold: Int) extends FlatMapFunction[String,
    String]{
      override def flatMap(value: String, out: Collector[String]): Unit ={
        if (value.size >threshold) {
          value.split(" ").foreach(out.collect)
        }
      }
    }
}
```

3. filter

filter(func)操作会筛选出满足函数 func()的元素,并返回一个新的数据集。例如:

```
val dataStream =env.fromElements("Hadoop is good","Flink is fast","Flink is
better")
val filterStream =dataStream.filter(line =>line.contains("Flink"))
```

上述语句执行过程如图 5-4 所示。在第 1 行语句中,执行 env.fromElements()方法生成一个 DataStream,名称为 dataStream,这个 DataStream 中的每个元素都是 String 类型,即每个 DataStream 元素都是一行文本内容。在第 2 行语句中,执行 dataStream.filter()操作,filter()的输入参数 line => line.contains("Flink")是一个匿名函数,或者被称为 λ 表达式。dataStream.filter(line => line.contains("Flink"))操作的含义是,依次取出 dataStream 中的每个元素,对于当前取到的元素,把它赋值给 λ 表达式中的 line 变量,然后,执行 λ 表达式的函数体部分 line.contains("Flink"),如果 line 中包含"Flink"这个单词,就把这个元素加入新的 DataStream(filterStream)中,否则,就丢弃该元素。最终,新生成的 DataStream 中的所有元素,都包含了单词"Flink"。

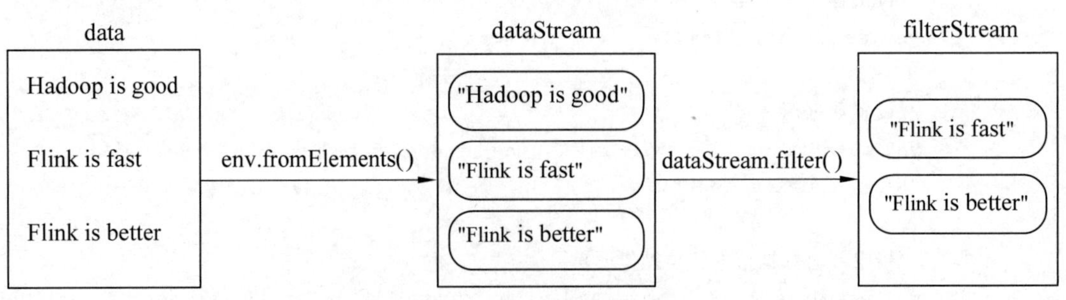

图 5-4 filter 操作执行过程

4. keyBy

keyBy 操作会将相同 Key 的数据放置在相同的分区中。如图 5-5 所示，keyBy 算子根据元素的形状对数据进行分组，相同形状的元素被分到了一起，可被后续算子统一处理。

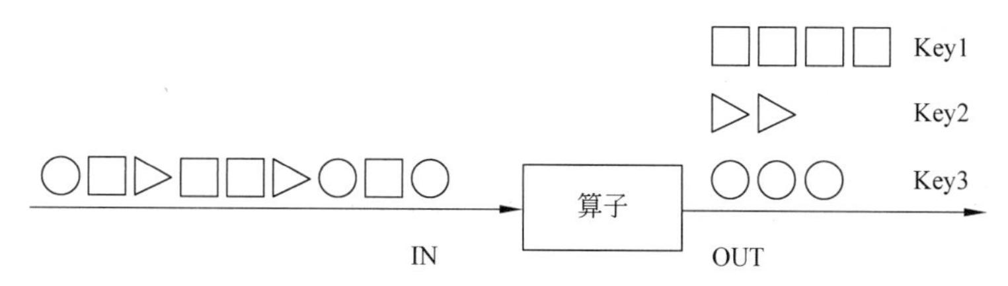

图 5-5　keyBy 操作执行过程

keyBy 算子根据指定的 Key 将输入的 DataStream 转换为 KeyedStream。KeyedStream 用来表示根据指定的 Key 进行分组的数据流，它是一种特殊的 DataStream。事实上，KeyedStream 继承了 DataStream，DataStream 的各元素随机分布在各个 Task Slot 中，而 KeyedStream 的各个元素是按照 Key 进行分组，然后分配到各个 Task Slot 中。在 KeyedStream 上进行任何转换操作以后，该 KeyedStream 都将转变回 DataStream（见图 5-6）。

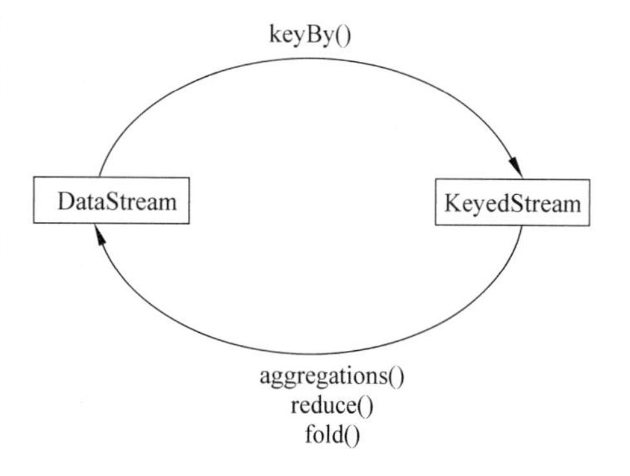

图 5-6　DataStream 和 KeyedStream 之间的转换关系

在使用 keyBy 算子时，需要向 keyBy 算子传递一个参数，以告知 Flink 以什么字段作为 Key 进行分组。

可以使用数字位置来指定 Key，实例如下：

```
val dataStream: DataStream[(Int, Double)] =env.fromElements((1, 2.0), (2, 1.7),
(1, 4.9), (3, 8.5), (3, 11.2))
//使用数字位置定义 Key，按照第一个字段进行分组
val keyedStream =dataStream.keyBy(0)
```

也可以使用字段名称来指定 Key，实例如下：

```
package cn.edu.xmu.dblab

import org.apache.flink.streaming.api.scala._
import org.apache.flink.streaming.api.scala.StreamExecutionEnvironment

//声明一个样例类，包含 3 个字段：股票 id、交易时间、交易价格
case class StockPrice(stockId: String, timeStamp: Long, price: Double)
```

```
object KeyByTest{
  def main(args: Array[String]): Unit ={

      //获取执行环境
      val env =StreamExecutionEnvironment.getExecutionEnvironment

      //设置程序并行度
      env.setParallelism(1)

      //创建数据源
      val stockList =List(
        StockPrice("stock_4",1602031562148L,43.4D),
        StockPrice("stock_1",1602031562148L,22.9D),
        StockPrice("stock_0",1602031562153L,8.2D),
        StockPrice("stock_3",1602031562153L,42.1D),
        StockPrice("stock_2",1602031562153L,29.2D),
        StockPrice("stock_0",1602031562159L,8.1D),
        StockPrice("stock_4",1602031562159L,43.7D),
        StockPrice("stock_4",1602031562169L,43.5D)
      )
      val dataStream =env.fromCollection(stockList)

      //设定转换操作逻辑
      val keyedStream =dataStream.keyBy("stockId")

      //打印输出
      keyedStream.print()

      //程序触发执行
      env.execute("KeyByTest")
  }
}
```

5. reduce

reduce 算子将输入的 KeyedStream 通过传入的用户自定义函数滚动地进行数据聚合处理,处理以后得到一个新的 DataStream,下面是一个具体实例:

```
package cn.edu.xmu.dblab

import org.apache.flink.streaming.api.scala._
import org.apache.flink.streaming.api.scala.StreamExecutionEnvironment

//声明一个样例类,包含 3 个字段:股票 id、交易时间、交易价格
```

```
case class StockPrice(stockId: String,timeStamp: Long,price: Double)

object ReduceTest{
  def main(args: Array[String]): Unit ={

      //获取执行环境
      val env =StreamExecutionEnvironment.getExecutionEnvironment

      //设置程序并行度
      env.setParallelism(1)

      //创建数据源
      val stockList =List(
        StockPrice("stock_4",1602031562148L,43.4D),
        StockPrice("stock_1",1602031562148L,22.9D),
        StockPrice("stock_0",1602031562153L,8.2D),
        StockPrice("stock_3",1602031562153L,42.1D),
        StockPrice("stock_2",1602031562153L,29.2D),
        StockPrice("stock_0",1602031562159L,8.1D),
        StockPrice("stock_4",1602031562159L,43.7D),
        StockPrice("stock_4",1602031562169L,43.5D)
      )
      val dataStream =env.fromCollection(stockList)

      //设定转换操作逻辑
      val keyedStream =dataStream.keyBy("stockId")
      val reduceStream =keyedStream
        .reduce((t1, t2) => StockPrice(t1.stockId, t1.timeStamp, t1.price + t2.
        price))

       //打印输出
      reduceStream.print()

      //程序触发执行
      env.execute("ReduceTest")
  }
}
```

上面程序的运行结果如下：

```
StockPrice(stock_4,1602031562148,43.4)
StockPrice(stock_1,1602031562148,22.9)
StockPrice(stock_0,1602031562153,8.2)
StockPrice(stock_3,1602031562153,42.1)
StockPrice(stock_2,1602031562153,29.2)
```

```
StockPrice(stock_0,1602031562153,16.299999999999997)
StockPrice(stock_4,1602031562148,87.1)
StockPrice(stock_4,1602031562148,130.6)
```

在上面的输出结果中,第 1 行显示了 stock_4 的累计交易价格是 43.4,第 7 行显示了 stock_4 的累计交易价格是 87.1,第 8 行显示了 stock_4 的累计交易价格是 130.6。可以看出,程序中的 reduce()函数对每只股票的价格分别进行了累加计算。

Flink 也支持用户自定义 reduce()函数,实例如下:

```
package cn.edu.xmu.dblab

import org.apache.flink.api.common.functions.ReduceFunction
import org.apache.flink.streaming.api.scala._
import org.apache.flink.streaming.api.scala.StreamExecutionEnvironment

//声明一个样例类,包含 3 个字段: 股票 id、交易时间、交易价格
case class StockPrice(stockId: String,timeStamp: Long,price: Double)

object MyReduceFunctionTest{
  def main(args: Array[String]): Unit ={

      //获取执行环境
      val env =StreamExecutionEnvironment.getExecutionEnvironment

      //设置程序并行度
      env.setParallelism(1)

      //创建数据源
      val stockList =List(
        StockPrice("stock_4",1602031562148L,43.4D),
        StockPrice("stock_1",1602031562148L,22.9D),
        StockPrice("stock_0",1602031562153L,8.2D),
        StockPrice("stock_3",1602031562153L,42.1D),
        StockPrice("stock_2",1602031562153L,29.2D),
        StockPrice("stock_0",1602031562159L,8.1D),
        StockPrice("stock_4",1602031562159L,43.7D),
        StockPrice("stock_4",1602031562169L,43.5D)
      )
      val dataStream =env.fromCollection(stockList)

      //设定转换操作逻辑
      val keyedStream =dataStream.keyBy("stockId")
      val reduceStream =keyedStream.reduce(new MyReduceFunction)
```

```
        //打印输出
        reduceStream.print()

        //程序触发执行
        env.execute("MyReduceFunctionTest")
    }
    class MyReduceFunction extends ReduceFunction[StockPrice] {
      override def reduce(t1: StockPrice,t2: StockPrice): StockPrice ={
          StockPrice(t1.stockId,t1.timeStamp,t1.price+t2.price)
      }
    }
}
```

6. 聚合

聚合算子在 KeyedStream 数据流上执行滚动聚合，常见的聚合算子包括但不限于 sum、max、min 等。对于同一个 KeyedStream，只能调用一次聚合算子。

下面给出一个具体实例：

```
package cn.edu.xmu.dblab

import org.apache.flink.streaming.api.scala._
import org.apache.flink.streaming.api.scala.StreamExecutionEnvironment

//声明一个样例类，包含 3 个字段：股票 id、交易时间、交易价格
case class StockPrice(stockId: String,timeStamp: Long,price: Double)

object AggregationTest{
  def main(args: Array[String]): Unit ={

        //获取执行环境
        val env =StreamExecutionEnvironment.getExecutionEnvironment

        //设置程序并行度
        env.setParallelism(1)

        //创建数据源
        val stockList =List(
          StockPrice("stock_4",1602031562148L,43.4D),
          StockPrice("stock_1",1602031562148L,22.9D),
          StockPrice("stock_0",1602031562153L,8.2D),
          StockPrice("stock_3",1602031562153L,42.1D),
          StockPrice("stock_2",1602031562153L,29.2D),
          StockPrice("stock_0",1602031562159L,8.1D),
```

```
      StockPrice("stock_4",1602031562159L,43.7D),
      StockPrice("stock_4",1602031562169L,43.5D)
    )
    val dataStream =env.fromCollection(stockList)

    //设定转换操作逻辑
    val keyedStream =dataStream.keyBy("stockId")
    val aggregationStream =keyedStream.sum(2)

    //打印输出
    aggregationStream.print()

    //执行操作
    env.execute(" AggregationTest")
  }
}
```

在这个程序中，首先使用 stockId 字段作为分组字段，然后，在 price 字段上进行累加，因为 sum(2)中的 2 表示第 3 个字段，即 price。程序运行结果如下：

```
StockPrice(stock_4,1602031562148,43.4)
StockPrice(stock_1,1602031562148,22.9)
StockPrice(stock_0,1602031562153,8.2)
StockPrice(stock_3,1602031562153,42.1)
StockPrice(stock_2,1602031562153,29.2)
StockPrice(stock_0,1602031562153,16.299999999999997)
StockPrice(stock_4,1602031562148,87.1)
StockPrice(stock_4,1602031562148,130.6)
```

5.1.3 数据输出

1. 基本数据输出

基本数据输出已经在 Flink DataStream API 中进行了定义，不需要依赖第三方库。基本数据输出包括文件输出、客户端输出、Socket 网络端口输出等。下面是输出到本地文件的一个实例，其他输出方式的用法可以参考 Flink 官网。

```
val dataStream =env.fromElements("hadoop","spark","flink")
dataStream.writeAsText("file:///home/hadoop/output.txt")
```

2. 输出到 Kafka

1）编写 Flink 程序

编写代码文件 SinkKafkaTest.scala，内容如下：

```
package cn.edu.xmu.dblab
```

```
import org.apache.flink.api.common.serialization.SimpleStringSchema
import org.apache.flink.streaming.api.scala._
import org.apache.flink.streaming.api.scala.StreamExecutionEnvironment
import org.apache.flink.streaming.connectors.kafka.FlinkKafkaProducer

object SinkKafkaTest{
  def main(args: Array[String]): Unit ={

      //获取执行环境
      val env =StreamExecutionEnvironment.getExecutionEnvironment

      //加载或创建数据源
      val dataStream =env.fromElements("hadoop","spark","flink")

      //把数据输出到 Kafka
      dataStream.addSink(new FlinkKafkaProducer [String]("localhost: 9092",
      "sinkKafka", new SimpleStringSchema()))

      //程序触发执行
      env.execute()
  }
}
```

pom.xml 文件的内容和 5.1.1 节数据源中介绍 Kafka 数据源时所使用的 pom.xml 文件相同。然后，可以使用 Maven 工具对程序进行编译打包。

2）运行 Flink 程序

首先需要启动 Kafka。新建一个终端，输入下面命令启动 Zookeeper 服务：

```
$cd  /usr/local/kafka
$./bin/zookeeper-server-start.sh  config/zookeeper.properties
```

新建第二个终端，然后输入下面命令启动 Kafka 服务：

```
$cd  /usr/local/kafka
$./bin/kafka-server-start.sh  config/server.properties
```

新建第三个终端，然后输入下面命令创建一个自定义名称为 sinkKafka 的 Topic：

```
$cd  /usr/local/kafka
$./bin/kafka-topics.sh  --create  --zookeeper  localhost: 2181 \
>--replication-factor  1  --partitions  1  --topic  sinkKafka
```

后面编写的 Flink 程序会向这个名称为 sinkKafka 的 Topic 写入数据。

新建第四个终端，执行如下命令运行 Flink 程序（确认已经启动 Flink）：

```
$cd ~/flinkapp
$/usr/local/flink/bin/flink run \
```

```
>--class cn.edu.xmu.dblab.SinkKafkaTest \
>./target/wordcount-1.0-jar-with-dependencies.jar
```

这时,Flink 程序已经向 Kafka 中写入 3 条消息,分别是"hadoop"、"spark"和"flink"。新建第五个终端,输入下面命令从 Kafka 中取出消息:

```
$cd /usr/local/kafka
$./bin/kafka-console-consumer.sh --bootstrap-server localhost: 9092 \
>--topic sinkKafka --from-beginning
```

可以看到,屏幕上会显示如下结果:

```
hadoop
spark
flink
```

3. 输出到 HDFS

要想顺利实现 Flink 到 HDFS 的数据输出,需要进行一些基本的环境变量配置。具体配置方法和 5.1.1 节数据源中的配置方法一样,这里不再赘述。

在~/flinkapp/src/main/scala 目录下新建代码文件 WriteHDFSFile.scala,内容如下:

```
package cn.edu.xmu.dblab

import org.apache.flink.streaming.api.scala._
import org.apache.flink.streaming.api.scala.StreamExecutionEnvironment

object WriteHDFSFile{
  def main(args: Array[String]): Unit ={

      //获取执行环境
      val env =StreamExecutionEnvironment.getExecutionEnvironment

      //设置程序并行度为 1
      env.setParallelism(1)

      //创建数据源
      val dataStream =env.fromElements("hadoop","spark","flink")

      //把数据写入 HDFS
      dataStream.writeAsText("hdfs://localhost: 9000/output.txt")

      //程序触发执行
      env.execute()
  }
}
```

pom.xml 文件的内容和 5.1.1 节数据源中介绍 HDFS 数据源时所使用的 pom.xml 文件相同。使用 Maven 工具对程序进行编译打包，然后就可以运行测试（确认已经启动 HDFS），执行如下命令把应用程序提交到 Flink 中运行：

```
$cd ~/flinkapp
$/usr/local/flink/bin/flink run --class
cn.edu.xmu.dblab.WriteHDFSFile ./
target/wordcount-1.0-jar-with-
dependencies.jar
```

上述命令执行成功以后，到 HDFS 中就可以看到 output.txt 文件了。

5.2 窗口的划分

Flink 支持两种类型的窗口，分别是基于时间的窗口和基于数量的窗口。基于时间的窗口根据起始时间戳（闭区间）和终止时间戳（开区间）来决定窗口的大小。数据根据时间戳分配到不同的窗口中完成计算。基于数量的窗口根据固定的数量定义窗口的大小。例如，每 10 000 条数据形成一个窗口，窗口中接入的数据依赖于数据接入算子中的顺序，如果数据出现乱序情况，将导致窗口的计算结果不确定。这里只介绍基于时间的窗口，关于基于数量的窗口，读者可以参考 Flink 官网资料。

在 Flink 中，窗口的设定和数据本身是无关的，而是系统事先定义好的。窗口是 Flink 划分数据的一个基本单位，窗口的划分方式是固定的，默认会根据自然时间进行划分，并且划分方式是前闭后开（见表 5-2）。

表 5-2 窗口的划分

窗口划分标准	窗口 w1	窗口 w2	窗口 w3
1s	[00:00:00～00:00:01)	[00:00:01～00:00:02)	[00:00:02～00:00:03)
5s	[00:00:00～00:00:05)	[00:00:05～00:00:10)	[00:00:10～00:00:15)
10s	[00:00:10～00:00:10)	[00:00:10～00:00:20)	[00:00:20～00:00:30)
1min	[00:00:00～00:01:00)	[00:01:00～00:02:00)	[00:02:00～00:03:00)

窗口的生命周期开始在第一个属于这个窗口的元素到达的时候，结束于第一个不属于这个窗口的元素到达的时候。

5.3 时间概念

对于流式数据处理，最大的特点就是数据具有时间属性。Flink 根据时间的产生位置把时间划分为 3 种类型（见图 5-7）：事件生成时间（Event Time）、事件接入时间（Ingestion Time）和事件处理时间（Processing Time）。用户可以根据具体业务灵活选择时间类型。

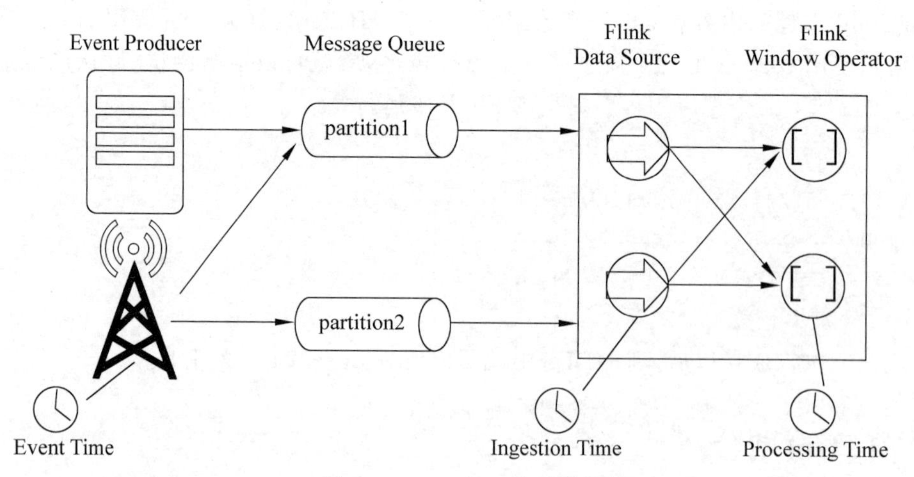

图 5-7 Flink 的 3 种时间类型

1. 事件生成时间

事件生成时间(简称事件时间),是每个独立事件在产生它的设备上发生的时间,这个时间通常在事件进入 Flink 前就已经进入事件当中了,即事件时间是从原始的消息中提取到的。例如 Kafka 消息,每个生成的消息中自带一个时间戳代表每条数据的产生时间。在理想情况下,不管事件何时到达或者顺序如何,事件时间处理能够得到完整一致的结果。不过,这种处理时间方式在等待乱序事件时,会产生一些延迟,这样会对事件时间的应用性能有一定的影响。

2. 事件接入时间

事件接入时间(简称接入时间),是数据进入 Flink 系统的时间,它主要依赖数据源算子所在主机的系统时钟。理论上,接入时间处于事件时间和处理时间之间。接入时间不能处理乱序问题或者延迟数据。接入时间可以防止 Flink 内部处理数据时发生乱序的情况,但是无法解决数据到达 Flink 之前发生的乱序问题。如果需要处理此类问题,建议使用事件时间。

3. 事件处理时间

事件处理时间(简称处理时间),是指数据在操作算子计算过程中获取到的所在主机时间,这个时间是由 Flink 系统自己提供的。这种处理时间方式实时性是最好的,但计算结果未必准确,主要用于时间计算精度要求不是特别高的计算场景,如延时比较高的日志数据。

可以看出,Flink 的时间概念还是比较简单的。但是,这些时间概念很多系统并没有区分,如 Spark Streaming。将事件时间和处理时间区别对待,并且采用事件时间作为时间特征,是 Flink 相对于 Spark Streaming 的一大进步。

在 3 种时间概念中，事件时间和处理时间是最重要的，表 5-3 给出了二者的简单比较。

表 5-3　事件时间和处理时间的对比

事件时间	处理时间
数据世界的时间	真实世界的时间
记录携带的时间戳	处理数据节点的本地时间
处理复杂	处理简单
结果确定(可重现)	结果不确定(无法重现)

通常，在 Flink 初始化流式运行环境时，就会设置流处理的时间特性。这个设置很重要，它决定了数据流的行为方式。具体设置方法如下：

```
//设置执行环境
val env =StreamExecutionEnvironment.getExecutionEnvironment

//把时间特性设置为事件时间
env.setStreamTimeCharacteristic(TimeCharacteristic.EventTime)

//或者,把时间特性设置为处理时间
env.setStreamTimeCharacteristic(TimeCharacteristic.ProcessingTime)
```

5.4　窗口计算

窗口操作是 Flink 进行数据流处理的核心，通过窗口操作，可以将一个无限的数据流拆分成很多个有限大小的"桶"，然后在这些桶上执行计算。

5.4.1　窗口计算程序的结构

Flink 在进行窗口计算时，分为两种情况(见图 5-8)：分组窗口(Keyed Window)和非分组窗口(Non－Keyed Window)。因此，在进行窗口计算之前，必须指定好数据流是分组还是非分组的。对于分组数据流，需要首先使用 keyBy()函数把无限数据流拆分成逻辑分组的数据流，然后再调用 window()函数执行窗口计算；对于非分组的数据流，则直接调用 windowAll()函数执行窗口计算。

图 5-9 展示了窗口计算过程中，数据流类型的转换过程。可以看出，首先对一个数据流执行 keyBy()函数，它会从 DataStream 类型转变为 KeyedStream 类型；其次，在 KeyedStream 类型的数据流上执行 windows()函数，数据流又会转变为 WindowedStream 类型；最后，在 WindowedStream 类型的数据流上执行 reduce()等函数，数据流又会转变成 DataStream 类型。

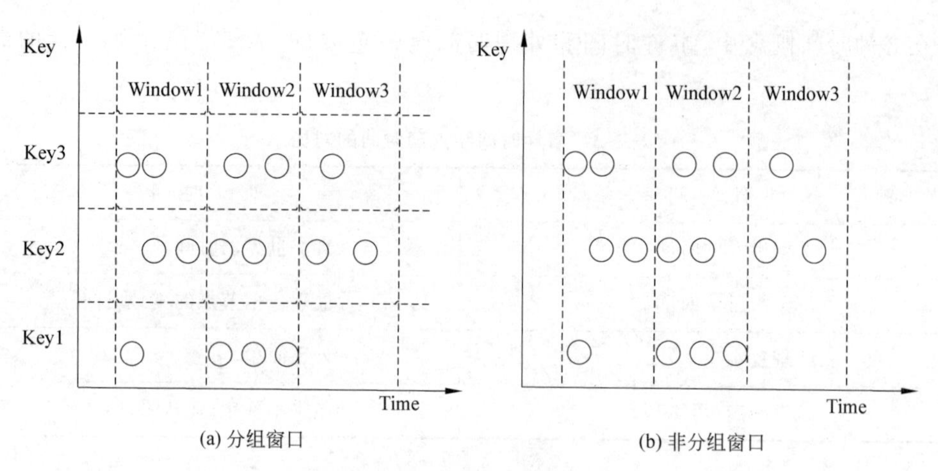

(a) 分组窗口 (b) 非分组窗口

图 5-8 分组窗口和非分组窗口

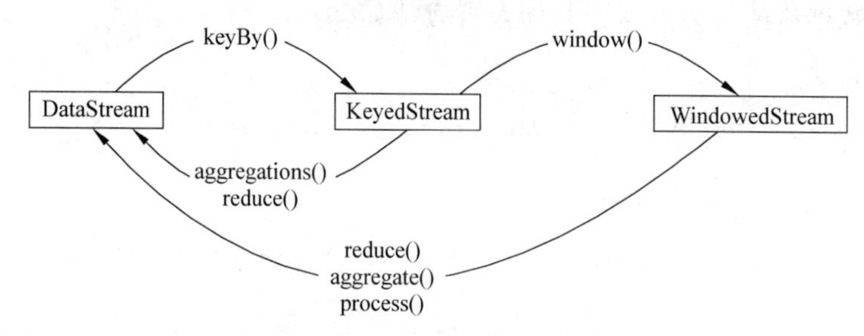

图 5-9 窗口计算过程中数据流类型的转换过程

下面是分组数据流的窗口计算程序结构：

```
dataStream.keyBy(…)              //是分组数据流
      .window(…)                 //指定窗口分配器类型
    [.trigger(…)]                //指定触发器类型(可选)
    [.evictor(…)]                //指定驱逐器或者不指定(可选)
    [.allowedLateness()]         //指定是否延迟处理数据(可选)
      .reduce/fold/apply()       //指定窗口计算函数
```

下面是非分组数据流的窗口计算程序结构：

```
dataStream.windowAll(…)          //指定窗口分配器类型
    [.trigger(…)]                //指定触发器类型(可选)
    [.evictor(…)]                //指定驱逐器或者不指定(可选)
    [.allowedLateness()]         //指定是否延迟处理数据(可选)
      .reduce/fold/apply()       //指定窗口计算函数
```

可以看出,Flink 的窗口计算程序包含以下两个必须的操作。

(1) 使用窗口分配器(Window Assigner)将数据流中的元素分配到对应的窗口。

(2) 当满足窗口触发条件后,对窗口内的数据使用窗口计算函数进行处理。

5.4.2 窗口分配器

窗口分配器(Window Assigner)是负责将每个到来的元素分配给一个或者多个窗口。Flink 提供了一些常用的预定义窗口分配器,即滚动窗口、滑动窗口、会话窗口和全局窗口。当然,也可以通过继承 WindowAssigner 类来自定义自己的窗口。前面已经介绍过,Flink 支持两种类型的窗口,分别是基于时间的窗口和基于数量的窗口。本节只介绍基于时间的窗口,关于基于数量的窗口,可以参考 Flink 官网资料。

下面将分别介绍滚动窗口、滑动窗口和会话窗口,关于全局窗口的内容可以参考 Flink 官网资料。

1. 滚动窗口

滚动窗口是根据固定时间或大小对数据流进行切分,且窗口和窗口之间的元素不会重叠(见图 5-10)。DataStream API 提供了两种滚动窗口类型,即基于事件时间的滚动窗口和基于处理时间的滚动窗口,二者对应的窗口分配器分别为 TumblingEventTimeWindows 和 TumblingProcessingTimeWindows。窗口的长度可以用 org.apache.flink.streaming.api.windowing.time.Time 中的 seconds、minutes、hours 和 days 来设置。

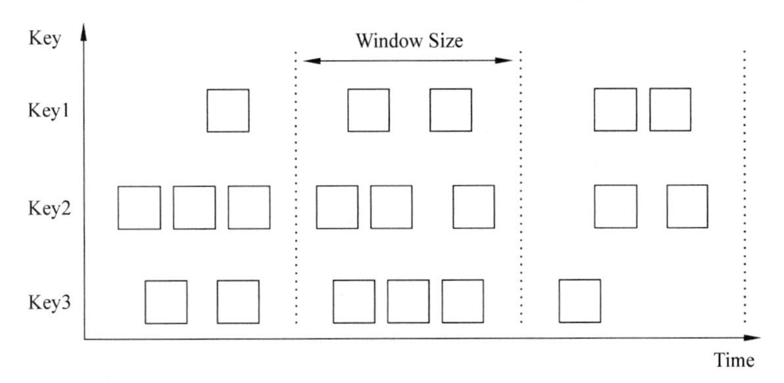

图 5-10 滚动窗口

下面是设置滚动窗口的 3 个实例:

```
val dataStream: DataStream[T] =…

//基于事件时间的滚动窗口,窗口大小为 5s
dataStream
    .keyBy(…)
    .window(TumblingEventTimeWindows.of(Time.seconds(5)))
    .<window function>(…)

//基于处理时间的滚动窗口,窗口大小为 5s
dataStream
    .keyBy(…)
    .window(TumblingProcessingTimeWindows.of(Time.seconds(5)))
    .<window function>(…)
```

```
//基于事件时间的滚动窗口,窗口大小为 1h,偏移量为 15min
dataStream
    .keyBy(…)
    .window(TumblingEventTimeWindows.of(Time.hours(1), Time.minutes(15)))
    .<window function>(…)
```

在上面的最后一个实例中,设置了一个基于事件时间的滚动窗口,窗口大小为 1h,偏移量为 15min,这里设置偏移量的原因是在 Flink 系统中,默认窗口时间的时区是基于格林尼治标准时(Greenwith Mean Time,GMT),因此,GMT 以外的其他地区均需要通过设定时间偏移量来调整时区,在我国,需要设定偏移量为 Time.hours(-8)。

另外,还可以使用快捷方法 timeWindow 来定义 TumblingEventTimeWindows 和 TumblingProcessingTimeWindows,举例如下:

```
dataStream
    .keyBy(…)
    .timeWindow(Time.seconds(1))
    .<window function>(…)
```

通过使用 timeWindow()定义滚动窗口时,窗口时间类型会根据程序中设置的 TimeCharacteristic 的值来决定。当在程序中设置了 env.setStreamTimeCharacteristic(TimeCharacteristic.EventTime)时,Flink 会创建 TumblingEventTimeWindows;当设置了 env.setStreamTimeCharacteristic(TimeCharacteristic.ProcessingTime)时,Flink 会创建 TumblingProcessingTimeWindows。

2. 滑动窗口

对于滑动窗口(见图 5-11),也是采用固定相同间隔分配窗口,只不过每个窗口之间有重叠。滑动窗口有两个参数,分别是窗口大小(Window Size)和滑动步长(Slide),后者决定了窗口每次向前滑动的距离。当滑动步长小于窗口大小时,将会发生多个窗口的重叠,即一个元素可能被分配到多个窗口里去。当滑动步长等于窗口大小时,就变成了滚动窗口。当滑动步长大于窗口大小时,就会出现窗口不连续的情况,数据可能不属于任何窗口。

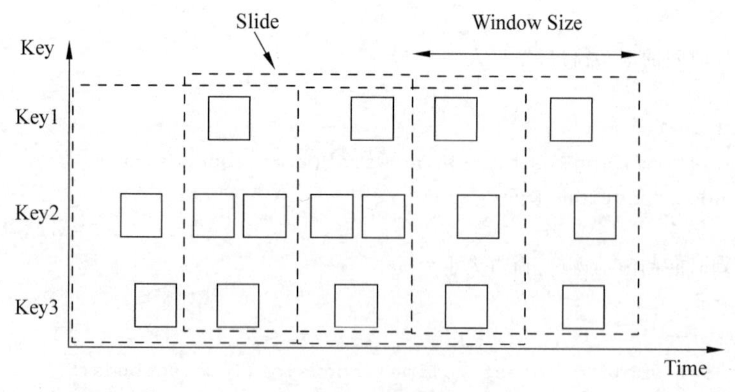

图 5-11 滑动窗口

下面是设置滑动窗口的 3 个实例：

```
val dataStream: DataStream[T] =…

//基于事件时间的滑动窗口,窗口大小为 10 秒,滑动步长为 5s
dataStream
    .keyBy(…)
    .window(SlidingEventTimeWindows.of(Time.seconds(10), Time.seconds(5)))
    .<window function>(…)

//基于处理时间的滑动窗口,窗口大小为 10s,滑动步长为 5s
dataStream
    .keyBy(<…>)
    .window(SlidingProcessingTimeWindows.of(Time.seconds(10), Time.seconds
    (5)))
    .<window function>(…)

//基于处理时间的滑动窗口,窗口大小为 12h,滑动步长为 1h,偏移量为 8h
dataStream
    .keyBy(<…>)
    .window(SlidingProcessingTimeWindows.of(Time.hours(12), Time.hours(1),
    Time.hours(-8)))
    .<window function>(…)
```

3. 会话窗口

如图 5-12 所示，会话窗口根据会话间隙(Session Gap)切分不同的窗口，当一个窗口在大于会话间隙的时间内没有接收到新数据时，窗口将关闭。在这种模式下，窗口的长度是可变的，每个窗口的开始和结束时间并不是确定的。可以设置定长的会话间隙，也可以使用 SessionWindowTimeGapExtractor 动态地确定会话间隙的长度。

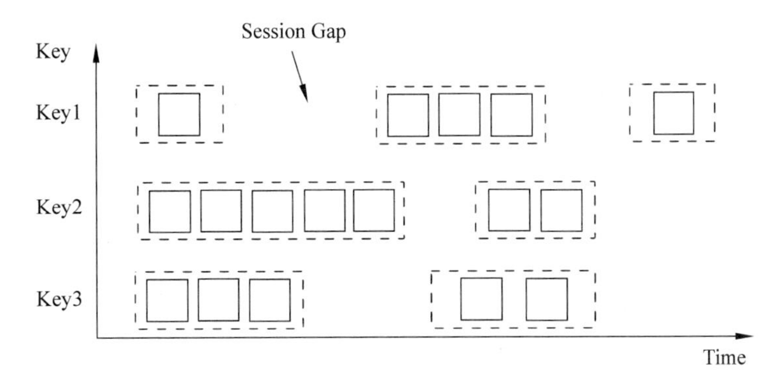

图 5-12　会话窗口

下面是会话窗口的实例：

```
val input: DataStream[T] =…

//基于事件时间的会话窗口,会话间隙为 10min
input
    .keyBy(…)
    .window(EventTimeSessionWindows.withGap(Time.minutes(10)))
    .<window function>(…)

//基于处理时间的会话窗口,会话间隙为 10min
input
    .keyBy(…)
    .window(ProcessingTimeSessionWindows.withGap(Time.minutes(10)))
    .<window function>(…)
```

5.4.3 窗口计算函数

在 Flink 的窗口计算程序中,确定了窗口分配器以后,接下来就要确定窗口计算函数,从而完成对窗口内数据集的计算。Flink 提供了 4 种类型的窗口计算函数,分别是 ReduceFunction、AggregateFunction、FoldFunction 和 ProcessWindowFunction。根据计算原理,ReduceFunction、AggregateFunction 和 FlodFunction 属于增量聚合函数,而 ProcessWindowFunction 则属于全量聚合函数。增量聚合函数是基于中间状态计算结果的,窗口中只维护中间状态结果值,不需要缓存原始的数据;而全量聚合函数在窗口触发时对所有的原始数据进行汇总计算,因此相对性能会较差。

1. ReduceFunction

ReduceFunction 定义了对输入的两个相同类型的数据元素按照指定的计算方法进行聚合计算,然后输出相同类型的一个结果元素。

这里给出一个具体实例,新建一个代码文件 ReduceWindowFunctionTest.scala,内容如下:

```
package cn.edu.xmu.dblab

import java.util.Calendar
import org.apache.flink.streaming.api.TimeCharacteristic
import org.apache.flink.streaming.api.functions.source.RichSourceFunction
import org.apache.flink.streaming.api.functions.source.SourceFunction.SourceContext
import org.apache.flink.streaming.api.scala._
import org.apache.flink.streaming.api.scala.StreamExecutionEnvironment
import org.apache.flink.streaming.api.windowing.time.Time
import scala.util.Random

case class StockPrice(stockId: String,timeStamp: Long,price: Double)
```

```
object ReduceWindowFunctionTest {
  def main(args: Array[String]) {

    //设置执行环境
    val env =StreamExecutionEnvironment.getExecutionEnvironment

    //设置程序并行度
    env.setParallelism(1)

    //设置处理时间
    env.setStreamTimeCharacteristic(TimeCharacteristic.ProcessingTime)

    //创建数据源,股票价格数据流
    val stockPriceStream: DataStream[StockPrice] =env
      //该数据流由 StockPriceSource 类随机生成
      .addSource(new StockPriceSource)

    //指定针对数据集的转换操作逻辑
    val sumStream =stockPriceStream
      .keyBy(s =>s.stockId)
      .timeWindow(Time.seconds(1))
      .reduce((s1, s2) =>StockPrice(s1.stockId,s1.timeStamp, s1.price +s2.
      price))

    //打印输出
    sumStream.print()

    //程序触发执行
    env.execute("ReduceWindowFunctionTest")
  }

  class StockPriceSource extends RichSourceFunction[StockPrice]{
    var isRunning: Boolean =true

    val rand =new Random()
    //初始化股票价格
    var priceList: List[Double] =List(10.0d, 20.0d, 30.0d, 40.0d, 50.0d)
    var stockId =0
    var curPrice =0.0d

    override def run(srcCtx: SourceContext[StockPrice]): Unit ={
      while (isRunning) {
      //每次从列表中随机选择一只股票
      stockId =rand.nextInt(priceList.size)
```

```
        val curPrice = priceList(stockId) + rand.nextGaussian() * 0.05
        priceList = priceList.updated(stockId, curPrice)
        val curTime = Calendar.getInstance.getTimeInMillis

        //将数据源收集写入 SourceContext
        srcCtx.collect( StockPrice ( " stock _" + stockId. toString, curTime,
        curPrice))
        Thread.sleep(rand.nextInt(1000))
      }
    }
    override def cancel(): Unit = {
      isRunning = false
    }
  }
}
```

使用 Maven 工具对程序进行编译打包,然后提交到 Flink 中运行,在运行日志中可以看到类似如下的输出结果:

```
==> flink-hadoop-taskexecutor-0-ubuntu.out <==
StockPrice(stock_1,1602036130952,39.78897954489408)
StockPrice(stock_4,1602036131741,49.950455275162945)
StockPrice(stock_2,1602036132184,30.073529000410154)
StockPrice(stock_3,1602036133154,79.88817093404676)
StockPrice(stock_0,1602036133919,9.957551599687758)
StockPrice(stock_1,1602036134385,39.68343765292602)
...
```

2. AggregateFunction

Flink 的 AggregateFunction 是一个基于中间计算结果状态进行增量计算的函数。由于是迭代计算方式,在窗口处理过程中,不用缓存整个窗口的数据,因此执行效率比较高。AggregateFunction 比 ReduceFunction 更加通用,它定义了 3 个需要复写的方法,其中,add()定义了数据的添加逻辑,getResult()定义了累加器计算的结果,merge()定义了累加器合并的逻辑。下面给出一个具体实例,创建一个代码文件 AggregateWindowFunctionTest.scala,具体内容如下:

```
package cn.edu.xmu.dblab

import java.util.Calendar
import org.apache.flink.api.common.functions.AggregateFunction
import org.apache.flink.streaming.api.TimeCharacteristic
import org.apache.flink.streaming.api.functions.source.RichSourceFunction
import org.apache.flink.streaming.api.functions.source.SourceFunction.SourceContext
import org.apache.flink.streaming.api.scala._
```

```
import org.apache.flink.streaming.api.scala.StreamExecutionEnvironment
import org.apache.flink.streaming.api.windowing.time.Time
import scala.util.Random

case class StockPrice(stockId: String,timeStamp: Long,price: Double)

object AggregateWindowFunctionTest {
  def main(args: Array[String]) {

    // 设置执行环境
    val env =StreamExecutionEnvironment.getExecutionEnvironment

    //设置程序并行度
    env.setParallelism(1)

    //设置处理时间
    env.setStreamTimeCharacteristic(TimeCharacteristic.ProcessingTime)

    //创建数据源,股票价格数据流
    val stockPriceStream: DataStream[StockPrice] =env
      //该数据流由 StockPriceSource 类随机生成
      .addSource(new StockPriceSource)

    stockPriceStream.print("input")

    //指定针对数据集的转换操作逻辑
    val sumStream =stockPriceStream
      .keyBy(s =>s.stockId)
      .timeWindow(Time.seconds(1))
      .aggregate(new MyAggregateFunction)

    //打印输出
    sumStream.print("output")

    //程序触发执行
    env.execute("AggregateWindowFunctionTest")
  }

  class StockPriceSource extends RichSourceFunction[StockPrice]{
    var isRunning: Boolean =true
      val rand =new Random()
      // 初始化股票价格
      var priceList: List[Double] =List(10.0d, 20.0d, 30.0d, 40.0d, 50.0d)
      var stockId =0
```

```
    var curPrice = 0.0d

    override def run(srcCtx: SourceContext[StockPrice]): Unit = {
      while (isRunning) {
        // 每次从列表中随机选择一只股票
        stockId = rand.nextInt(priceList.size)
        val curPrice = priceList(stockId) + rand.nextGaussian() * 0.05
        priceList = priceList.updated(stockId, curPrice)
        val curTime = Calendar.getInstance.getTimeInMillis

        // 将数据源收集写入 SourceContext
        srcCtx.collect(StockPrice("stock_" + stockId.toString, curTime,
        curPrice))
        Thread.sleep(rand.nextInt(500))
      }
  }
  override def cancel(): Unit = {
    isRunning = false
  }
}

//自定义函数
class MyAggregateFunction extends AggregateFunction[StockPrice, (String,
Double,Long),(String,Double)] {
  //创建累加器
  override def createAccumulator(): (String,Double, Long) = ("",0D,0L)
  //定义把输入数据累加到累加器的逻辑
  override def add(input: StockPrice,acc: (String,Double,Long)) = {
    (input.stockId,acc._2+input.price,acc._3+1L)
  }
  //根据累加器得出结果
  override def getResult(acc: (String,Double,Long)) = (acc._1,acc._2 / acc._3)
  //定义累加器合并的逻辑
  override def merge(acc1: (String,Double,Long),acc2: (String,Double,Long)) = {
    (acc1._1,acc1._2+acc2._2,acc1._3+acc2._3)
  }
}
}
```

上面这个程序的功能是,实时产生股票交易价格数据流,然后采用窗口计算函数,计算每个窗口内每只股票的平均价格。对于 AggregateFunction,需要提供 3 个输入参数,即输入类型 IN,中间状态数据类型 ACC 和输出类型 OUT。在这个程序中,输入类型是 StockPrice,中间状态数据类型是(String,Double,Long),输出类型是(String,Double),也就是说,最终输出的结果是类似(股票 id,交易价格)这种形式。

使用 Maven 工具对程序进行编译打包,然后提交到 Flink 中运行,在运行日志中可以看到类似如下的输出结果:

```
==>flink-hadoop-taskexecutor-0-ubuntu.out <==
input>StockPrice(stock_2,1602040572049,29.99367518574229)
input>StockPrice(stock_2,1602040572205,30.03665296896211)
input>StockPrice(stock_2,1602040572601,30.00867347810531)
input>StockPrice(stock_0,1602040572856,9.974154737531954)
input>StockPrice(stock_1,1602040572934,19.997437804748245)
output>(stock_2,30.013000544269904)
output>(stock_1,19.997437804748245)
output>(stock_0,9.974154737531954)
```

3. FoldFunction

FoldFunction 决定了窗口中的元素如何与一个输出类型的元素进行结合。对于每个进入窗口的元素,FoldFunction 会被增量调用。窗口中的第一个元素将会和这个输出类型的初始值进行结合。需要注意的是,FoldFunction 不能用于会话窗口和那些可合并的窗口,下面是一个具体实例:

```
//前面的代码与 ReduceWindowFunctionTest 程序中的代码相同,因此省略
val sumStream =stockPriceStream
        .keyBy(s =>s.stockId)
        .timeWindow(Time.seconds(1))
        .fold("CHINA_"){ (acc, v) =>acc +v.stockId }
```

4. ProcessWindowFunction

前面提到的 ReduceFunction 和 AggregateFunction 都是基于中间状态实现增量计算的聚合函数,虽然已经满足绝大多数场景的需求,但是,在某些情况下,统计更复杂的指标可能需要依赖窗口中所有的数据元素,或需要操作窗口中的状态数据和窗口元数据,这时就需要使用 ProcessWindowFunction,因为它能够更加灵活地支持基于窗口全部数据元素的结果计算。

这里给出一个 ProcessWindowFunction 的实例。在这个实例中,需要统计窗口内的每只股票价格的平均值。新建一个代码文件 ProcessWindowFunctionTest.scala,具体代码如下:

```
package cn.edu.xmu.dblab

import java.time.Duration
import org. apache. flink. api. common. eventtime. {SerializableTimestampAssigner,
WatermarkStrategy}
import org.apache.flink.streaming.api.TimeCharacteristic
import org.apache.flink.streaming.api.scala._
```

```
import org.apache.flink.streaming.api.scala.StreamExecutionEnvironment
import org.apache.flink.streaming.api.scala.function.ProcessWindowFunction
import org.apache.flink.streaming.api.windowing.time.Time
import org.apache.flink.streaming.api.windowing.windows.TimeWindow
import org.apache.flink.util.Collector

case class StockPrice(stockId: String,timeStamp: Long,price: Double)

object ProcessWindowFunctionTest {
  def main(args: Array[String]) {

      //设置执行环境
      val env =StreamExecutionEnvironment.getExecutionEnvironment

      //设置程序并行度
      env.setParallelism(1)

      //设置处理时间
      env.setStreamTimeCharacteristic(TimeCharacteristic.EventTime)

      //创建数据源,股票价格数据流
      //输入数据样例: stock_4,1602031562148,43.4
      val source =env.socketTextStream("localhost", 9999)

      //设定针对数据流的转换操作逻辑
      val stockPriceStream =source
        .map(s =>s.split(","))
        .map(s=>StockPrice(s(0).toString,s(1).toLong,s(2).toDouble))

      val sumStream =stockPriceStream
        .assignTimestampsAndWatermarks(
          WatermarkStrategy
            //为了测试方便,这里把水位线设置为 0
            .forBoundedOutOfOrderness[StockPrice](Duration.ofSeconds(0))
            .withTimestampAssigner(new SerializableTimestampAssigner[StockPrice] {
              override def extractTimestamp (element: StockPrice, recordTimestamp:
              Long): Long =element.timeStamp
            }
            )
        )
        .keyBy(s =>s.stockId)
        .timeWindow(Time.seconds(3))
        .process(new MyProcessWindowFunction())
```

```
        //打印输出
        sumStream.print()

        //执行程序
        env.execute("ProcessWindowFunctionTest")
    }

    class MyProcessWindowFunction extends ProcessWindowFunction[StockPrice, (String,
Double), String, TimeWindow] {
        //一个窗口结束的时候调用一次(一个分组执行一次),不适合大量数据,
        //全量数据保存在内存中,会造成内存溢出
        override def process(key: String, context: Context, elements: Iterable
        [StockPrice], out: Collector[(String, Double)]): Unit ={
            //聚合,注意整个窗口的数据保存到 Iterable,里面有很多行数据
            var sumPrice =0.0;
            elements.foreach(stock =>{
              sumPrice =sumPrice +stock.price
            })
            out.collect(key, sumPrice/elements.size)
        }
    }
}
```

这个实例中涉及了水位线概念,暂时不用理解其具体含义,关于水位线的具体细节会在 5.5 节介绍。

5.4.4 触发器

触发器决定了窗口何时由窗口计算函数进行处理。每个窗口分配器都带有一个默认触发器。如果默认触发器不能满足业务需求,就需要自定义触发器。

实现自定义触发器的方法很简单,只需要继承 Trigger 接口并实现它的方法即可。Trigger 接口有 5 种方法,允许触发器对不同的事件做出反应,具体如下。

(1) onElement()方法:每个元素被添加到窗口时调用。

(2) onEventTime()方法:当一个已注册的事件时间计时器启动时调用。

(3) onProcessingTime()方法:当一个已注册的处理时间计时器启动时调用。

(4) onMerge()方法:与状态性触发器相关,当使用会话窗口,两个触发器对应的窗口合并时,合并两个触发器的状态。

(5) clear()方法:执行任何需要清除的相应窗口。

这里给出一个简单的自定义触发器的实例。假设股票价格数据流连续不断地到达系统,现在需要对到达的数据进行监控,每到达 5 条数据就触发计算。实现该功能的代码如下:

```
package cn.edu.xmu.dblab

import java.util.Calendar
import org.apache.flink.api.common.functions.ReduceFunction
import org.apache.flink.api.common.state.ReducingStateDescriptor
import org.apache.flink.streaming.api.TimeCharacteristic
import org.apache.flink.streaming.api.functions.source.RichSourceFunction
import org.apache.flink.streaming.api.functions.source.SourceFunction.SourceContext
import org.apache.flink.streaming.api.scala._
import org.apache.flink.streaming.api.scala.StreamExecutionEnvironment
import org.apache.flink.streaming.api.windowing.time.Time
import org.apache.flink.streaming.api.windowing.triggers.{Trigger, TriggerResult}
import org.apache.flink.streaming.api.windowing.windows.TimeWindow
import scala.util.Random

case class StockPrice(stockId: String,timeStamp: Long,price: Double)

object TriggerTest {
  def main(args: Array[String]) {

      //创建执行环境
      val env =StreamExecutionEnvironment.getExecutionEnvironment

      //设置程序并行度
      env.setParallelism(1)

      //设置处理时间
      env.setStreamTimeCharacteristic(TimeCharacteristic.ProcessingTime)

      //创建数据源,股票价格数据流
      //输入数据样例: stock_4,1602031562148,43.4
      val source =env.socketTextStream("localhost", 9999)

      //设定针对数据流的转换操作逻辑
      val stockPriceStream =source
        .map(s =>s.split(","))
        .map(s=>StockPrice(s(0).toString,s(1).toLong,s(2).toDouble))
      val sumStream =stockPriceStream
        .keyBy(s =>s.stockId)
        .timeWindow(Time.seconds(50))
        .trigger(new MyTrigger(5))
        .reduce((s1, s2) =>StockPrice(s1.stockId,s1.timeStamp, s1.price +s2.
        price))
```

```
    //打印输出
    sumStream.print()

    //程序触发执行
    env.execute("Trigger Test")
}

class MyTrigger extends Trigger[StockPrice, TimeWindow] {
    //触发计算的最大数量
    private var maxCount: Long = _

    //记录当前数量的状态
    private lazy val countStateDescriptor: ReducingStateDescriptor[Long] =
   new ReducingStateDescriptor[Long]("counter", new Sum, classOf[Long])

  def this(maxCount: Int) {
    this()
    this.maxCount = maxCount
  }

   override def onProcessingTime (time: Long, window: TimeWindow, ctx:
   Trigger.TriggerContext): TriggerResult = {
    TriggerResult.CONTINUE
  }

  override def onEventTime (time: Long, window: TimeWindow, ctx: Trigger.
  TriggerContext): TriggerResult = {
    TriggerResult.CONTINUE
  }

   override def onElement (element: StockPrice, timestamp: Long, window:
   TimeWindow, ctx: Trigger.TriggerContext): TriggerResult = {
    val countState = ctx.getPartitionedState(countStateDescriptor)
    //计数状态加 1
    countState.add(1L)
    if (countState.get() >= this.maxCount) {
      //达到指定数量
      //清空计数状态
      countState.clear()
      //触发计算
      TriggerResult.FIRE
    } else {
      TriggerResult.CONTINUE
    }
```

```
    }

    //窗口结束时清空状态
    override def clear(window: TimeWindow, ctx: Trigger.TriggerContext): Unit ={
      println("窗口结束时清空状态")
      ctx.getPartitionedState(countStateDescriptor).clear()
    }

      //更新状态为累加值
      class Sum extends ReduceFunction[Long] {
        override def reduce(value1: Long, value2: Long): Long =value1 +value2
      }
  }
}
```

5.4.5 驱逐器

Flink 窗口模型还允许在窗口分配器和触发器之外指定一个驱逐器(Evictor)。驱逐器是 Flink 窗口机制中一个可选的组件,主要作用是对进入窗口计算函数前后的数据进行驱逐处理。Flink 内部实现了 3 种驱逐器,包括 CountEvictor、DeltaEvictor 和 TimeEvictor。3 种驱逐器的功能如下。

(1) CountEvictor:保持在窗口中具有固定数量的记录,将超过指定大小的数据在窗口计算之前删除。

(2) DeltaEvictor:使用 DeltaFunction 和一个阈值,来计算窗口缓冲区中的最后一个元素与其余每个元素之间的差值,并删除差值大于或等于阈值的元素。

(3) TimeEvictor:以毫秒为单位的时间间隔(interval)作为参数,对于给定的窗口,找到元素中最大的时间戳 max_ts,并删除时间戳小于 max_ts - interval 的所有元素。

驱逐器能够在触发器触发之后,窗口计算函数使用之前或之后从窗口中清除元素。在使用窗口计算函数之前被逐出的元素将不被处理。在默认情况下,所有内置的驱逐器在窗口计算函数之前使用。

和触发器一样,用户也可以通过实现 Evictor 接口完成自定义的驱逐器。自定义驱逐器时,需要复写 Evictor 接口的两个方法:evictBefore()和 evictAfter()。其中,evictBefore()方法定义数据在进入窗口计算函数之前执行驱逐操作的逻辑;evictAfter()方法定义数据在进入窗口计算函数之后执行驱逐操作的逻辑。

这里给出一个自定义驱逐器的实例。在这个实例中,需要统计窗口内的每只股票价格的平均值,而且,在进行股票价格统计时,需要删除那些股票价格小于 0 的记录。新建一个代码文件 EvictorTest.scala,具体代码如下:

```
package cn.edu.xmu.dblab

import java.time.Duration
```

```
import java.util
import org. apache. flink. api. common. eventtime. { SerializableTimestampAssigner,
WatermarkStrategy}
import org.apache.flink.streaming.api.TimeCharacteristic
import org.apache.flink.streaming.api.scala._
import org.apache.flink.streaming.api.scala.StreamExecutionEnvironment
import org.apache.flink.streaming.api.scala.function.ProcessWindowFunction
import org.apache.flink.streaming.api.windowing.evictors.Evictor
import org.apache.flink.streaming.api.windowing.time.Time
import org.apache.flink.streaming.api.windowing.windows.TimeWindow
import org.apache.flink.streaming.runtime.operators.windowing.TimestampedValue
import org.apache.flink.util.Collector

case class StockPrice(stockId: String,timeStamp: Long,price: Double)

object EvictorTest {

  def main(args: Array[String]) {

      //设置执行环境
      val env =StreamExecutionEnvironment.getExecutionEnvironment

      //设置程序并行度
      env.setParallelism(1)

      //设置处理时间
      env.setStreamTimeCharacteristic(TimeCharacteristic.EventTime)

      //创建数据源,股票价格数据流
      val source =env.socketTextStream("localhost", 9999)

      //设定针对数据流的转换操作逻辑
      val stockPriceStream =source
        .map(s =>s.split(","))
        .map(s=>StockPrice(s(0).toString,s(1).toLong,s(2).toDouble))

      val sumStream =stockPriceStream
        .assignTimestampsAndWatermarks(
          WatermarkStrategy
            //为了测试方便,这里把水位线设置为 0
            .forBoundedOutOfOrderness[StockPrice](Duration.ofSeconds(0))
            .withTimestampAssigner(new SerializableTimestampAssigner[StockPrice] {
              override def extractTimestamp (element: StockPrice, recordTimestamp:
              Long): Long =element.timeStamp
```

```
            }
          )
    )
        .keyBy(s =>s.stockId)
        .timeWindow(Time.seconds(3))
        .evictor(new MyEvictor())                    //自定义驱逐器
        .process(new MyProcessWindowFunction())     //自定义窗口计算函数

      //打印输出
      sumStream.print()

      //程序触发执行
      env.execute("EvictorTest")
    }
    class MyEvictor() extends Evictor[StockPrice, TimeWindow] {
      override def evictBefore(iterable: java.lang.Iterable[TimestampedValue
      [StockPrice]], i: Int, w: TimeWindow, evictorContext: Evictor.EvictorContext):
      Unit ={
        val ite: util.Iterator[TimestampedValue[StockPrice]] =iterable.iterator()
        while (ite.hasNext) {
          val elment: TimestampedValue[StockPrice] =ite.next()
          println("驱逐器获取到的股票价格：" +elment.getValue().price)
          //模拟删除非法参数数据
          if (elment.getValue().price <=0) {
            println("股票价格小于 0,删除该记录")
            ite.remove()
          }
        }
      }

      override def evictAfter(iterable: java.lang.Iterable[TimestampedValue
      [StockPrice]], i: Int, w: TimeWindow, evictorContext: Evictor.EvictorContext):
      Unit ={
      //不做任何操作
      }
    }

    class MyProcessWindowFunction extends ProcessWindowFunction[StockPrice,
    (String, Double), String, TimeWindow] {
      // 一个窗口结束的时候调用一次(一个分组执行一次),不适合大量数据,全量数据
      //保存在内存中,会造成内存溢出
      override def process(key: String, context: Context, elements: Iterable
      [StockPrice], out: Collector[(String, Double)]): Unit ={
        // 聚合,注意整个窗口的数据保存到 Iterable,里面有很多行数据
```

```
            var sumPrice =0.0;
            elements.foreach(stock =>{
                sumPrice =sumPrice +stock.price
            })
            out.collect(key, sumPrice/elements.size)
          }
        }
    }
```

这个实例中涉及了水位线概念，暂时不用理解其具体含义，关于水位线的具体细节会在 5.5 节介绍。

在 Linux 终端中启动系统自带的 NC 程序，再启动 EvictorTest 程序，然后，在 NC 窗口输入如下数据(需要逐行输入，每输入一行后按 Enter 键)：

```
stock_1,1602031567000,8
stock_1,1602031568000,-4
stock_1,1602031569000,3
stock_1,1602031570000,-8
stock_1,1602031571000,9
stock_1,1602031572000,10
```

程序执行以后的输出结果如下：

```
驱逐器获取到的股票价格: 8.0
驱逐器获取到的股票价格: -4.0
股票价格小于 0,删除该记录
(stock_1,8.0)
驱逐器获取到的股票价格: 3.0
驱逐器获取到的股票价格: -8.0
股票价格小于 0,删除该记录
驱逐器获取到的股票价格: 9.0
(stock_1,6.0)
```

5.5 水位线

Flink 为实时计算提供了 3 种时间，即事件时间、接入时间和处理时间。在进行窗口计算时，使用接入时间或处理时间的消息，都是以系统的墙上时间(Wall Clocks)为标准，因此事件都是按序到达的。但是，在实际应用中，由于网络或者系统等外部因素影响，事件数据往往不能及时到达 Flink 系统，从而造成数据乱序到达或者延迟到达等问题。针对这两个问题，Flink 主要采用了以水位线(Watermark)为核心的机制来应对。

5.5.1 水位线原理

水位线是一种衡量事件时间进展的机制，它是数据本身的一个隐藏属性，本质上就是一个时间戳。水位线是配合事件时间来使用的,通常基于事件时间的数据,自身都包含一个水位线用于处理乱序事件。使用处理时间来处理事件时不会有延迟,因此也不需要水位线,所以水位线只出现在事件时间窗口。正确地处理乱序事件,通常是结合窗口和水位线这两种机制来实现的。

那么,水位线是如何发挥作用的呢?在流处理过程中,从事件产生,到流经数据源,再到流经算子,中间是有一个过程和时间的。虽然在大部分情况下,流到算子的数据都是按照事件产生的时间顺序到达的,但是也不排除由于网络、系统等原因,导致乱序的产生和迟到数据。但是对于迟到数据,不能无限期地等下去,必须要有个机制来保证在经过一个特定的时间后,触发窗口计算。此时就是水位线发挥作用,它表示当达到水位线后,在水位线之前的数据已经全部到达(即使后面还有延迟的数据),系统可以触发相应的窗口计算。也就是说,只有水位线越过窗口对应的结束时间,窗口才会关闭和计算。只有以下两个条件同时成立,才会触发窗口计算。

(1) 条件 T1:水位线时间≥窗口结束时间。

(2) 条件 T2:在[窗口开始时间,窗口结束时间)中有数据存在。

在理想情况下,水位线应该与处理时间一致,并且处理时间与事件时间只相差常数时间甚至为 0。当水位线与处理时间完全重合时,就意味着消息产生后马上被处理,不存在消息迟到的情况。然而,由于网络拥塞或系统原因,消息常常存在迟到的情况,因此,在设置水位线时,总是考虑一定的延时,从而给予迟到的数据一些机会。具体的延迟大小根据水位线实现方式的不同有所差别。

这里给出一个实例来解释水位线是如何解决数据延迟问题的。现在假设有一个单词数据流,需要采用基于处理时间的滑动窗口进行实时的词频统计,滑动窗口大小为 10s,滑动步长为 5s。假设数据源分别在第 12s、第 12s 和第 17s 时,生成 3 条内容为单词 a 的消息,这些消息将进入窗口中(见图 5-13)。在没有发生延迟时,在第 12s 生成的前两条消息将进入 Window1[5~15s]和 Window2[10~20s],在第 17s 生成的第三条消息将进入 Window2 [10~20s]和 Window3[15~25s]。每个窗口提交后,最后的统计值将分别是(a,2)、(a,3)和(a,1)。

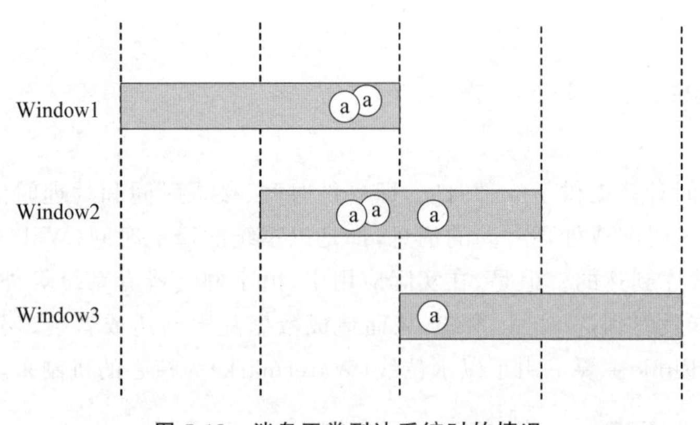

图 5-13 消息正常到达系统时的情况

如果一条消息延迟到达系统时会发生什么？

假设在第12s生成的一条消息，延迟了6s到达系统，也就是在第18s到达。如图5-14所示，这条延迟的消息会落入Window2[10～20s]和Window3[15～25s]。每个窗口提交后，最后的统计值将分别是(a,1)、(a,3)和(a,2)。可以看出，这条延迟的消息，没有对Window2[10～20s]的计算结果造成影响，但是却影响到了Window1[5～15s]和Window3[15～25s]的计算结果，导致二者计算结果出现错误。因为，当这条消息在第18s到达时，Window1[5～15s]的计算已经结束，这条消息不会被统计到Window1[5～15s]中，而另一方面，这条消息又会落入Window3[15～25s]，导致其被统计在Window3[15～25s]中。

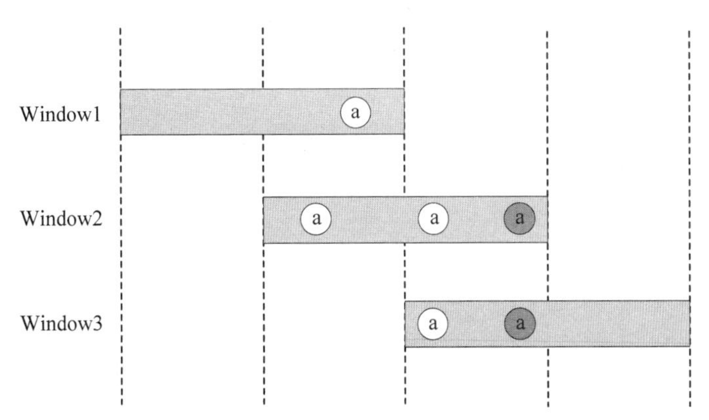

图5-14 消息延迟到达系统时的情况

下面不采用处理时间，而是采用事件时间，则当系统时间行进到第18s时，这条迟到了6s的消息(在第18s到达)会落入Window2[10～20s](见图5-15)，因为这条消息的事件生成时间是第12s，所以就应该属于Window1[5～15s]和Window2[10～20s]，但是，在第18s时，Window1[5～15s]已经关闭，所以这条延迟的消息只会落入Window2[10～20s]。最终，3个窗口的计算结果是(a,1)、(a,3)和(a,1)，也就是说，Window2[10～20s]和Window3[15～25s]提交了正确的结果，但是Window1[5～15s]的结果还是错误的。

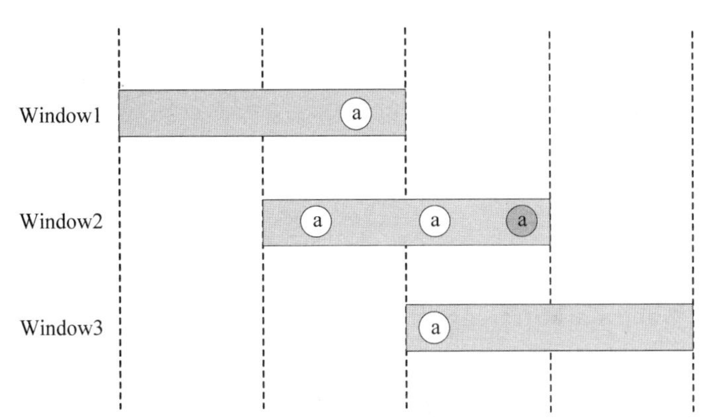

图5-15 采用事件时间时的情况

可以看出,只采用事件时间,还无法保证获得正确的结果,为了能够获得正确结果,在采用事件时间的基础上,下面进一步引入水位线机制。就本例而言,水位线本质上就是告诉 Flink 一条消息可以延迟多久,因此,这里让水位线等于系统当前时间减 5s。由于只有水位线越过窗口对应的结束时间,窗口才会关闭和进行计算,因此,第 1 个窗口 Window1[5～15s]将会在第 20s 的时候进行计算,第 2 个窗口 Window2[10～20s]将会在第 25s 的时候进行计算,第 3 个窗口 Window3[15～25s]将会在第 30s 的时候进行计算。当系统时间行进到第 18s 时,这条迟到了 6s 的消息(在第 18s 到达)会落入 Window1[5～15s](由于水位线机制,这个窗口在第 18s 时仍未关闭)和 Window2 [10～20s](见图 5-16),因为这条消息的事件生成时间是第 12s,所以就应该属于 Window1[5～15s]和 Window2 [10～20s]。最终,3 个窗口都提交了正确的结果,即(a,2)、(a,3)和(a,1)。

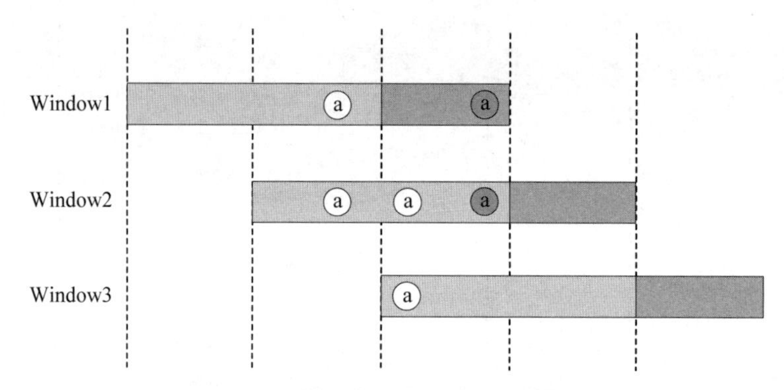

图 5-16 引入水位线机制以后的情况

从上面这个实例可以看出,水位线机制顺利保证了在数据延迟到达时的计算结果准确性。

5.5.2 水位线的设置方法

为了支持事件时间,Flink 就需要知道事件的时间戳,因此,必须为数据流中的每个元素分配一个时间戳。在 Flink 系统中,分配时间戳和生成水位线这两个工作是同时进行的,前者是由 TimestampAssigner 来实现的,后者则是由 WatermarkGenerator 来实现的。

当构建了一个 DataStream 之后,可以使用 assignTimestampsAndWatermarks 方法来分配时间戳和生成水位线,调用该方法时,需要传入一个 WatermarkStrategy 对象,语法如下:

```
DataStream.assignTimestampsAndWatermarks(WatermarkStrategy<T>)
```

Flink 要求 WatermarkStrategy 对象中同时包含了 TimestampAssigner 对象和 WatermarkGenerator 对象。

WatermarkStrategy 是一个接口,提供了很多静态的方法,对于一些常用的水位线生成策略,不需要去实现这个接口,可以直接调用静态方法来生成水位线。或者,也可以通过实现 WatermarkStrategy 接口中的 createWatermarkGenerator 方法和 createTimestampAssigner 方法，来自定义水位线策略。

1. 内置水位线生成策略

为了方便开发，Flink 提供了一些内置的水位线生成策略。

1）固定延迟生成水位线

固定延迟生成水位线是通过 WatermarkStrategy 接口的静态方法 forBoundedOutOfOrderness 提供的，需要为该方法提供一个 Duration 类型的时间间隔，也就是可以接受的最大的延迟时间。使用这种延迟策略的时候需要对数据的延迟时间有一个大概的预估判断。固定延迟生成水位线的语法如下：

```
WatermarkStrategy.forBoundedOutOfOrderness(Duration maxOutOfOrderness)
```

例如，现在要实现一个延迟 3s 的固定延迟水位线，并从消息中获取时间戳，具体语句如下：

```
val dataStream =…
dataStream.assignTimestampsAndWatermarks(
    WatermarkStrategy
    .forBoundedOutOfOrderness[StockPrice](Duration.ofSeconds(3))
    .withTimestampAssigner(new SerializableTimestampAssigner[StockPrice] {
        override def extractTimestamp (element: StockPrice, recordTimestamp:
        Long): Long =element.timeStamp
    }
    )
)
```

2）单调递增生成水位线

单调递增生成水位线是通过 WatermarkStrategy 接口的静态方法 forMonotonousTimestamps 提供的，语法如下：

```
WatermarkStrategy.forMonotonousTimestamps()
```

在程序中可以按照如下方式使用：

```
val dataStream =…
dataStream.assignTimestampsAndWatermarks(
    WatermarkStrategy
    .forMonotonousTimestamps()
    .withTimestampAssigner(new SerializableTimestampAssigner[StockPrice] {
        override def extractTimestamp (element: StockPrice, recordTimestamp:
Long): Long =element.timeStamp
      }
    )
)
```

2. 自定义水位线生成策略

Flink 允许自定义水位线生成策略。只需要实现 WatermarkStrategy 接口中的 createWatermarkGenerator 方法和 createTimestampAssigner 方法即可。createTimestampAssigner 方法比较简单,这里不做详细介绍,其用法可以直接参考 5.5.3 节的实例代码。

createWatermarkGenerator 方法需要返回一个 WatermarkGenerator 对象。WatermarkGenerator 是一个接口,需要实现这个接口里面的 onEvent 方法和 onPeriodicEmit 方法。

(1) onEvent: 数据流中的每个元素(或事件)到达以后,都会调用这个方法,如果想依赖每个元素生成一个水位线,然后发射到下游,就可以实现这个方法。

(2) onPeriodicEmit: 当数据量比较大的时候,为每个元素都生成一个水位线,会影响系统性能,所以 Flink 还提供了一个周期性生成水位线的方法。这个水位线的生成周期的设置方法是 env.getConfig.setAutoWatermarkInterval(5000L),其中 5000L 是间隔时间,可以由用户自定义。

在自定义水位线生成策略时,Flink 提供了以下两种不同的方式。

(1) 定期水位线: 在这种机制中,系统会通过 onEvent 方法对系统中到达的事件进行监控,然后,在系统调用 onPeriodicEmit 方法时,生成一个水位线。

(2) 标点水位线: 在这种机制中,系统会通过 onEvent 方法对系统中到达的事件进行监控,并等待具有特定标记的事件到达,一旦监测到特定事件到达,就立即生成一个水位线。通常,这种机制不会调用 onPeriodicEmit 方法来生成一个水位线。

5.5.3 水位线应用实例

这里给出一个采用自定义水位线生成策略的具体实例,详细解释水位线的实际应用。程序代码如下:

```
package cn.edu.xmu.dblab

import java.text.SimpleDateFormat
import org.apache.flink.api.common.eventtime.{SerializableTimestampAssigner,
TimestampAssigner, TimestampAssignerSupplier, Watermark, WatermarkGenerator, Water-
markGeneratorSupplier, WatermarkOutput, WatermarkStrategy}
import org.apache.flink.streaming.api.scala._
import org.apache.flink.streaming.api.TimeCharacteristic
import org.apache.flink.streaming.api.scala.StreamExecutionEnvironment
import org.apache.flink.streaming.api.windowing.assigners.TumblingEventTimeWindows
import org.apache.flink.streaming.api.windowing.time.Time

case class StockPrice(stockId: String,timeStamp: Long,price: Double)

object WatermarkTest {

  def main(args: Array[String]): Unit ={
```

```
    //设定执行环境
    val env =StreamExecutionEnvironment.getExecutionEnvironment

    //设定时间特性为事件时间
    env.setStreamTimeCharacteristic(TimeCharacteristic.EventTime)

    //设定程序并行度
    env.setParallelism(1)

    //创建数据源
    val source =env.socketTextStream("localhost", 9999)

    //指定针对数据流的转换操作逻辑
    val stockDataStream =source
      .map(s =>s.split(","))
      .map(s=>StockPrice(s(0).toString,s(1).toLong,s(2).toDouble))

    //为数据流分配时间戳和水位线
    val watermarkDataStream = stockDataStream. assignTimestampsAndWatermarks
    (new MyWatermarkStrategy)

    //执行窗口计算
    val sumStream =watermarkDataStream
      .keyBy("stockId")
      .window(TumblingEventTimeWindows.of(Time.seconds(3)))
      .reduce((s1, s2) =>StockPrice(s1.stockId,s1.timeStamp, s1.price +s2.
      price))

    //打印输出
    sumStream.print("output")

    //指定名称并触发流计算
    env.execute("WatermarkTest")
  }

  //指定水位线生成策略
  class MyWatermarkStrategy extends WatermarkStrategy[StockPrice] {

  override def createTimestampAssigner (context: TimestampAssignerSupplier.
  Context): TimestampAssigner[StockPrice]={
    new SerializableTimestampAssigner[StockPrice] {
      override def extractTimestamp(element: StockPrice, recordTimestamp: Long):
      Long ={
        element.timeStamp                          //从到达消息中提取时间戳
```

```
        }
      }
    }

    override def createWatermarkGenerator(context: WatermarkGeneratorSupplier.
    Context): WatermarkGenerator[StockPrice] ={
      new WatermarkGenerator[StockPrice](){
        val maxOutOfOrderness =10000L                    //设定最大延迟为 10s
        var currentMaxTimestamp: Long =0L
        var a: Watermark =null
        val format =new SimpleDateFormat("yyyy-MM-dd HH: mm: ss.SSS")

        override def onEvent(element: StockPrice, eventTimestamp: Long, output:
        WatermarkOutput): Unit ={
          currentMaxTimestamp =Math.max(eventTimestamp, currentMaxTimestamp)
          a =new Watermark(currentMaxTimestamp -maxOutOfOrderness)
          output.emitWatermark(a)
          println("timestamp: " +element.stockId +"," +element.timeStamp +"|" +
         format.format(element.timeStamp) + "," + currentMaxTimestamp + "|" +
         format.format(currentMaxTimestamp) +"," +a.toString)
      }

        override def onPeriodicEmit(output: WatermarkOutput): Unit ={
        //没有使用周期性发送水印,因此这里没有执行任何操作
        }
      }
    }
   }
}
```

使用 Maven 工具对 WatermarkTest 程序进行编译打包。

新建一个 Linux 终端(这里称为“NC 终端”),使用如下 nc 命令生成一个 Socket 服务器端:

```
$nc  -lk  9999
```

新建一个 Linux 终端,使用 flink run 命令把 WatermarkTest 程序提交到 Flink 中运行。

新建一个 Linux 终端(这里称为“日志终端”),执行如下命令查看 Flink 的实时日志信息:

```
$cd /usr/local/flink/log
$tail -f flink* .out
```

把表 5-4 中的 7 个事件(或 7 条消息)的内容逐个输入 NC 终端,例如,先输入第 1 个

事件“stock_1,1602031567000,8.14”,按 Enter 键,再输入第 2 个事件“stock_1,1602031571000,8.23”,再按 Enter 键,以此类推,把剩余的事件都输入 NC 终端。

表 5-4 输入数据内容

事件编号	事件内容	事件编号	事件内容
s1	stock_1,1602031567000,8.14	s5	stock_1,1602031579000,8.55
s2	stock_1,1602031571000,8.23	s6	stock_1,1602031581000,8.43
s3	stock_1,1602031577000,8.24	s7	stock_1,1602031582000,8.78
s4	stock_1,1602031578000,8.87		

在日志终端内,就可以看到如下输出信息:

```
timestamp: stock_1,1602031567000|2020-10-07 08:46:07.000,1602031567000|2020-
10-07 08:46:07.000,Watermark @1602031557000 (2020-10-07  08:45:57.000)
timestamp: stock_1,1602031571000|2020-10-07 08:46:11.000,1602031571000|2020-
10-07 08:46:11.000,Watermark @1602031561000 (2020-10-07  08:46:01.000)
timestamp: stock_1,1602031577000|2020-10-07  08:46:17.000,1602031577000|2020
-10-07  08:46:17.000,Watermark @1602031567000 (2020-10-07  08:46:07.000)
timestamp: stock_1,1602031578000|2020-10-07  08:46:18.000,1602031578000|2020
-10-07  08:46:18.000,Watermark @1602031568000 (2020-10-07  08:46:08.000)
timestamp: stock_1,1602031579000|2020-10-07  08:46:19.000,1602031579000|2020
-10-07  08:46:19.000,Watermark @1602031569000 (2020-10-07  08:46:09.000)
output>StockPrice(stock_1,1602031567000,8.14)
timestamp: stock_1,1602031581000|2020-10-07  08:46:21.000,1602031581000|2020
-10-07  08:46:21.000,Watermark @1602031571000 (2020-10-07  08:46:11.000)
timestamp: stock_1,1602031582000|2020-10-07  08:46:22.000,1602031582000|2020
-10-07  08:46:22.000,Watermark @1602031572000 (2020-10-07  08:46:12.000)
output>StockPrice(stock_1,1602031571000,8.23)
```

为了正确理解水位线的工作原理,下面详细解释每个事件到达后水位线的变化情况、各个窗口中的事件分布情况及窗口触发计算的情况。关于窗口计算,再次强调,只有以下两个条件同时成立,才会触发窗口计算。

(1) 条件 T1:水位线时间 >= 窗口结束时间。

(2) 条件 T2:在[窗口开始时间,窗口结束时间)中有数据存在。

1. 当事件 s1 到达以后

表 5-5 给出了事件 s1 到达系统以后水位线的变化情况,可以看出,当前的水位线已经到达了 1602031557000(2020-10-07 08:45:57.000)。

表 5-6 给出了 s1 到达以后各个窗口内包含的事件情况。

表 5-5　事件 s1 到达系统以后水位线的变化情况

Event	EventTime	currentMaxTimestamp	Watermark
s1	1602031567000	1602031567000	1602031557000
	2020-10-07 08:46:07.000	2020-10-07 08:46:07.000	2020-10-07 08:45:57.000

表 5-6　s1 到达以后各个窗口内包含的事件情况

窗口名称	窗口开始时间	窗口结束时间	窗口内的事件
w1	2020-10-07 08:46:06.000	2020-10-07 08:46:09.000	s1

这时,窗口 w1 内存在数据,窗口计算的触发条件 T2 成立,但是,水位线(2020-10-07 08:45:57.000)小于窗口 w1 的结束时间(2020-10-07 08:46:09.000),触发条件 T1 不成立,因此,不会触发窗口计算。

2. 当事件 s2 到达以后

表 5-7 给出了事件 s2 到达系统以后的水位线的变化情况,可以看出,当前的水位线已经到达了 1602031561000(2020-10-07 08:46:01.000)。

表 5-7　事件 s2 到达系统以后水位线的变化情况

Event	EventTime	currentMaxTimestamp	Watermark
s2	1602031571000	1602031571000	1602031561000
	2020-10-07 08:46:11.000	2020-10-07 08:46:11.000	2020-10-07 08:46:01.000

表 5-8 给出了 s2 到达以后各个窗口内包含的事件情况。

表 5-8　s2 到达以后各个窗口内包含的事件情况

窗口名称	窗口开始时间	窗口结束时间	窗口内的事件
w1	2020-10-07 08:46:06.000	2020-10-07 08:46:09.000	s1
w2	2020-10-07 08:46:09.000	2020-10-07 08:46:12.000	s2

这时,窗口 w1 内存在数据,窗口计算的触发条件 T2 成立,但是,水位线(2020-10-07 08:46:01.000)小于窗口 w1 的结束时间(2020-10-07 08:46:09.000),触发条件 T1 不成立,因此,不会触发窗口 w1 的计算。

窗口 w2 内存在数据,窗口计算的触发条件 T2 成立,但是,水位线(2020-10-07 08:46:01.000)小于窗口 w2 的结束时间(2020-10-07 08:46:12.000),触发条件 T1 不成立,因此,不会触发窗口 w2 的计算。

3. 当事件 s3 到达以后

表 5-9 给出了事件 s3 到达系统以后水位线的变化情况，可以看出，当前的水位线已经到达了 1602031567000(2020-10-07 08:46:07.000)。

表 5-9 事件 s3 到达系统以后水位线的变化情况

Event	EventTime	currentMaxTimestamp	Watermark
s3	1602031577000	1602031577000	1602031567000
	2020-10-07 08:46:17.000	2020-10-07 08:46:17.000	2020-10-07 08:46:07.000

表 5-10 给出了 s3 到达以后各个窗口内包含的事件情况。

表 5-10 s3 到达以后各个窗口内包含的事件情况

窗口名称	窗口开始时间	窗口结束时间	窗口内的事件
w1	2020-10-07 08:46:06.000	2020-10-07 08:46:09.000	s1
w2	2020-10-07 08:46:09.000	2020-10-07 08:46:12.000	s2
w3	2020-10-07 08:46:12.000	2020-10-07 08:46:15.000	无
w4	2020-10-07 08:46:15.000	2020-10-07 08:46:18.000	s3

这时，窗口 w1 内存在数据，窗口计算的触发条件 T2 成立，但是，水位线(2020-10-07 08:46:07.000)小于窗口 w1 的结束时间(2020-10-07 08:46:09.000)，触发条件 T1 不成立，因此，不会触发窗口 w1 的计算。

窗口 w2 内存在数据，窗口计算的触发条件 T2 成立，但是，水位线(2020-10-07 08:46:07.000)小于窗口 w2 的结束时间(2020-10-07 08:46:12.000)，触发条件 T1 不成立，因此，不会触发窗口 w2 的计算。

窗口 w3 内不存在数据，窗口计算的触发条件 T2 不成立，因此，不会触发窗口 w3 的计算。

窗口 w4 内存在数据，窗口计算的触发条件 T2 成立，但是，水位线(2020-10-07 08:46:07.000)小于窗口 w4 的结束时间(2020-10-07 08:46:18.000)，触发条件 T1 不成立，因此，不会触发窗口 w4 的计算。

4. 当事件 s4 到达以后

表 5-11 给出了事件 s4 到达系统以后水位线的变化情况，可以看出，当前的水位线已经到达了 1602031568000(2020-10-07 08:46:08.000)。

表 5-12 给出了 s4 到达以后各个窗口内包含的事件情况。

表 5-11　事件 s4 到达系统以后水位线的变化情况

Event	EventTime	currentMaxTimestamp	Watermark
s4	1602031578000	1602031578000	1602031568000
	2020-10-07 08:46:18.000	2020-10-07 08:46:18.000	2020-10-07 08:46:08.000

表 5-12　s4 到达以后各个窗口内包含的事件情况

窗口名称	窗口开始时间	窗口结束时间	窗口内的事件
w1	2020-10-07 08:46:06.000	2020-10-07 08:46:09.000	s1
w2	2020-10-07 08:46:09.000	2020-10-07 08:46:12.000	s2
w3	2020-10-07 08:46:12.000	2020-10-07 08:46:15.000	无
w4	2020-10-07 08:46:15.000	2020-10-07 08:46:18.000	s3
w5	2020-10-07 08:46:18.000	2020-10-07 08:46:21.000	s4

这时,窗口 w1 内存在数据,窗口计算的触发条件 T2 成立,但是,水位线(2020-10-07 08:46:08.000)小于窗口 w1 的结束时间(2020-10-07 08:46:09.000),触发条件 T1 不成立,因此,不会触发窗口 w1 的计算。

窗口 w2 内存在数据,窗口计算的触发条件 T2 成立,但是,水位线(2020-10-07 08:46:08.000)小于窗口 w2 的结束时间(2020-10-07 08:46:12.000),触发条件 T1 不成立,因此,不会触发窗口 w2 的计算。

窗口 w3 内不存在数据,窗口计算的触发条件 T2 不成立,因此,不会触发窗口 w3 的计算。

窗口 w4 内存在数据,窗口计算的触发条件 T2 成立,但是,水位线(2020-10-07 08:46:08.000)小于窗口 w4 的结束时间(2020-10-07 08:46:18.000),触发条件 T1 不成立,因此,不会触发窗口 w4 的计算。

窗口 w5 内存在数据,窗口计算的触发条件 T2 成立,但是,水位线(2020-10-07 08:46:08.000)小于窗口 w5 的结束时间(2020-10-07 08:46:21.000),触发条件 T1 不成立,因此,不会触发窗口 w5 的计算。

5. 当事件 s5 到达以后

表 5-13 给出了事件 s5 到达系统以后水位线的变化情况,可以看出,当前的水位线已经到达了 1602031569000(2020-10-07 08:46:09.000)。

表 5-14 给出了 s5 到达以后各个窗口内包含的事件情况。

表 5-13　事件 s5 到达系统以后水位线的变化情况

Event	EventTime	currentMaxTimestamp	Watermark
s5	1602031579000	1602031579000	1602031569000
	2020-10-07 08:46:19.000	2020-10-07 08:46:19.000	2020-10-07 08:46:09.000

表 5-14　s5 到达以后各个窗口内包含的事件情况

窗口名称	窗口开始时间	窗口结束时间	窗口内的事件
w1	2020-10-07 08:46:06.000	2020-10-07 08:46:09.000	s1
w2	2020-10-07 08:46:09.000	2020-10-07 08:46:12.000	s2
w3	2020-10-07 08:46:12.000	2020-10-07 08:46:15.000	无
w4	2020-10-07 08:46:15.000	2020-10-07 08:46:18.000	s3
w5	2020-10-07 08:46:18.000	2020-10-07 08:46:21.000	s4，s5

这时，窗口 w1 内存在数据，窗口计算的触发条件 T2 成立，水位线(2020-10-07 08:46:09.000)等于窗口 w1 的结束时间(2020-10-07 08:46:09.000)，触发条件 T1 也成立，因此，触发窗口 w1 的计算。输出结果 StockPrice(stock_1，1602031567000，8.14)，然后，窗口 w1 关闭。

水位线(2020-10-07 08:46:09.000)小于窗口 w2、w4、w5 的结束时间，因此，窗口 w2、w4、w5 不会触发计算。窗口 w3 没有数据，也不会触发计算。

6. 当事件 s6 到达以后

表 5-15 给出了事件 s6 到达系统以后水位线的变化情况，可以看出，当前的水位线已经到达了 1602031571000(2020-10-07 08:46:11.000)。

表 5-15　事件 s6 到达系统以后的水位线的变化情况

Event	EventTime	currentMaxTimestamp	Watermark
s6	1602031581000	1602031581000	1602031571000
	2020-10-07 08:46:21.000	2020-10-07 08:46:21.000	2020-10-07 08:46:11.000

表 5-16 给出了 s6 到达以后各个窗口内包含的事件情况。

当前的水位线(2020-10-07 08:46:11.000)仍然小于窗口 w2、w4、w5、w6 的结束时间，因此，窗口 w2、w4、w5、w6 不会触发计算。窗口 w3 没有数据，也不会触发计算。

表 5-16 s6 到达以后各个窗口内包含的事件情况

窗口名称	窗口开始时间	窗口结束时间	窗口内的事件
w1	2020-10-07 08:46:06.000	2020-10-07 08:46:09.000	窗口已关闭
w2	2020-10-07 08:46:09.000	2020-10-07 08:46:12.000	s2
w3	2020-10-07 08:46:12.000	2020-10-07 08:46:15.000	无
w4	2020-10-07 08:46:15.000	2020-10-07 08:46:18.000	s3
w5	2020-10-07 08:46:18.000	2020-10-07 08:46:21.000	s4,s5
w6	2020-10-07 08:46:21.000	2020-10-07 08:46:24.000	s6

7. 当事件 s7 到达以后

表 5-17 给出了事件 s7 到达系统以后水位线的变化情况,可以看出,当前的水位线已经到达了 1602031572000(2020-10-07 08:46:12.000)。

表 5-17 事件 s7 到达系统以后水位线的变化情况

Event	EventTime	currentMaxTimestamp	Watermark
s7	1602031582000	1602031582000	1602031572000
	2020-10-07 08:46:22.000	2020-10-07 08:46:22.000	2020-10-07 08:46:12.000

表 5-18 给出了 s7 到达以后各个窗口内包含的事件情况。

表 5-18 s7 到达以后各个窗口内包含的事件情况

窗口名称	窗口开始时间	窗口结束时间	窗口内的事件
w1	2020-10-07 08:46:06.000	2020-10-07 08:46:09.000	窗口已关闭
w2	2020-10-07 08:46:09.000	2020-10-07 08:46:12.000	s2
w3	2020-10-07 08:46:12.000	2020-10-07 08:46:15.000	无
w4	2020-10-07 08:46:15.000	2020-10-07 08:46:18.000	s3
w5	2020-10-07 08:46:18.000	2020-10-07 08:46:21.000	s4,s5
w6	2020-10-07 08:46:21.000	2020-10-07 08:46:24.000	s6,s7

这时，窗口 w2 内存在数据，窗口计算的触发条件 T2 成立，水位线（2020-10-07 08:46:12.000）等于窗口 w2 的结束时间（2020-10-07 08:46:12.000），触发条件 T1 成立，因此，会触发窗口 w2 的计算。得到计算结果 StockPrice(stock_1,1602031571000,8.23)，然后窗口 w2 关闭。

5.6 延迟数据处理

在 5.4.1 节介绍数据流的窗口计算程序结构时，还存在一个可选方法 allowedLateness，在学习了水位线知识以后，现在就可以了解一下 allowedLateness 的用法。

在默认情况下，当水位线超过窗口结束时间后，再有之前的数据到达时，这些数据会被删除。为了避免有些迟到的数据被删除，因此产生了 allowedLateness 的概念。简单来讲，allowedLateness 就是针对事件时间而言，对于水位线超过窗口结束时间后，还允许有一段时间（也是以事件时间来衡量）来等待之前的数据到达，以便再次处理这些数据。在默认情况下，如果没有在程序中指定 allowedLateness，那么它的默认值是 0，即对于水位线超过窗口结束时间后，如果还有属于此窗口的数据到达时，这些数据就会被删除。

另外，对于窗口计算，如果没有设置 allowedLateness，窗口触发计算以后就会被销毁；设置了 allowedLateness 以后，只有水位线大于"窗口结束时间＋allowedLateness"时，窗口才会被销毁。

用户虽然希望对迟到的数据进行窗口计算，但并不想将结果混入正常的计算流程中，而是想将延迟数据和结果保存到数据库中，便于后期对延时数据进行分析。对于这种情况，就需要借助"侧输出"（Side Output）来处理，通过使用 sideOutputLateData(OutputTag)来标记迟到数据计算的结果，然后使用 getSideOutput(lateOutputTag)从窗口中获取 lateOutputTag 标签对应的数据，之后转成独立的 DataStream 数据集进行处理。

这里给出一个具体实例演示如何处理延迟数据，具体代码如下：

```
package cn.edu.xmu.dblab

import java.text.SimpleDateFormat
import org.apache.flink.api.common.eventtime.{SerializableTimestampAssigner,
TimestampAssigner, TimestampAssignerSupplier, Watermark, WatermarkGenerator,
WatermarkGeneratorSupplier, WatermarkOutput, WatermarkStrategy}
import org.apache.flink.streaming.api.scala._
import org.apache.flink.streaming.api.TimeCharacteristic
import org.apache.flink.streaming.api.scala.StreamExecutionEnvironment
import org.apache.flink.streaming.api.windowing.assigners.TumblingEventTimeWindows
import org.apache.flink.streaming.api.windowing.time.Time

case class StockPrice(stockId: String,timeStamp: Long,price: Double)
```

```
object AllowedLatenessTest {
  def main(args: Array[String]): Unit = {

    //设定执行环境
    val env = StreamExecutionEnvironment.getExecutionEnvironment

    //设定时间特性为事件时间
    env.setStreamTimeCharacteristic(TimeCharacteristic.EventTime)

    //设定程序并行度
    env.setParallelism(1)

    //创建数据源
    val source = env.socketTextStream("localhost", 9999)

    //指定针对数据流的转换操作逻辑
    val stockDataStream = source
      .map(s => s.split(","))
      .map(s=>StockPrice(s(0).toString,s(1).toLong,s(2).toDouble))

    //为数据流分配时间戳和水位线
    val watermarkDataStream = stockDataStream.assignTimestampsAndWatermarks
    (new MyWatermarkStrategy)

    //执行窗口计算
    val lateData = new OutputTag[StockPrice]("late")
    val sumStream = watermarkDataStream
      .keyBy("stockId")
      .window(TumblingEventTimeWindows.of(Time.seconds(3)))
      .allowedLateness(Time.seconds(2L))
      .sideOutputLateData(lateData)
      .reduce((s1, s2) => StockPrice(s1.stockId, s1.timeStamp, s1.price + s2.
      price))

    //打印输出
    sumStream.print("window 计算结果: ")
    val late = sumStream.getSideOutput(lateData)
    late.print("迟到的数据: ")

    //指定名称并触发流计算
    env.execute("AllowedLatenessTest")
  }

  //指定水位线生成策略
```

```
class MyWatermarkStrategy extends WatermarkStrategy[StockPrice] {

  override def createTimestampAssigner(context: TimestampAssignerSupplier.
  Context): TimestampAssigner[StockPrice]={
    new SerializableTimestampAssigner[StockPrice] {
       override def extractTimestamp(element: StockPrice, recordTimestamp:
       Long): Long ={
        element.timeStamp                    //从到达消息中提取时间戳
      }
    }
  }

  override def createWatermarkGenerator(context: WatermarkGeneratorSupplier.
  Context): WatermarkGenerator[StockPrice] ={
    new WatermarkGenerator[StockPrice](){
      val maxOutOfOrderness =10000L        //设定最大延迟为 10s
      var currentMaxTimestamp: Long =0L
      var a: Watermark =null
      val format =new SimpleDateFormat("yyyy-MM-dd HH: mm: ss.SSS")

      override def onEvent(element: StockPrice, eventTimestamp: Long,
      output: WatermarkOutput): Unit ={
        currentMaxTimestamp =Math.max(eventTimestamp, currentMaxTimestamp)
        a =new Watermark(currentMaxTimestamp -maxOutOfOrderness)
        output.emitWatermark(a)
        println("timestamp: " +element.stockId +"," +element.timeStamp +"|"
        +format.format(element.timeStamp) +"," +currentMaxTimestamp +"|" +
       format.format(currentMaxTimestamp) +"," +a.toString)
      }

      override def onPeriodicEmit(output: WatermarkOutput): Unit ={
        //没有使用周期性发送水印，因此这里没有执行任何操作
      }
    }
  }
 }
}
```

在 Linux 终端中启动 NC 程序，然后启动程序 AllowedLatenessTest，在 NC 终端输入如下数据（逐行输入）：

```
stock_1,1602031567000,8.14
stock_1,1602031571000,8.23
stock_1,1602031577000,8.24
stock_1,1602031578000,8.87
```

```
stock_1,1602031579000,8.55
stock_1,1602031577000,8.24
stock_1,1602031581000,8.43
stock_1,1602031582000,8.78
stock_1,1602031581000,8.76
stock_1,1602031579000,8.55
stock_1,1602031591000,8.13
stock_1,1602031581000,8.34
stock_1,1602031580000,8.45
stock_1,1602031579000,8.33
stock_1,1602031578000,8.56
stock_1,1602031577000,8.32
```

可以看到屏幕上输出如下结果：

```
timestamp: stock_1,1602031567000|2020-10-07 08: 46: 07.000,1602031567000|2020-10-07 08: 46: 07.000,Watermark @1602031557000 (2020-10-07 08: 45: 57.000)
timestamp: stock_1,1602031571000|2020-10-07 08: 46: 11.000,1602031571000|2020-10-07 08: 46: 11.000,Watermark @1602031561000 (2020-10-07 08: 46: 01.000)
timestamp: stock_1,1602031577000|2020-10-07 08: 46: 17.000,1602031577000|2020-10-07 08: 46: 17.000,Watermark @1602031567000 (2020-10-07 08: 46: 07.000)
timestamp: stock_1,1602031578000|2020-10-07 08: 46: 18.000,1602031578000|2020-10-07 08: 46: 18.000,Watermark @1602031568000 (2020-10-07 08: 46: 08.000)
timestamp: stock_1,1602031579000|2020-10-07 08: 46: 19.000,1602031579000|2020-10-07 08: 46: 19.000,Watermark @1602031569000 (2020-10-07 08: 46: 09.000)
window计算结果: >StockPrice(stock_1,1602031567000,8.14)
timestamp: stock_1,1602031577000|2020-10-07 08: 46: 17.000,1602031579000|2020-10-07 08: 46: 19.000,Watermark @1602031569000 (2020-10-07 08: 46: 09.000)
timestamp: stock_1,1602031581000|2020-10-07 08: 46: 21.000,1602031581000|2020-10-07 08: 46: 21.000,Watermark @1602031571000 (2020-10-07 08: 46: 11.000)
timestamp: stock_1,1602031582000|2020-10-07 08: 46: 22.000,1602031582000|2020-10-07 08: 46: 22.000,Watermark @1602031572000 (2020-10-07 08: 46: 12.000)
window计算结果: >StockPrice(stock_1,1602031571000,8.23)
timestamp: stock_1,1602031581000|2020-10-07 08: 46: 21.000,1602031582000|2020-10-07 08: 46: 22.000,Watermark @1602031572000 (2020-10-07 08: 46: 12.000)
timestamp: stock_1,1602031579000|2020-10-07 08: 46: 19.000,1602031582000|2020-10-07 08: 46: 22.000,Watermark @1602031572000 (2020-10-07 08: 46: 12.000)
timestamp: stock_1,1602031591000|2020-10-07 08: 46: 31.000,1602031591000|2020-10-07 08: 46: 31.000,Watermark @1602031581000 (2020-10-07 08: 46: 21.000)
window计算结果: >StockPrice(stock_1,1602031577000,16.48)
window计算结果: >StockPrice(stock_1,1602031578000,25.970000000000002)
timestamp: stock_1,1602031581000|2020-10-07 08: 46: 21.000,1602031591000|2020-10-07 08: 46: 31.000,Watermark @1602031581000 (2020-10-07 08: 46: 21.000)
timestamp: stock_1,1602031580000|2020-10-07 08: 46: 20.000,1602031591000|2020-10-07 08: 46: 31.000,Watermark @1602031581000 (2020-10-07 08: 46: 21.000)
```

```
window计算结果：>StockPrice(stock_1,1602031578000,34.400000000000006)
timestamp: stock_1,1602031579000|2020-10-07 08: 46: 19.000,1602031591000|2020-
10-07 08: 46: 31.000,Watermark @1602031581000 (2020-10-07 08: 46: 21.000)
window计算结果：>StockPrice(stock_1,1602031578000,42.830000000000005)
timestamp: stock_1,1602031578000|2020-10-07 08: 46: 18.000,1602031591000|2020-
10-07 08: 46: 31.000,Watermark @1602031581000 (2020-10-07 08: 46: 21.000)
window计算结果：>StockPrice(stock_1,1602031578000,51.260000000000005)
timestamp: stock_1,1602031577000|2020-10-07 08: 46: 17.000,1602031591000|2020-
10-07 08: 46: 31.000,Watermark @1602031581000 (2020-10-07 08: 46: 21.000)
迟到的数据：>StockPrice(stock_1,1602031577000,8.43)
```

5.7 状态编程

流计算分为无状态和有状态两种情况。无状态的计算观察每个独立事件，并根据最后一个事件输出结果。例如，流处理应用程序从传感器接收水库的水位数据，并在水位超过指定高度时发出警告。有状态的计算则会基于多个事件输出结果，具体实例如下。

（1）所有类型的窗口计算。例如，计算过去1h的平均水位，就是有状态的计算。

（2）所有用于复杂事件处理的状态机。例如，若在1min内收到两个相差20cm以上的水位差读数，则发出警告，就是有状态的计算。

（3）流与流之间的所有关联操作，以及流与静态表或动态表之间的关联操作，都是有状态的计算。

在传统的批处理中，数据是划分为块分片去完成的，然后每个Task去处理一个分片。当分片执行完成后，把输出聚合起来就是最终的结果。在这个过程中，对于状态的需求还是比较小的。但是，对于流计算，它对状态有着非常高的要求，因为在流系统中，输入是一个无限制的流，会运行很长一段时间，甚至运行几天或者几个月都不会停机。在这个过程中，就需要把状态数据很好地管理起来。在目前市场上已有的产品中，除了Flink以外的其他传统的流计算系统，对状态管理支持并不是很完善（例如，Storm没有任何程序状态的支持），只有Flink做到了高效的流计算状态管理，提供了丰富的状态访问和高效的容错机制。

在Flink中，状态始终与特定算子相关联。总的来说，有两种类型的状态：算子状态（Operator State）和键控状态（Keyed State）。

（1）算子状态的作用范围限定为算子任务。这意味着由同一并行任务所处理的所有数据都可以访问到相同的状态，状态对于同一任务是共享的。算子状态不能由相同或不同算子的另一个任务访问。

（2）键控状态是根据输入数据流中定义的键（Key）来维护和访问的。Flink为每个键值维护一个状态实例，并将具有相同键的所有数据，都分区到同一个算子任务中，这个任务会维护和处理这个键对应的状态。当任务处理一条数据时，它会自动将状态的访问范围限定为当前数据的键。因此，具有相同键的所有数据都会访问相同的状态。键控状态类似于一个分布式的键值对映射数据结构，只能用于KeyedStream（keyBy算子处理之后）。

下面编写一个程序 StateTest,它会对当前每只股票的价格进行实时监测,一旦发现某只股票的前后两次交易价格超过阈值,就会报警并打印输出该只股票的前后两次价格。程序的具体代码如下:

```
package cn.edu.xmu.dblab

import org.apache.flink.api.common.functions.RichFlatMapFunction
import org.apache.flink.api.common.state.{ValueState, ValueStateDescriptor}
import org.apache.flink.streaming.api.scala._
import org.apache.flink.streaming.api.scala.StreamExecutionEnvironment
import org.apache.flink.util.Collector

case class StockPrice(stockId: String,timeStamp: Long,price: Double)

object StateTest {
  def main(args: Array[String]): Unit ={
    //设定执行环境
    val env =StreamExecutionEnvironment.getExecutionEnvironment

    //设定程序并行度
    env.setParallelism(1)

    //创建数据源
    val source =env.socketTextStream("localhost", 9999)

    //指定针对数据流的转换操作逻辑
    val stockDataStream =source
      .map(s =>s.split(","))
      .map(s =>StockPrice(s(0).toString, s(1).toLong, s(2).toDouble))
    val alertStream =stockDataStream
      .keyBy(_.stockId)
      .flatMap(new PriceChangeAlert(10))

    // 打印输出
    alertStream.print()

    //触发程序执行
    env.execute("StateTest")
  }
  class PriceChangeAlert (threshold: Double) extends RichFlatMapFunction
[StockPrice,(String, Double, Double)]{
    //定义状态保存上一次的价格
    lazy val lastPriceState: ValueState[Double] =getRuntimeContext
      .getState(new ValueStateDescriptor[Double]("last - price", classOf
      [Double]))
    override def flatMap(value: StockPrice, out: Collector[(String, Double,
```

```
    Double)]): Unit ={
      // 获取上次的价格
      val lastPrice =lastPriceState.value()
      //与最新的价格求差值做比较
      val diff =(value.price-lastPrice).abs
      if( diff >threshold)
        out.collect((value.stockId,lastPrice,value.price))
        //更新状态
        lastPriceState.update(value.price)
      }
    }
  }
```

Flink 采用检查点(checkpoint)机制将状态进行持久化，来应对数据丢失以及失败恢复。而状态在内部是如何表示的、状态是如何持久化到检查点中以及持久化到哪里，都取决于用户选定的状态保存方式。Flink 提供了 3 种开箱即用的状态保存方式，即 MemoryStateBackend、FsStateBackend、RockDBStateBackend。用户可以根据自己的需求选择；如果数据量较小，可以选择 MemoryStateBackend 和 FsStateBackend；如果数据量较大，可以选择 RockDBStateBackend。在没有配置的情况下，系统默认使用 MemoryStateBackend。

5.8 本章小结

DataStream API 是 Flink 的核心，因为 Flink 和其他计算框架(如 Spark、MapReduce 等)相比，其最大的优势就在于强大的流计算功能。本章首先介绍了在使用 DataStream 接口编程中的基本操作，包括数据源、数据转换、数据输出、窗口的划分等。

对于流式数据处理，最大的特点是数据上具有时间的属性特征，Flink 根据时间产生位置的不同，将时间划分为 3 种，分别为事件生成时间、事件接入时间和事件处理时间，本章对 3 种时间概念进行了详细介绍。

窗口计算是流式计算中非常常用的数据计算方式之一，通过按照固定时间或长度将数据流切分成不同的窗口，然后对数据进行相应的聚合计算，就可以得到一定时间范围内的统计结果。本章内容介绍了窗口的 3 种类型以及窗口计算函数。

由于网络或者系统等外部因素的影响，事件数据往往不能及时传输至 Flink 系统中，导致数据乱序到达或者延迟到达的问题，故本章还介绍了如何采用水位线机制解决这类问题。本章最后还介绍了有状态计算的编程方法。

5.9 习题

1. Flink 流处理程序的基本运行流程包括哪 5 个步骤？
2. Flink 的窗口是如何划分的？

3. 简述 Flink 的三种时间及其具体含义。
4. 简述分组数据流的窗口计算程序结构。
5. Flink 提供了哪些常用的预定义窗口分配器?
6. Flink 提供了哪 4 种类型的窗口计算函数?
7. 简述水位线的基本原理。
8. 简述水位线的设置方法。

实验 4 DataStream API 编程实践

1. 实验目的

(1) 熟悉 Flink 的 DataStream API 基本操作。
(2) 熟悉使用 Flink 编程解决实际具体问题的方法。

2. 实验平台

操作系统:Ubuntu 18.04.5。
Java IDE:IntelliJ IDEA。
Flink 版本:1.11.2。
Scala 版本:2.12。

3. 实验内容和要求

1) DataStream 转换算子基本操作

输入数据表示某个班级学生成绩,每行内容由 3 个字段组成,第一个字段是学生的名字,第二个字段是课程名称,第三个字段是成绩,第四个字段是成绩的录入时间,数据样例如下:

```
Jack Math 86 1602727715
Jack Algorithm 81 1602727723
Jack Flink 90 1602727737
Rose Math 77 1602727741
Jack Database 63 1602727749
Rose Algorithm 51 1602727763
Tom Database 73 1602727777
Tom Datastructure 62 1602727791
Rose Database 61 1602727803
Rose Datastructure 43 1602727815
Tom Math 57 1602727829
Jack Datastructure 51 1602727841
Tom Algorithm 43 1602727852
Jim Math 80 1602727878
```

```
Jim Algorithm 90 1602727895
Jim Database 85 1602727915
Jim Datastructure 89 1602727924
Harry Database 43 1602727933
Harry Datastructure 70 1602727957
Mary Math 89 1602727973
Mary Algorithm 91 1602727994
Mary Database 85 1602728011
Mary Datastructure 87 1602728031
Peter Math 77 1602728057
Peter Algorithm 79 1602728069
Peter Database 31 1602728095
Peter Datastructure 51 1602728123
Harry Math 51 1602728157
Harry Algorithm 62 1602728169
```

(1) Tom 同学的总成绩平均分是多少。

(2) Mary 选了多少门课。

(3) 各门课程的平均分是多少。

(4) 该班 DataBase 课程共有多少人选修。

(5) 列出及格(分数大于或等于 60 分)名字、课程名称及成绩。

2) Kafka 作为数据输入输出源基本操作

题目(1)输入数据是直接从文本文件中获取,无法真实模拟流处理过程。现修改题目(1),依旧使用题目(1)中的数据,使用 Kafka 作为数据的输入源,Flink 作为中间处理过程,最后将数据处理结果使用 Kafka 输出显示,模拟流处理过程。

3) 状态编程

输入数据为题目(1)中的数据,结合 Flink 中的状态编程,编写 Flink 独立应用程序,求出每个学生的最高成绩及其对应的课程名称和成绩录入时间,输入数据通过 Kafka 输入,处理结果使用 Kafka 输出显示(将最高成绩作为状态保存、更新)。

4) 窗口内数据统计

输入数据为题目(1)中的数据,结合 Flink 中窗口相关知识,编写 Flink 应用程序,每 15s 统计一次每个窗口内每个学生的最高成绩及其对应的课程名称和成绩录入时间。观察输出结果,与题目(3)结果进行比较(使用 Kafka 作为输入输出源)。

5) 窗口与水位线基本操作

输入数据为题目(1)中的数据,结合 Flink 中窗口与水位线相关知识,编写 Flink 应用程序,每 15s 统计一次每个窗口内每个学生的最高成绩及其对应的课程名称和成绩录入时间。观察输出结果,理解窗口与水位线的处理流程(使用 Kafka 作为输入输出源,设置延迟时间为 3s,且能够处理迟到 30s 的数据)。

4. 实验报告

<table>
<tr><td colspan="3">《Flink 编程基础(Scala 版)》实验报告</td></tr>
<tr><td>题目:</td><td>姓名:</td><td>日期:</td></tr>
<tr><td colspan="3">实验环境:</td></tr>
<tr><td colspan="3">实验内容与完成情况:</td></tr>
<tr><td colspan="3">出现的问题:</td></tr>
<tr><td colspan="3">解决方案(列出遇到的问题和解决办法,列出没有解决的问题):</td></tr>
</table>

第6章

DataSet API

目前，在大数据领域内，已经存在不少可以实现批处理的技术，从各种关系数据库的SQL处理，到分布式计算框架MapReduce、Spark等，这些都是处理有限数据流的经典方式。Flink为数据批处理提供自己的解决方案，它把批处理看成是流处理的一个特例，因此，可以在底层统一的流处理引擎上，同时在上层提供处理流数据的DataStream API和处理批数据的DataSet API，从而实现了批流的统一处理。Flink的DataSet API和DataStream API具有相同的编程规范，二者的应用程序结构基本相同。由于批处理对象是有界数据集，因此，批处理不需要时间与窗口机制。

本章内容首先介绍DataSet编程模型，其次介绍数据转换，最后介绍数据输出、迭代计算和广播变量。

6.1 DataSet编程模型

Flink提供了DataSet API供用户处理批量数据。Flink先将接入数据转换成DataSet数据集，并行分布在集群的每个节点上，再将DataSet数据集进行各种转换操作(map、filter等)，最后将结果数据集输出到外部系统。

总体而言，Flink批处理程序的基本运行流程包括以下4个步骤：

(1) 创建执行环境。

(2) 创建数据源。

(3) 指定对数据进行的转换操作。

(4) 指定数据计算的输出结果方式。

4.3.2节中给出的词频统计程序就是批处理的典型实例。

上面第(1)步中创建批处理执行环境的方式如下：

```
val env =ExecutionEnvironment.getExecutionEnvironment
```

此外，还需要在pom.xml文件中引入flink-scala_2.12依赖库，具体如下：

```
<dependency>
    <groupId>org.apache.flink</groupId>
    <artifactId>flink-scala_2.12</artifactId>
```

```
        <version>1.11.2</version>
    </dependency>
```

6.2 数据源

DataSet API 支持从多种数据源中将批量数据集读到 Flink 系统中,并转换成 DataSet 数据集。Flink 面向 DataSet API 的数据源主要包括:文件类数据源、集合类数据源和通用类数据源 3 种类型。同时,在 DataSet API 中可以自定义实现 InputFormat/RichInputFormat 接口,以接入不同数据格式类型的数据源,如 CsvInputFormat、TextInputFormat 等。

6.2.1 文件类数据源

Flink 提供了从文件中读取数据生成 DataSet 的多种方法,具体如下。

(1) readTextFile(path):逐行读取文件并将文件内容转换成 DataSet 类型数据集。

(2) readTextFileWithValue(path):读取文本文件内容,并将文件内容转换成 DataSet[StringValue]类型数据集。该方法与 readTextFile(String)不同的是,其泛型是 StringValue,是一种可变的 String 类型,通过 StringValue 存储文本数据可以有效降低 String 对象创建数量,减小垃圾回收的压力。

(3) readCsvFile(path):解析以逗号(或其他字符)分隔字段的文件,返回元组或 POJO 对象。

(4) readSequenceFile(Key, Value, path):读取 SequenceFile,以 Tuple2<Key, Value>类型返回。

以 readTextFile(path)为例,可以使用如下语句读取文本文件内容:

```
val dataSet : DataSet[String] = env.readTextFile("file:///home/hadoop/word.
txt")
```

这里再介绍一下 readCsvFile(path)的用法。假设有一个 CSV 格式文件 sales.csv,内容如下:

```
transactionId,customerId,itemId,amountPaid
111,1,1,100.0
112,2,2,505.0
113,1,3,510.0
114,2,4,600.0
115,3,2,500.0
```

则可以使用如下程序读取该 CSV 文件:

```
package cn.edu.xmu.dblab

import org.apache.flink.api.scala.ExecutionEnvironment
```

```
import org.apache.flink.api.scala._

object ReadCSVFile{
  def main(args: Array[String]): Unit ={
    val bEnv =ExecutionEnvironment.getExecutionEnvironment
    val filePath="file:///home/hadoop/sales.csv"
    val csv =bEnv.readCsvFile[SalesLog](filePath,ignoreFirstLine =true)
    csv.print()
  }
   case class SalesLog (transactionId: String, customerId: String, itemId:
String,amountPaid: Double)
}
```

程序的执行结果如下：

```
SalesLog(111,1,1,100.0)
SalesLog(112,2,2,505.0)
SalesLog(113,1,3,510.0)
SalesLog(114,2,4,600.0)
SalesLog(115,3,2,500.0)
```

6.2.2 集合类数据源

Flink 提供了 fromCollection()、fromElements()和 generateSequence()等方法，来构建集合类数据源，具体如下。

(1) fromCollection()：从集合中创建 DataSet 数据集，集合中的元素数据类型相同。

(2) fromElements()：从给定数据元素序列中创建 DataSet 数据集，且所有的数据对象类型必须一致。

(3) generateSequence()：指定一个范围区间，然后在区间内部生成数字序列数据集，由于是并行处理的，所以最终的顺序不能保证一致。

下面是一个具体实例：

```
val myArray =Array("hello world","hadoop spark flink")
val collectionSet =env.fromCollection(myArray)
val dataSet =env.fromElements("hadoop","spark","flink")
val numSet =env.generateSequence(1,10)
```

6.2.3 通用类数据源

DataSet API 中提供了通用的数据接口 InputFormat，从而支持接入不同数据源和格式类型的数据。InputFormat 接口主要分为两种类型：一种是基于文件类型，在 DataSet API 对应 readFile()方法；另一种是基于通用数据类型的接口，例如读取 RDBMS 或 NoSQL 数据库等，在 DataSet API 中对应 createInput()方法。

这里以 Flink 内置的 JDBCInputFormat 类为实例，介绍通用类数据源的用法。

假设已经在 Linux 系统中安装了 MySQL 数据库,在 Linux 终端中执行如下命令启动 MySQL:

```
$mysql -u root -p
```

输入数据库登录密码以后,就可以启动 MySQL 了,然后执行如下命令创建数据库,并添加数据:

```
mysql>create database flink;
mysql>use flink;
mysql>create table student(sno char(8),cno char(2),grade int);
mysql>insert into student values('95001','1',96);
mysql>insert into student values('95002','1',94);
```

新建代码文件 InputFromMySQL.scala,内容如下:

```
package cn.edu.xmu.dblab

import org.apache.flink.api.common.typeinfo.BasicTypeInfo
import org.apache.flink.api.java.io.jdbc.JDBCInputFormat
import org.apache.flink.api.java.typeutils.RowTypeInfo
import org.apache.flink.api.scala.{DataSet, ExecutionEnvironment}
import org.apache.flink.api.scala._

object InputFromMySQL{
  def main(args: Array[String]): Unit ={

      //创建执行环境
      val env =ExecutionEnvironment.getExecutionEnvironment

      //使用 JDBC 输入格式从关系数据库读取数据
      val inputMySQL =env.createInput(JDBCInputFormat.buildJDBCInputFormat()
      //数据库连接驱动名称
      .setDrivername("com.mysql.jdbc.Driver")
      //数据库连接数据库名称
      .setDBUrl("jdbc: mysql://localhost: 3306/flink")
      //数据库连接用户名
      .setUsername("root")
      //数据库连接密码
      .setPassword("123456")
      //数据库连接查询 SQL
      .setQuery("select sno,cno,grade from student")
      //字段类型、顺序和个数必须与 SQL 保持一致
      .setRowTypeInfo(new RowTypeInfo(BasicTypeInfo.STRING_TYPE_INFO,
        BasicTypeInfo.STRING_TYPE_INFO, BasicTypeInfo.INT_TYPE_INFO))
      .finish()
```

```
    )
    inputMySQL.print()
  }
}
```

新建 pom.xml 文件，在里面添加与访问 MySQL 相关的依赖包，内容如下：

```
<project>
    <groupId>cn.edu.xmu.dblab</groupId>
    <artifactId>simple-project</artifactId>
    <modelVersion>4.0.0</modelVersion>
    <name>Simple Project</name>
    <packaging>jar</packaging>
    <version>1.0</version>
    <repositories>
      <repository>
        <id>alimaven</id>
        <name>aliyun maven</name>
        <url>http://maven.aliyun.com/nexus/content/groups/public/</url>
      </repository>
    </repositories>
    <dependencies>
      <dependency>
        <groupId>org.apache.flink</groupId>
        <artifactId>flink-scala_2.12</artifactId>
        <version>1.11.2</version>
      </dependency>
      <dependency>
        <groupId>org.apache.flink</groupId>
        <artifactId>flink-streaming-scala_2.12</artifactId>
        <version>1.11.2</version>
      </dependency>
      <dependency>
        <groupId>org.apache.flink</groupId>
        <artifactId>flink-clients_2.12</artifactId>
        <version>1.11.2</version>
      </dependency>
      <dependency>
        <groupId>mysql</groupId>
        <artifactId>mysql-connector-java</artifactId>
        <version>5.1.40</version>
      </dependency>
      <dependency>
        <groupId>org.apache.flink</groupId>
        <artifactId>flink-connector-jdbc_2.12</artifactId>
```

```
            <version>1.11.2</version>
          </dependency>
        </dependencies>
        <build>
          <plugins>
            <plugin>
                <groupId>net.alchim31.maven</groupId>
                <artifactId>scala-maven-plugin</artifactId>
                <version>3.4.6</version>
                <executions>
                  <execution>
                    <goals>
                        <goal>compile</goal>
                      </goals>
                  </execution>
                </executions>
            </plugin>
            <plugin>
                <groupId>org.apache.maven.plugins</groupId>
                <artifactId>maven-assembly-plugin</artifactId>
                <version>3.0.0</version>
                <configuration>
                    <descriptorRefs>
                        <descriptorRef>jar-with-dependencies</descriptorRef>
                    </descriptorRefs>
                </configuration>
                <executions>
                    <execution>
                        <id>make-assembly</id>
                        <phase>package</phase>
                        <goals>
                            <goal>single</goal>
                        </goals>
                    </execution>
                </executions>
            </plugin>
          </plugins>
        </build>
    </project>
```

使用 Maven 工具先对程序进行编译打包,再提交到 Flink 中运行(确认 Flink 已经启动)。运行结束以后,可以在屏幕上看到如下的输出结果:

```
95001,1,96
95002,1,94
```

6.2.4 第三方文件系统

Flink 通过 FileSystem 类来抽象自己的文件系统，这个抽象提供了各类文件系统实现的通用操作和最低保证。每种数据源(如 HDFS、S3、Alluxio、XtreemFS、FTP 等)可以继承和实现 FileSystem 类，将数据从各个系统读取到 Flink 中。

DataSet API 中内置了 HDFS 数据源，这里给出一个读取 HDFS 文件系统的一个实例，代码如下：

```
package cn.edu.xmu.dblab

import org.apache.flink.api.scala.ExecutionEnvironment

object ReadHDFS{
  def main(args: Array[String]): Unit ={

    //获取执行环境
    val env =ExecutionEnvironment.getExecutionEnvironment

    //创建数据源
    val inputHDFS =env.readTextFile("hdfs://localhost: 9000/word.txt")

    //打印输出
    inputHDFS.print()
  }
}
```

在 pom.xml 文件中，需要添加与访问 HDFS 相关的依赖包，内容如下：

```
<project>
    <groupId>cn.edu.xmu.dblab</groupId>
    <artifactId>simple-project</artifactId>
    <modelVersion>4.0.0</modelVersion>
    <name>Simple Project</name>
    <packaging>jar</packaging>
    <version>1.0</version>
    <repositories>
      <repository>
        <id>alimaven</id>
        <name>aliyun maven</name>
        <url>http://maven.aliyun.com/nexus/content/groups/public/</url>
      </repository>
    </repositories>
    <dependencies>
      <dependency>
```

```
        <groupId>org.apache.flink</groupId>
        <artifactId>flink-scala_2.12</artifactId>
        <version>1.11.2</version>
    </dependency>
    <dependency>
      <groupId>org.apache.flink</groupId>
      <artifactId>flink-streaming-scala_2.12</artifactId>
      <version>1.11.2</version>
    </dependency>
    <dependency>
      <groupId>org.apache.flink</groupId>
      <artifactId>flink-clients_2.12</artifactId>
      <version>1.11.2</version>
    </dependency>
    <dependency>
      <groupId>org.apache.hadoop</groupId>
      <artifactId>hadoop-common</artifactId>
      <version>3.1.3</version>
    </dependency>
    <dependency>
      <groupId>org.apache.hadoop</groupId>
      <artifactId>hadoop-client</artifactId>
      <version>3.1.3</version>
    </dependency>
  </dependencies>
  <build>
    <plugins>
        <plugin>
            <groupId>net.alchim31.maven</groupId>
            <artifactId>scala-maven-plugin</artifactId>
            <version>3.4.6</version>
            <executions>
                <execution>
                    <goals>
                        <goal>compile</goal>
                    </goals>
                </execution>
            </executions>
      </plugin>
      <plugin>
            <groupId>org.apache.maven.plugins</groupId>
            <artifactId>maven-assembly-plugin</artifactId>
            <version>3.0.0</version>
            <configuration>
```

```
                <descriptorRefs>
                    <descriptorRef>jar-with-dependencies</descriptorRef>
                </descriptorRefs>
            </configuration>
            <executions>
                <execution>
                    <id>make-assembly</id>
                    <phase>package</phase>
                    <goals>
                        <goal>single</goal>
                    </goals>
                </execution>
            </executions>
        </plugin>
      </plugins>
    </build>
</project>
```

使用 Maven 工具对程序进行编译打包。

为了让 Flink 能够顺利访问 HDFS，需要修改环境变量。如果在学习第 5 章内容时已经完成了修改，这里就不需要重复操作；如果还没有修改，执行如下命令修改环境变量：

```
$vim ~/.bashrc
```

该文件中原有配置信息仍然保留，然后在.bashrc 文件中继续增加如下配置信息：

```
export HADOOP_HOME=/usr/local/hadoop
export HADOOP_CONF_DIR=${HADOOP_HOME}/etc/hadoop
export HADOOP_CLASSPATH=$(/usr/local/hadoop/bin/hadoop classpath)
```

执行如下命令使得环境变量设置生效：

```
$source ~/.bashrc
```

重新启动 Flink，从而让 Flink 能够使用最新的环境变量。

使用 flink run 命令把 ReadHDFS 程序提交到 Flink 中运行（确认 Flink 和 Hadoop 已经启动），如果运行成功，就可以在屏幕上看到"hdfs://localhost:9000/word.txt"文件里面的内容了。

6.3　数据转换

Flink 提供了非常丰富的转换算子，帮助用户对 DataSet 数据集进行各种各样的转换操作，主要包括数据处理类算子、聚合操作类算子、多表关联类算子、集合操作类算子和分区操作类算子。表 6-1 中给出了 DataSet API 中常用的算子。

表 6-1 DataSet API 中常用的算子

算子	功能
map	输入一个元素,然后返回一个元素,中间可以做一些清洗、转换等操作
flatMap	输入一个元素,可以返回 0 个、1 个或者多个元素
mapPartition	类似 map,一次处理一个分区的数据
filter	过滤函数,对传入的数据进行判断,符合条件的数据会被留下
reduce	对数据进行聚合操作,结合当前元素和上一次 reduce 返回的值进行聚合操作,然后返回一个新的值
aggregate	聚合操作,包括 sum、max、min 等
distinct	返回一个数据集中去重之后的元素
join	内连接
cross	获取两个数据集的笛卡儿积
union	返回两个数据集的总和,数据类型需要一致
rebalance	在数据分区时,根据轮询调度算法,将数据均匀地分发给下一级节点
partitionByHash	在数据分区时,根据元组的某个属性域进行哈希分区
partitionByRange	在数据分区时,根据某个属性的范围进行分区

6.3.1 数据处理类算子

1. map

map(func)操作将每个元素传递到函数 func 中,并将结果返回为一个新的数据集。例如:

```
val dataSet: DataSet[Int] =env.fromElements(1,2,3,4,5)
val mapDS: DataSet[Int] =dataSet.map(x=>x+10)
```

2. flatMap

flatMap(func)与 map(func)相似,但每个输入元素都可以映射到 0 个或多个输出结果。例如:

```
val dataSet: DataSet[String] = env.fromElements("Hadoop is good","Flink is
fast","Flink is better")
val flatMapDS: DataSet[String] =dataSet.flatMap(line =>line.split(" "))
```

3. mapPartition

mapPartition 的功能和 map 相似,只是 mapPartition 操作是在 DataSet 中基于分区对数据进行处理。在有些场景下,针对分区进行操作可以带来明显好处。例如,要进行数据库的操作，如果采用 map 操作，就要每次处理一个元素都创建一个数据库连接，开销很大；而对于 mapPartition 操作，一个分区只需要创建一个数据库连接，大大减小了数据库连接开销。

这里给出一个具体实例：

```
val dataSet: DataSet[String] =env.fromElements("hadoop","spark","flink")
val mapPartitionDS: DataSet[(String,Int)] =dataSet.mapPartition(in =>in.map(
word=>(word,1)))
```

4. filter

filter(func)操作会筛选出满足函数 func 的元素，并返回一个新的数据集。例如：

```
val dataSet: DataSet[String] = env.fromElements("Hadoop is good","Flink is
fast","Flink is better")
val filterDS: DataSet[String] =dataSet.filter(line =>line.contains("Flink"))
```

6.3.2 聚合操作类算子

1. reduce

reduce 算子将 DataSet 数据集通过传入的用户自定义的函数滚动地进行数据聚合处理，处理以后得到一个新的 DataSet。reduce 算子可以作用在整个数据集上，也可以作用在分组上。

1）reduce 算子作用在整个数据集上

```
val dataSet: DataSet[Int] =env.fromElements(1,2,3,4,5)
val reduceDS: DataSet[Int] =dataSet.reduce(_+_)
```

2）reduce 算子作用在分组上

可以首先使用 groupBy 操作将数据集进行分组，然后在每个分组上进行 reduce 操作。下面是一个具体实例：

```
package cn.edu.xmu.dblab

import org.apache.flink.api.scala.{DataSet, ExecutionEnvironment}
import org.apache.flink.api.scala._

case class WordCount(word: String, count: Int)

object ReduceOperator{
  def main(args: Array[String]): Unit ={

    //获取执行环境
    val env =ExecutionEnvironment.getExecutionEnvironment
```

```
    //创建数据源
    val wordCountDS: DataSet[WordCount] =
      env.fromElements(
        WordCount("spark",1),
        WordCount("spark",2),
        WordCount("flink",1),
        WordCount("flink",1))
    //设定转换操作
    val resultDS: DataSet[WordCount] =wordCountDS
        .groupBy("word")
        .reduce((w1,w2)=>new WordCount(w1.word,w1.count+w2.count))
    resultDS.print()
  }
}
```

2. aggregate

aggregate 算子将一组元素值合并成单个值,可以作用在整个数据集上,也可以作用在分组上。aggregate 函数包括求和(SUM)、求最小值(MIN)和求最大值(MAX)。多个 aggregate 函数之间用 and 连接。

1) aggregate 算子作用在整个数据集上

下面是一个具体实例:

```
package cn.edu.xmu.dblab

import org.apache.flink.api.java.aggregation.Aggregations
import org.apache.flink.api.scala.{DataSet, ExecutionEnvironment}
import org.apache.flink.api.scala._

object AggregationOperator{
  def main(args: Array[String]): Unit ={

    //获取执行环境
    val env =ExecutionEnvironment.getExecutionEnvironment

    //创建数据源
    val input: DataSet[(Int,String,Double)] =env.fromElements(
      (1,"spark",3.0),
      (1,"spark",4.0),
      (1,"spark",4.0),
      (1,"flink",5.0),
      (1,"flink",6.0),
    )
```

```
    //指定针对数据集的转换操作
    val output: DataSet[(Int,String,Double)] =input
      .aggregate(Aggregations.SUM,0)
      .and(Aggregations.MIN,2)

    //打印输出
    output.print()
  }
}
```

该程序的输出结果如下：

```
(5,flink,3.0)
```

2）aggregate 算子作用在分组上

下面是一个具体实例：

```
package cn.edu.xmu.dblab

import org.apache.flink.api.java.aggregation.Aggregations
import org.apache.flink.api.scala.{DataSet, ExecutionEnvironment}
import org.apache.flink.api.scala._

object AggregationOperator{
  def main(args: Array[String]): Unit ={

    //获取执行环境
    val env =ExecutionEnvironment.getExecutionEnvironment

    //创建数据源
    val input: DataSet[(Int,String,Double)] =env.fromElements(
      (1,"spark",3.0),
      (1,"spark",4.0),
      (1,"spark",4.0),
      (1,"flink",5.0),
      (1,"flink",6.0),
    )

    //指定针对数据集的转换操作
    val output: DataSet[(Int,String,Double)] =input
      .groupBy(1)
      .aggregate(Aggregations.SUM,0)
      .and(Aggregations.MIN,2)

    //打印输出
    output.print()
```

```
  }
}
```

输出结果如下：

```
(2,flink,5.0)
(3,spark,3.0)
```

3. distinct

distinct 算子用于去除 DataSet 中所有重复的记录，实例如下：

```
val dataSet: DataSet[String] =env.fromElements("hadoop","hadoop","spark","
flink")
val distinctDS: DataSet[String] =dataSet.distinct()
```

6.3.3 多表关联类算子

1. join

join 操作(即连接操作)根据指定的条件关联两个数据集，然后根据选择的字段形成一个数据集。连接分为内连接和外连接，外连接又分为左外连接、右外连接和全外连接。这里只介绍内连接算子的用法，外连接算子的用法可以参考 Flink 官网资料。

内连接包括 3 种形式：不带连接函数的形式、带 JoinFunction 连接函数的形式、带 FlatJoinFunction 连接函数的形式。

1) 不带连接函数的形式

对于两个 Tuple 类型的数据集，可以通过字段位置进行连接，左边数据集的字段通过 where 方法指定，右边数据集的字段通过 equalTo 方法指定。

```
val input1: DataSet[(Int,String)] =env.fromElements((1,"spark"),(2,"flink"))
val input2: DataSet[(String,Int)] =env.fromElements(("spark",1),("flink",2))
val result =input1.join(input2).where(0).equalTo(1)
result.print()
```

程序打印输出的结果如下：

```
((1,spark),(spark,1))
((2,flink),(flink,2))
```

2) 带 JoinFunction 连接函数的形式

Flink 支持在连接的过程中指定自定义的 JoinFunction，函数的输入为左边数据集中的数据元素和右边数据集中的数据元素所组成的元组，并返回一个经过计算处理后的数据。下面是一个具体实例：

```
package cn.edu.xmu.dblab
```

```
import org.apache.flink.api.scala.{DataSet, ExecutionEnvironment}
import org.apache.flink.api.scala._

case class Student(name: String, lesson: String, score: Int)

object JoinFunctionTest{
  def main(args: Array[String]): Unit ={

    //获取执行环境
    val env =ExecutionEnvironment.getExecutionEnvironment

    //设置程序并行度
    env.setParallelism(1)

    //创建数据源
    val students: DataSet[Student] =env
      .fromElements(Student("xiaoming","computer",90),Student("zhangmei","
      english",94))

    val weights: DataSet[(String,Double)] =env.fromElements(("computer",0.7),
    ("english",0.4))
    //指定针对数据集的转换操作
    val weightedScores =students.join(weights).where("lesson").equalTo(0){
      (left,right) =>(left.name,left.lesson,left.score * right._2)
    }

    //打印输出
    weightedScores.print()
  }
}
```

该程序的输出结果如下：

```
(xiaoming,computer,62.99999999999999)
(zhangmei,english,37.6)
```

3）带 FlatJoinFunction 连接函数的形式

JoinFunction 和 FlatJoinFunction 的关系，与 map 和 flatMap 的关系类似。FlatJoinFunction 可以返回一个或者多个元素，也可以不返回任何结果。实例如下：

```
package cn.edu.xmu.dblab

import org.apache.flink.api.scala.{DataSet, ExecutionEnvironment}
import org.apache.flink.api.scala._

case class Student(name: String, lesson: String, score: Int)
```

```
object FlatJoinFunctionTest{
  def main(args: Array[String]): Unit ={

    //获取执行环境
    val env =ExecutionEnvironment.getExecutionEnvironment

    //设置程序并行度
    env.setParallelism(1)

    //创建数据源
    val students: DataSet[Student] =env
      .fromElements(Student("xiaoming","computer", 90), Student("zhangmei","
      english", 94))

    val weights: DataSet[(String,Double)] =env.fromElements(("computer",0.7),
("english",0.4))
    //指定针对数据集的转换操作
    val weightedScores =students.join(weights).where("lesson").equalTo(0){
      (left,right,out: Collector[(String,String,Double)]) =>
        if (right._2 > 0.5) out.collect(left.name, left.lesson, left.score *
        right._2)
    }
    //打印输出
    weightedScores.print()
  }
}
```

该程序的输出结果如下：

```
(xiaoming,computer,62.99999999999999)
```

2. cross

cross 算子将两个数据集合并成一个数据集，返回被连接的两个数据集所有数据行的笛卡儿积，返回的数据行数等于第一个数据集中符合查询条件的数据行数乘以第二个数据集中符合查询条件的数据行数。

```
package cn.edu.xmu.dblab

import org.apache.flink.api.scala.{DataSet, ExecutionEnvironment}
import org.apache.flink.api.scala._
import org.apache.flink.util.Collector

case class Coord(id: Int,x: Int,y: Int)
```

```
object CrossOperator {
  def main(args: Array[String]): Unit ={

    //获取执行环境
    val env =ExecutionEnvironment.getExecutionEnvironment

    //设置程序并行度
    env.setParallelism(1)

    //创建数据源
    val coords1: DataSet[Coord] =env.fromElements(Coord(1,4,5),Coord(2,6,7))
    val coords2: DataSet[Coord] =env.fromElements(Coord(3,8,9),Coord(4,10,11))

    //指定针对数据集的转换操作
    val distances =coords1.cross(coords2){
      (c1,c2) =>val dist =math.sqrt(math.pow(c1.x-c2.x,2)+math.pow(c1.y-c2.
      y,2))
      (c1.id,c2.id,dist)
    }

    //打印输出
    distances.print()
  }
}
```

该程序的输出结果如下：

```
(1,3,5.656854249492381)
(2,3,2.8284271247461903)
(1,4,8.48528137423857)
(2,4,5.656854249492381)
```

6.3.4 集合操作类算子

比较常用的集合操作类算子是 union，主要用于合并两个 DataSet 数据集，两个数据集的数据元素格式必须相同，多个数据集可以连续合并。实例如下：

```
val dataSet1: DataSet[(Int, String)] = env. fromElements ((1,"spark"), (2,"
flink"))
val dataSet2: DataSet[(Int, String)] = env. fromElements ((3,"hadoop"), (4,"
storm"))
val result: DataSet[(Int,String)] =dataSet1.union(dataSet2)
```

6.3.5 分区操作类算子

Flink 支持 3 种分区模式，分别是 Rebalance 模式、Hash-Partition 模式和 Range-

Partition 模式。

1. Rebalance 模式

该模式根据轮询调度算法,将数据均匀地分发给下一级节点。其用法如下:

```
val dataSet: DataSet[String] =…
val result =dataSet.rebalance().map{…}
```

2. Hash-Partition 模式

该模式根据元组的某个属性域进行哈希分区。其用法如下:

```
val dataSet: DataSet[(String,Int)] =…
val result =dataSet.partitionByHash(0).mapPartition{…}
```

3. Range-Partition 模式

该模式根据某个属性的范围进行分区。其用法如下:

```
val dataSet: DataSet[(String,Int)] =…
val result =dataSet.partitionByRange(0).mapPartition{…}
```

6.4 数据输出

Flink 在 DataSet API 中主要提供了 3 种类型的数据输出,分别是基于文件的输出接口、通用输出接口和客户端输出。

1. 基于文件的输出接口

Flink 支持多种存储设备上的文件,包括本地文件和 HDFS 文件等,同时,Flink 支持多种文件的存储格式,包括文本文件、CSV 文件等。这里介绍文本文件的输出方法。

把数据集输出到本地文件的方法如下:

```
val dataSet: DataSet[(Int,String)] =env.fromElements((1,"spark"),(2,"flink"))
dataSet.writeAsText("file:///home/hadoop/output")
env.execute()
```

需要注意的是,必须调用 execute 方法,否则无法让数据集输出到文件。

把数据集输出到 HDFS 的方法如下:

```
val dataSet: DataSet[(Int,String)] =env.fromElements((1,"spark"),(2,"flink"))
dataSet.writeAsText("hdfs://localhost: 9000/output")
env.execute()
```

在使用 Maven 工具编译打包程序时,pom.xml 文件的内容和 6.2.4 节中的相同,同时,也要参照 6.2.4 节中的方法完成环境变量的配置,才能够顺利写入 HDFS。

2. 通用输出接口

在 DataSet API 中,可以使用自定义的 OutputFormat 方法来定义与具体存储系统对应的 OutputFormat,例如 JDBCOutputFormat 和 HadoopOutputFormat 等。

下面是写入 MySQL 数据库的实例:

```
package cn.edu.xmu.dblab

import org.apache.flink.api.java.io.jdbc.{JDBCInputFormat, JDBCOutputFormat}
import org.apache.flink.api.java.typeutils.RowTypeInfo
import org.apache.flink.api.scala.{ExecutionEnvironment, _}
import org.apache.flink.types.Row
import org.apache.flink.api.scala.DataSet
import scala.collection.mutable.ArrayBuffer

object WriteMySQL {
  def main(args: Array[String]): Unit ={
    val env =ExecutionEnvironment.getExecutionEnvironment

    val arr =new ArrayBuffer[Row]()

    val row1 =new Row(3)
    row1.setField(0, "95001")
    row1.setField(1, "2")
    row1.setField(2, 94)

    val row2 =new Row(3)
    row2.setField(0, "95002")
    row2.setField(1, "2")
    row2.setField(2, 88)

    arr.+=(row1)
    arr.+=(row2)

    val data: DataSet[Row] =env.fromCollection(arr)
    data.output(JDBCOutputFormat.buildJDBCOutputFormat()
      // 数据库连接驱动名称
      .setDrivername("com.mysql.jdbc.Driver")
      // 数据库连接地址
      .setDBUrl("jdbc: mysql://localhost: 3306/flink")
      // 数据库连接用户名
      .setUsername("root")
      // 数据库连接密码
```

```
        .setPassword("123456")
        // 数据库插入 SQL
        .setQuery("insert into student (sno,cno,grade) values(?,?,?)")
        .finish())

      env.execute("insert data to mysql")
      System.out.println("MySQL 写入成功!")

    }
  }
```

使用 Maven 工具对该程序进行编译打包时,pom.xml 文件的内容和 6.2.3 节中的相同。打包成功以后,提交到 Flink 中运行,就会在 MySQL 数据库中写入两条记录。

3. 客户端输出

DataSet API 提供的 print()方法就属于客户端输出。需要注意的是,当调用 print()方法把数据集输出到屏幕上以后,不能再调用 execute()方法,否则会报错。

6.5 迭代计算

迭代计算是指给定一个初值,用所给的算法公式计算初值得到一个中间结果,然后将中间结果作为输入参数进行反复计算,在满足一定条件的时候得到计算结果。

迭代计算在批量数据处理过程中有着非常广泛的应用,例如机器学习和图计算等。DataSet API 对迭代计算功能的支持相对比较完善,在性能上较其他分布式计算框架也具有明显的优势。Flink 中的迭代计算主要包括两种模式,即全量迭代(Bulk Iteration)和增量迭代(Delt Iteration)。

6.5.1 全量迭代

全量迭代会将整个数据输入,经过一定的迭代次数,最终得到结果。图 6-1 给出了全量迭代执行过程,具体如下。

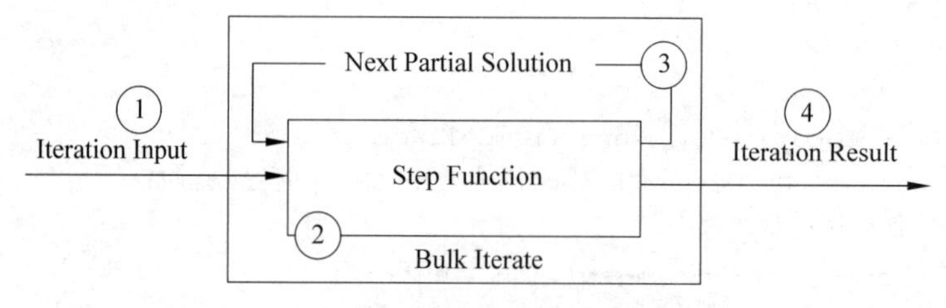

图 6-1 全量迭代执行过程

(1) Iteration Input(迭代输入):初始输入值或者上一次迭代计算的结果。

(2) Step Function(步骤函数):在每一次迭代中都会被执行,由一系列算子组成,如

map、flatMap、join 等。

(3) Next Partial Solution(中间结果)：每次迭代计算的结果，会被发送到下一次迭代计算中。

(4) Iteration Result(迭代结果)：最后一次迭代输出的结果，会被输出到 DataSink 或者发送到下游处理(作为下一个算子的输入)。

迭代的结束条件如下。

(1) 达到最大迭代次数：不需要任何其他条件，迭代执行到最大迭代次数就会停止。

(2) 自定义收敛条件：允许用户自定义聚合函数和收敛条件。例如将终止条件设置为当 Sum 函数统计结果小于 0 则终止迭代。

下面是一个实例(见图 6-2)，演示了通过全量迭代计算把数据集中的每个数都进行增加操作，具体如下。

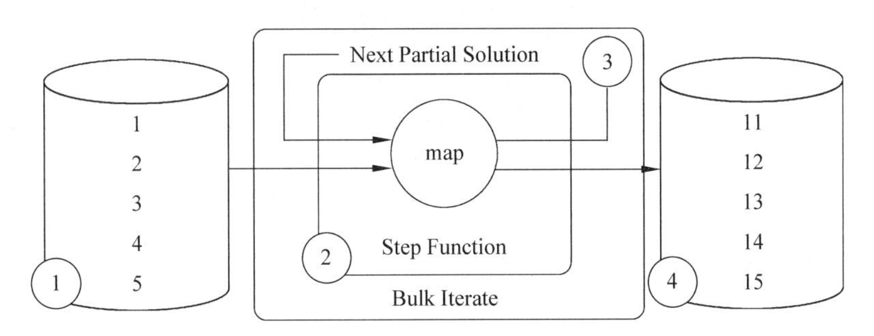

图 6-2　一个全量迭代的实例

(1) Iteration Input(迭代输入)：从一个数据源中读取初始输入数据，初始数据中包含了 5 个整数。

(2) Step Function(步骤函数)：步骤函数是一个 map 算子，它会把每个整数增加 1。

(3) Next Partial Solution(中间结果)：步骤函数的输出结果又会成为 map 算子的输入。

(4) Iteration Result(迭代结果)：经过 10 次迭代，每个初始整数都增加了 10。

图 6-3 给出了迭代过程中数据集的变化情况。

第 1 次迭代	第 2 次迭代		第 10 次迭代
map(1)->2	map(2)->3	…	map(10)->11
map(2)->3	map(3)->4	…	map(11)->12
map(3)->4	map(4)->5	…	map(12)->13
map(4)->5	map(5)->6	…	map(13)->14
map(5)->6	map(6)->7	…	map(14)->15

图 6-3　迭代过程中数据集的变化情况

这里介绍一个全量迭代的实例——使用蒙特卡洛方法来计算圆周率。

蒙特卡洛方法的核心思想：假设有一个半径为 1 的圆，它的面积 $S=P_i \times R^2=P_i$，所以，只要计算出这个圆的面积就可以计算出圆周率了。这里我们可以在一个边长为 1

的正方形中计算圆的 1/4 扇形的面积,这样扇形的面积的 4 倍就是整个圆的面积了。如何计算扇形的面积呢?可以使用概率的方法,假设在这个正方形中有 n 个点,其中,有 m 个点落在了扇形中,因此,$S_{扇形}:S_{正方形}=m:n$,这样就可以计算出扇形的面积(见图 6-4),最终就可以计算出圆周率了。

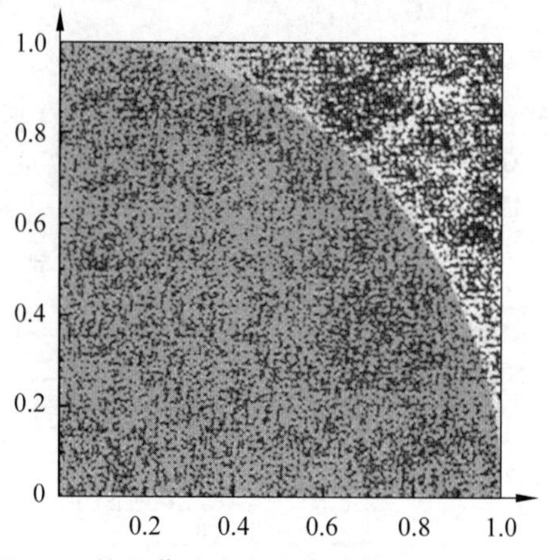

图 6-4 使用蒙特卡洛方法计算圆周率的原理

下面是使用蒙特卡洛方法计算圆周率的程序代码:

```
package cn.edu.xmu.dblab
import org.apache.flink.api.scala._
object ComputePi{
  def main(args: Array[String]): Unit ={

    //创建执行环境
    val env =ExecutionEnvironment.getExecutionEnvironment

    // 创建初始数据集
    val initial =env.fromElements(0)

    //执行迭代计算
    val count =initial.iterate(10000) { iterationInput: DataSet[Int] =>
      val result =iterationInput.map { i =>
        val x =Math.random()
        val y =Math.random()
        i +(if (x * x +y * y <1) 1 else 0)
      }
      result
    }

    //计算圆周率
    val result =count map { c =>c / 10000.0 * 4 }
```

```
    //打印输出
    result.print()
  }
}
```

6.5.2　增量迭代

如图 6-5 所示，增量迭代并不是每次去迭代全量数据，而是有两个数据集：WorkSet 和 SolutionSet。每次输入这两个数据集进行迭代计算，然后对 WorkSet 进行迭代运算并且不断更新 SolutionSet，直到达到迭代次数或者 WorkSet 为空，然后输出迭代计算结果。

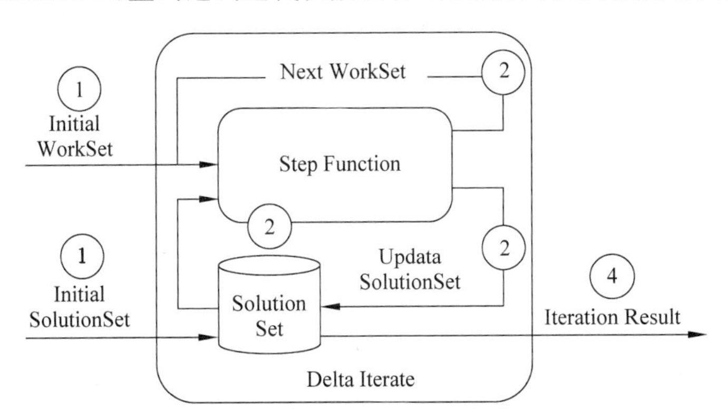

图 6-5　增量迭代执行过程

增量迭代主要包括以下 4 个步骤。

(1) Iteration Input(迭代输入)：读取初始 WorkSet 和初始 SolutionSet 作为第一次迭代计算的输入。

(2) Step Function(步骤函数)：在每次迭代过程中使用的计算方法，可以是类似 map、flatMap、join 等方法。

(3) Next Workset/Update Solution Set(中间结果)：Next WorkSet 用于驱动迭代计算，会被反馈到下一次迭代计算中，而且 SolutionSet 将被不断更新。两个数据集都可以被步骤函数中的算子更新。

(4) Iteration Result(迭代结果)：最后一次迭代计算的输出，会被输出到 DataSink 或者发送到下游处理(作为下一个算子的输入)。

增量迭代的终止条件可以指定为以下内容。

(1) WorkSet 为空：如果下一次迭代的输入 WorkSet 为空，则终止迭代。

(2) 最大迭代次数：当计算次数超过指定迭代的最大次数，则终止迭代。

下面是一个增量迭代的用法实例：

```
//读取初始数据集
val initialSolutionSet: DataSet[(Long, Double)] =//[…]
val initialWorkset: DataSet[(Long, Double)] =//[…]
```

```
//设置迭代次数
val maxIterations =100
val keyPosition =0

//应用增量迭代方法
val result = initialSolutionSet.iterateDelta(initialWorkset, maxIterations,
Array(keyPosition)) {
  (solution, workset) =>
    val candidateUpdates =workset.groupBy(1).reduceGroup(new ComputeCandidate-
    Changes())
    val deltas = candidateUpdates.join(solution).where(0).equalTo(0)(new
    CompareChangesToCurrent())

    val nextWorkset =deltas.filter(new FilterByThreshold())

    (deltas, nextWorkset)
}

//输出迭代计算的结果
result.writeAsCsv(outputPath)

env.execute()
```

6.6 广播变量

广播变量可以理解为是一个公共的共享变量(见图 6-6),通过使用广播变量,可以把一个数据集广播出去,然后不同的任务在节点上都能够获取到,并在每个节点上只会存在一份,而不是在每个并发线程中存在。如果不使用广播变量,则在每个节点中的每个任务中都需要复制一份数据集,这样会比较浪费内存。

可以使用 DataSet API 提供的 withBroadcastSet(DataSet,String)方法来定义广播变量,这个方法包含了两个参数。其中,第一个参数是需要广播的 DataSet 数据集,需要在广播之前创建该数据集;第二个参数是广播变量的名称。DataSet API 支持在 RichFunction 接口中通过 RuntimeContext 读取到广播变量。首先在 RichFunction 中实现 Open()方法,然后调用 getRuntimeContext()方法获取应用的 RuntimeContext,接着调用 getBroadcastVariable()方法通过广播变量名称获取广播变量。

下面是一个创建和使用广播变量的具体实例:

```
package cn.edu.xmu.dblab

import org.apache.flink.api.common.functions.RichMapFunction
import org.apache.flink.api.scala.ExecutionEnvironment
import org.apache.flink.configuration.Configuration
```

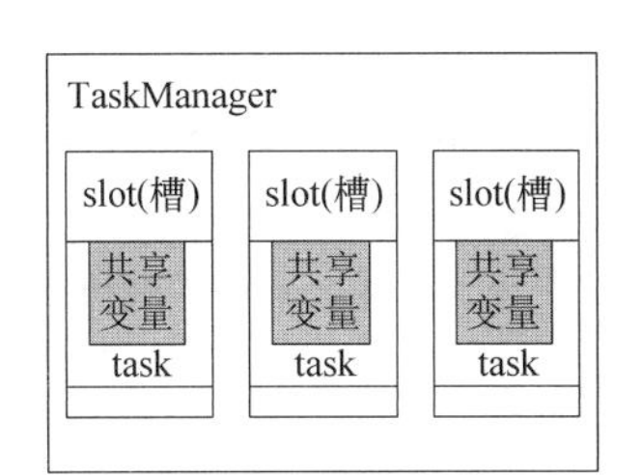

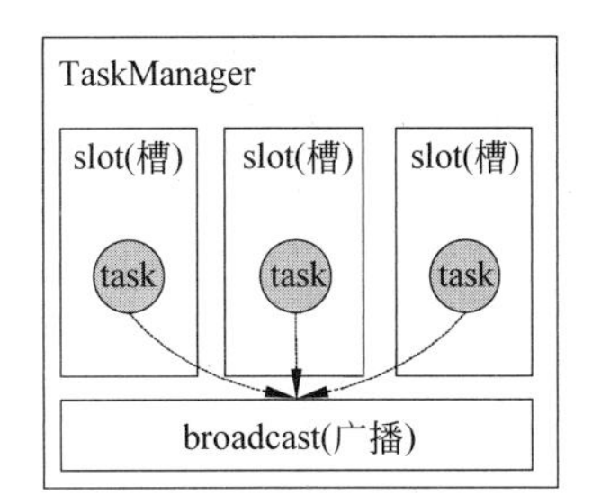

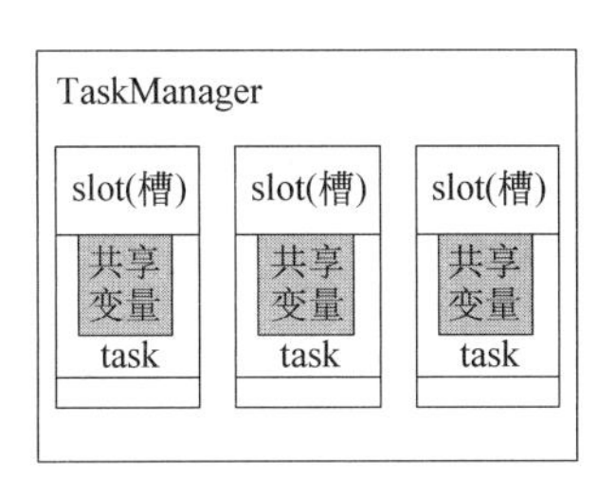

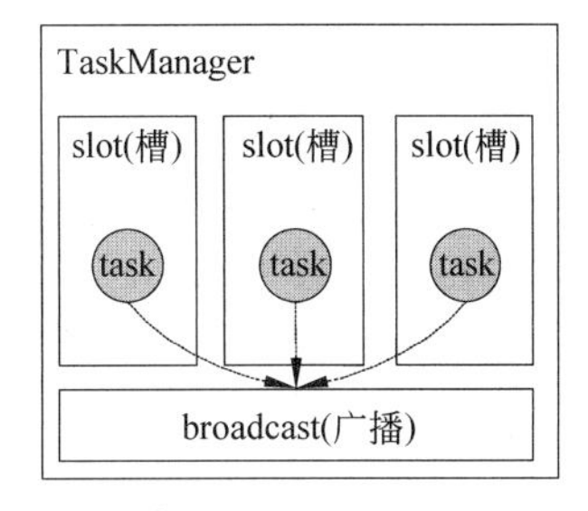

(a) 不使用广播　　(b) 使用广播

图 6-6　使用广播变量和不使用广播变量的区别

```
import scala.collection.mutable.ListBuffer
import org.apache.flink.api.scala._

object BroadcastDemo {
  def main(args: Array[String]): Unit ={
    val env =ExecutionEnvironment.getExecutionEnvironment

    val rawtData =ListBuffer[Tuple2[String,Int]]()
    rawtData.append(("hadoop",48))
    rawtData.append(("spark",42))
    rawtData.append(("flink",46))
    val tupleData =env.fromCollection(rawtData)

    //创建需要广播的数据集
    val broadcastData =tupleData.map(x=>{
        Map(x._1->x._2)
    })

    val books =env.fromElements("hadoop","spark","flink")

    val result =books.map(new RichMapFunction[String,String] {

        var listData: java.util.List[Map[String,Int]] =null
        var allMap =Map[String,Int]()

        override def open(parameters: Configuration): Unit ={
```

```
        super.open(parameters)
        //获取广播变量数据集
        this.listData = getRuntimeContext.getBroadcastVariable[Map[String,
        Int]]("broadcastMapName")
        val it =listData.iterator()
        while (it.hasNext){
          val next =it.next()
          allMap =allMap.++(next)
        }
      }

      override def map(value: String) ={
        val amount =allMap.get(value).get
        "The amount of "+value+" is: "+amount
      }
    }).withBroadcastSet(broadcastData,"broadcastMapName")

    result.print()
  }
}
```

该程序的输出结果如下：

```
The amount of hadoop is:48
The amount of spark is:42
The amount of flink is:46
```

在实际应用中需要注意，广播出去的变量存在于每个节点的内存中，直到程序结束，所以，需要防止这个数据集过大导致内存溢出。

6.7 本章小结

相对于 DataStream API，DataSet API 的应用不是特别广泛，但是，并不代表 Flink 不擅长批量处理数据。Flink 把批数据看成是流数据的特例，因此，可以通过一套引擎来同时处理批数据和流数据。本章对 DataSet 编程模型做了简要介绍，并阐述了多种不同类型的数据源，包括文件类数据源、集合类数据源、通用类数据源和第三方文件系统等。同时，Flink 提供了非常丰富的转换算子，主要包括数据处理类算子、聚合操作类算子、多表关联类算子、集合操作类算子和分区操作类算子等，本章对这些算子的用法进行了介绍。最后，本章还介绍了数据输出、迭代计算和广播变量的相关知识。

6.8 习题

1. Flink 批处理程序的基本运行流程包括哪几个步骤？
2. Flink 支持的数据源包括哪些类型？

3. Flink 的 DataSet API 的转换算子主要包括哪些类型?
4. 简述算子 map、flatMap、mapPartion 和 filter 的功能。
5. 简述算子 reduce、aggregate、distinct 的功能。
6. 简述算子 join 和 cross 的功能。
7. 分区操作类算子主要包括哪几种模式。
8. 简述全量迭代的执行过程。
9. 简述广播变量的用途。

实验 5 DataSet API 编程实践

1. 实验目的

(1) 熟悉 Flink 的 DataSet API 的算子转换及 I/O 操作。
(2) 熟悉使用 DataSet API 编程解决实际具体问题的方法。

2. 实验平台

操作系统:Ubuntu 18.04.5。
Flink 版本:Apache Flink 1.11.2 for Scala 2.12。

3. 实验内容和要求

1) 编写独立应用程序实现数据统计

到本教程官网"下载专区"栏目的"数据集"目录的"第 6 章"子目录中下载 chapter6-data1.csv,该数据集包含了某大学计算机系大一上学年的成绩,数据格式如图 6-7 所示。

班　级	学　号	姓名	高等数学 A 上	高级语言程序设计	线性代数	…
计算 2011	202021000000	黄怡	87	87	79	…
计算 2011	202021000001	杨蓉	80	84	78	…
计算 2011	202021000002	林琼	68	89	79	…
计算 2011	202021000003	叶枫	55	83	73	…
⋮						
计算 2014	202021000117	莫懂	58	63	31	…

图 6-7 数据格式(一)

根据给定的实验数据,通过编程来计算以下内容。
(1) 该系总共有多少学生。
(2) 该系每个班分别有多少学生。
(3) 每班第一名的平均分。
(4) 年级前五的平均分。
(5) 整个年级的高等数学平均分。

2）编写独立应用程序实现数据去重

在实际生活中，经常要面对将多个文件合并的情况，例如我们想通过服务器的日志文件来整理一个数据集，同时为了避免数据的冗余，又要去除重复的部分。

对于两个输入日志文件 A 和 B，编写 Flink 独立应用程序，对两个文件进行合并，并剔除其中重复的内容，得到一个新日志文件 C。下面是输入文件和输出文件的一个样例，供参考。

输入文件 A 的样例如下：

```
202001    GET      www.baidu.com
202001    POST     www.google.com
202002    GET      www.baidu.com
202003    GET      www.wikipedia.org
202004    GET      www.weibo.com
202004    POST     www.weibo.com
202005    TRACE    www.baidu.com
```

输入文件 B 的样例如下：

```
202001    GET      www.baidu.com
202001    POST     www.baidu.com
202001    GET      www.google.com
202002    GET      www.baidu.com
202003    GET      www.wikipedia.org
```

合并文件 C 的样例如下：

```
202001    GET      www.baidu.com
202001    POST     www.baidu.com
202001    GET      www.google.com
202001    POST     www.google.com
202002    GET      www.baidu.com
202003    GET      www.wikipedia.org
202004    GET      www.weibo.com
202004    POST     www.weibo.com
202005    TRACE    www.baidu.com
```

3）编写独立应用程序实现求平均值问题

到本教程官网"下载专区"栏目的"数据集"目录的"第 6 章"子目录中下载 chapter6-data2.csv，该数据集包含了某大学计算机系大一下学年的成绩，将其与第 1）题中的 chapter6-data1.csv 进行关联，计算每位学生的大一学年平均分，并输出前五名的学生。

4）编写独立应用程序实现求两点之间的距离

给定两个坐标点的集合，返回它们之间任意两点的欧几里得距离。

输入数据如下。

```
From: ((2, 5)(4, 6)(5, 8))
```

```
Dest: ((10, 10)(12, 8))
```

结果如下：

```
第一个点：(1,2)  第二个点(1,10) 距离：8.00
第一个点：(1,2)  第二个点(2,12) 距离：10.05
第一个点：(2,4)  第二个点(1,10) 距离：6.08
第一个点：(2,4)  第二个点(2,12) 距离：8.00
第一个点：(3,5)  第二个点(1,10) 距离：5.39
第一个点：(3,5)  第二个点(2,12) 距离：7.07
```

5）编写独立应用程序实现数据分类

某高中的一名老师，不小心丢失了文科成绩表和理科成绩表，手上只有一份年级全体学生的成绩表，请你帮他按照文理科分开，缺考学生不进行统计。可以到本教程官网“下载专区”栏目的“数据集”目录的“第 6 章”子目录中下载 chapter6-data3.csv。

数据格式如图 6-8 所示。

姓名	学号	数学	英语	语文	物理	…	历史
小赵	202001	140	127	115	95	…	0
小钱	202002	148	135	110	0	…	98
小孙	202003	111	148	101	84	…	0
…						…	…
小林	202009	125	149	135	0	…	86
小廖	202010	105	148	140	0	…	88
小苏	202011	0	0	0	0	…	0

注：理科学生文科成绩都为 0，文科学生理科成绩都为 0，缺考学生全科成绩为 0。

图 6-8 数据格式（二）

4. 实验报告

《Flink 编程基础(Scala 版)》实验报告		
题目：	姓名：	日期：
实验环境：		
实验内容与完成情况：		
出现的问题：		
解决方案(列出遇到的问题和解决办法，列出没有解决的问题)：		

第7章

Table API & SQL

借助于DataStream API和DataSet API，已经可以解决复杂的数据处理问题。但是，这需要开发人员掌握Java或Scala语言，并能够熟练运用两套API。因此，为了降低开发门槛，Flink提供了同时支持批处理和流处理任务的统一的、更简单的API——Table API&SQL，以满足更多用户的使用需求。Table API是用于Scala和Java语言的查询API，允许以非常直观的方式构建基于关系运算符的查询，例如select、filter和join。Flink SQL的支持是基于实现了SQL标准的Apache Calcite。尽管SQL是Table API更高层次的抽象，但是，Table API和SQL并没有被拆分成两层，应用程序可以同时使用Table API、SQL、DataStream API和DataSet API。

本章内容首先介绍Table API和SQL的编程模型，其次介绍Table API的各种操作，最后介绍Flink SQL的编程方法和自定义函数的使用方法。

7.1 编程模型

7.1.1 程序执行原理

如图7-1所示，一段使用SQL或Table API编写的程序，从输入到编译为可执行的JobGraph，主要经历如下3个阶段。

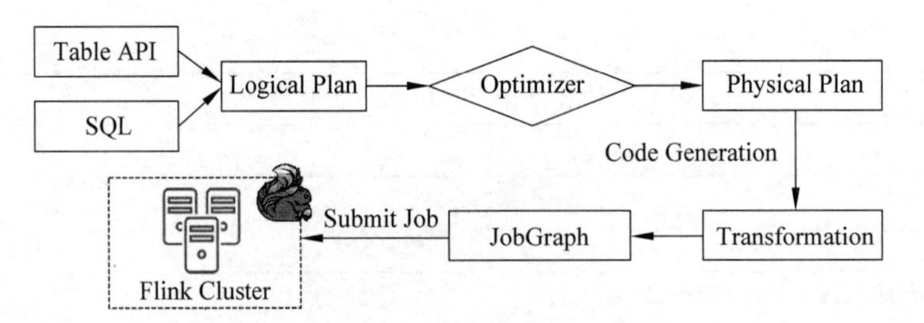

图7-1 Table API&SQL程序执行原理

(1) 将SQL文本或Table API代码转换为逻辑执行计划(Logical Plan)。

(2) 通过优化器把逻辑执行计划优化(Optimizer)为物理执行计划(Physical Plan)。

(3) 通过代码生成技术生成 Transformation 后，进一步编译为可执行的 JobGraph，然后提交给 Flink 集群(Flink Cluster)运行。

7.1.2 程序结构

基于 Table API&SQL 的数据处理应用程序主要包括以下 6 个步骤。

(1) 获取运行时。

(2) 获取 TableEnvironment。

(3) 注册表。

(4) 定义查询。

(5) 输出结果。

(6) 启动程序。

程序基本框架如下：

```
//获取运行时
env=…;
//获取 TableEnvironment 对象
tableEnv =…;
//注册一个表(输入数据)
tableEnv.connect(…).createTemporaryTable("table1");
//注册一个表(输出数据)
tableEnv.connect(…).createTemporaryTable("outputTable");
//定义查询：通过 Table API 的查询创建一个 Table 对象
tapiResult =tableEnv.from("table1").select(…);
//定义查询：通过 SQL 查询创建一个 Table 对象
sqlResult =tableEnv.sqlQuery("SELECT … FROM table1 … ");
//输出结果
tapiResult.insertInto("outputTable");
//启动程序
tableEnv.execute("Table API and SQL");
```

需要注意的是，在 pom.xml 文件中，需要加入相应的 flink-table-api-scala-bridge_2.12 依赖库，库中包含了 Table API&SQL 接口，具体如下：

```
<dependency>
    <groupId>org.apache.flink</groupId>
    <artifactId>flink-table-api-scala-bridge_2.12</artifactId>
    <version>1.11.2</version>
</dependency>
```

此外，如果要在本地用 IDE(如 IntelliJ IDEA 或 Eclipse)调试程序，则还需要加入如下依赖：

```
<dependency>
    <groupId>org.apache.flink</groupId>
```

```
    <artifactId>flink-table-planner-blink_2.12</artifactId>
    <version>1.11.2</version>
</dependency>
```

不管是批处理还是流处理,都需要在 pom.xml 文件中引入 flink-streaming-scala_2.12 依赖库,具体如下:

```
<dependency>
  <groupId>org.apache.flink</groupId>
  <artifactId>flink-streaming-scala_2.12</artifactId>
  <version>1.11.2</version>
</dependency>
```

对于批处理应用,还需要在 pom.xml 文件中引入 flink-scala_2.12 依赖库,具体如下:

```
<dependency>
    <groupId>org.apache.flink</groupId>
    <artifactId>flink-scala_2.12</artifactId>
    <version>1.11.2</version>
</dependency>
```

如果要实现用户自定义函数或者要与 Kafka 交互,还需要加入以下依赖库:

```
<dependency>
    <groupId>org.apache.flink</groupId>
    <artifactId>flink-table-common</artifactId>
    <version>1.11.2</version>
</dependency>
```

7.1.3 TableEnvironment

使用 Table API 和 SQL 创建 Flink 应用程序,需要在环境中创建 TableEnvironment。TableEnvironment 提供了注册内部表、执行 Flink SQL 语句、注册自定义函数、将 DataStream 或 DataSet 转换成表等功能。

对于流处理,TableEnvironment 的创建方法如下:

```
import org.apache.flink.streaming.api.scala.StreamExecutionEnvironment
import org.apache.flink.table.api.EnvironmentSettings
import org.apache.flink.table.api.bridge.scala.StreamTableEnvironment

val bsEnv = StreamExecutionEnvironment.getExecutionEnvironment
val bsSettings = EnvironmentSettings.newInstance().useBlinkPlanner().
inStreamingMode().build()
val bsTableEnv = StreamTableEnvironment.create(bsEnv, bsSettings)
```

对于批处理,TableEnvironment 的创建方法如下:

```
import org.apache.flink.table.api.{EnvironmentSettings, TableEnvironment}
```

```
val bbSettings =EnvironmentSettings.newInstance().useBlinkPlanner().
vinBatchMode().build()
val bbTableEnv =TableEnvironment.create(bbSettings)
```

7.1.4 注册表

在Flink中,表可以分为视图(View)和常规的表(Table)。视图可以从一个已经存在的表对象中创建,通常是一个查询结果。常规的表则是描述来自外部的数据,如文件或者数据库等。下面是创建一个视图的代码示例:

```
//创建 TableEnvironment
val tableEnv =…

//使用环境对象从外部表中查询,并将结果创建一个表
val projTable: Table =tableEnv.from("X").select(…)

//使用表 projTable 注册成临时表 projectedTable
tableEnv.createTemporaryView("projectedTable", projTable)
```

在Flink中,创建和注册表的另一个方式是通过表连接器(Table Connector)。在Table API&SQL中,Flink可以通过表连接器直接连接外部系统,将批量或者流式数据从外部系统中获取到Flink系统中,或者从Flink系统中将数据发送到外部系统。连接器描述了存储表数据的外部系统。存储系统(例如Apache Kafka或者常规的文件系统)都可以通过这种方式来创建表。具体使用方法如下:

```
tableEnvironment
  .connect(…)                          //指定表连接器的描述符
  .withFormat(…)                       //指定数据格式
  .withSchema(…)                       //指定表结构
  .inAppendMode()                      //指定更新模式
  .createTemporaryTable("MyTable")     //注册表
```

下面具体介绍每个参数的含义和确定方法。

1. 表连接器

Flink提供了一些内置的表连接器,包括文件系统连接器、Kafka连接器、Elasticsearch连接器、JDBC SQL连接器等。这里介绍文件系统连接器和JDBC SQL连接器的用法。

(1) 文件系统连接器允许用户从本地或者分布式文件系统中读取和写入数据。下面是一个具体实例:

```
bsTableEnv.connect(
      new FileSystem()
        .path("file:///home/hadoop/stockprice.txt")
```

```
)
```

(2) JDBC SQL 连接器允许用户从那些支持 JDBC 驱动程序的关系数据库中读取和写入数据。下面是一个具体实例：

```
CREATE TABLE MyUserTable (
  id BIGINT,
  name STRING,
  age INT,
  status BOOLEAN,
  PRIMARY KEY (id) NOT ENFORCED
) WITH (
   'connector' = 'jdbc',
   'url' = 'jdbc: mysql://localhost: 3306/mydatabase',
   'table-name' = 'users'
);
```

上面这个实例中，WITH 从句中只提供了 3 个参数，实际上可以提供更多的参数，JDBC 连接器的主要参数及其含义如表 7-1 所示。

表 7-1 JDBC 连接器的主要参数及其含义

参数名称	是否必须	含义
connector	是	确定连接器类型，对于 JDBC 连接器就是 jdbc
url	是	要连接的 JDBC 数据库的地址
table-name	是	要连接的 JDBC 表的名称
driver	否	JDBC 驱动类的名称，如果没有提供，则自动从 url 中获取
username	否	JDBC 数据库的用户名，必须和密码一起提供
password	否	JDBC 数据库的密码，必须和用户名一起提供

2. 表格式

为了支持表连接器传输不同格式类型的数据，Flink 提供了常用的表格式(Table Format)，例如 CSV 格式和 JSON 格式等。可以调用 TableEnvironment 的 withFormat 方法来指定表格式。

这里介绍 CSV 格式的用法，其他格式的用法可以参考 Flink 官网。CSV 格式指定分隔符切分数据记录中的字段，具体如下：

```
.withFormat(
  new Csv()
    .field("field1", Types.STRING)          //根据顺序指定字段名称和类型(必选)
    .field("field2", Types.TIMESTAMP)       //根据顺序指定字段名称和类型(必选)
    .fieldDelimiter(",")                    //指定列切割符,默认使用","(可选)
```

```
    .lineDelimiter("\n")                    //指定行切割符,默认使用"\n"(可选)
    .quoteCharacter('"')                    //指定字符串中的单个字符,默认为空(可选)
    .commentPrefix('#')                     //指定注释的前缀,默认为空(可选)
    .ignoreFirstLine()                      //是否忽略第一行(可选)
    .ignoreParseErrors()                    //是否忽略解析错误的数据(可选)
)
```

此外,还需要在 pom.xml 中加入如下依赖:

```
<dependency>
    <groupId>org.apache.flink</groupId>
    <artifactId>flink-csv</artifactId>
    <version>1.11.2</version>
</dependency>
```

3. 表模式

表模式(Table Schema)定义了表的数据结构,包括字段名称、字段类型等信息。同时,表模式会和表格式相匹配,在表数据输入或者输出的过程中完成模式的转换。表模式的定义方法如下:

```
.withSchema(
  new Schema()
    .field("MyField1", Types.INT)        // 根据顺序指定第 1 个字段的名称和类型
    .field("MyField2", Types.STRING)     // 根据顺序指定第 2 个字段的名称和类型
    .field("MyField3", Types.BOOLEAN)    // 根据顺序指定第 3 个字段的名称和类型
)
```

4. 更新模式

对于 Stream 类型的表数据,需要标记出是由于 INSERT、UPDATE、DELETE 中的哪种操作更新的数据,在 Table API 中通过更新模式(Update Mode)来指定数据更新的类型,通过指定不同的更新模式,来确定是哪种更新操作的数据与外部系统进行交互。更新模式的定义方法如下:

```
.connect(…)
  .inAppendMode()                    //仅交互 INSERT 操作更新数据
  .inUpsertMode()                    //仅交互 INSERT、UPDATE、DELETE 操作更新数据
  .inRetractMode()                   //仅交互 INSERT 和 DELETE 操作更新数据
```

5. 应用实例

1) 读取文件

给出一个简单的 Table API 数据处理应用程序。假设已经存在一个文本文件/home/hadoop/stockprice.txt,其内容如下:

```
stock_2,1602031562148,43.5
stock_1,1602031562148,22.9
stock_0,1602031562153,8.3
stock_2,1602031562153,42.1
stock_1,1602031562158,22.2
```

下面编写一个程序,使用 Table API 进行查询操作。程序内容如下:

```
package cn.edu.xmu.dblab

import org.apache.flink.streaming.api.scala._
import org.apache.flink.table.api.bridge.scala._
import org.apache.flink.table.api._
import org.apache.flink.table.descriptors._

case class StockPrice(stockId: String,timeStamp: Long,price: Double)

object TableAPITest {
  def main(args: Array[String]): Unit ={

    //获取运行时
    val bsEnv =StreamExecutionEnvironment.getExecutionEnvironment

    //设置并行度为 1
    bsEnv.setParallelism(1)

    //获取 EnvironmentSettings
    val bsSettings =EnvironmentSettings
      .newInstance()
      .useBlinkPlanner()
      .inStreamingMode()
      .build()

    //获取 TableEnvironment
    val bsTableEnv =StreamTableEnvironment.create(bsEnv, bsSettings)

    //创建数据源
    val stockTable =bsTableEnv.connect(
      new FileSystem()
          .path("file:///home/hadoop/stockprice.txt")
    ).withFormat(new Csv())
      .withSchema(new Schema()
      .field("stockId", DataTypes.STRING())
      .field("timeStamp", DataTypes.BIGINT())
      .field("price", DataTypes.DOUBLE())
```

```
    ).createTemporaryTable("stocktable")

    //使用 Table API 查询
    val stock = bsTableEnv. from ( " stocktable ") . select ( $" stockId ", $"
    timeStamp",$"price")

    //打印输出
    stock.toAppendStream[(String, Long, Double)].print()

    //程序触发执行
    bsEnv.execute("TableAPITest")
  }
}
```

该程序执行以后的输出结果如下：

```
(stock_2,1602031562148,43.5)
(stock_1,1602031562148,22.9)
(stock_0,1602031562153,8.3)
(stock_2,1602031562153,42.1)
(stock_1,1602031562158,22.2)
```

2）读写 MySQL 数据库

MySQL 是常用的关系数据库，这里给出一个读写 MySQL 数据库的实例。假设在 MySQL 数据库中，存在一个名称为 flink 的数据库，这个数据库中存在一个名称为 student 的表，这个表中包含了 3 个字段，分别是 sno（类型是 varchar(20)）、cno（类型是 varchar(20)）和 grade（类型是 int）。student 表中已经包含 4 条数据（见表 7-2）。现在需要读取这 4 条数据显示到屏幕上，并且向 student 表中新插入一条数据（"95003","3",97）。

表 7-2　student 表中的数据

sno	cno	grade
95001	1	94
95001	2	89
95002	1	91
95002	2	86

完成上述功能的程序代码如下：

```
package cn.edu.xmu.dblab

import org.apache.flink.streaming.api.scala._
import org.apache.flink.table.api._
```

```
import org.apache.flink.table.api.bridge.scala._
import org.apache.flink.table.descriptors.{Csv, FileSystem, Schema}

object MySQLConnector{
  def main(args: Array[String]): Unit ={

    //获取运行时
    val bsEnv =StreamExecutionEnvironment.getExecutionEnvironment

    //设置并行度为 1
    bsEnv.setParallelism(1)

    //获取 EnvironmentSettings
    val bsSettings =EnvironmentSettings
      .newInstance()
      .useBlinkPlanner()
      .inStreamingMode()
      .build()

     //获取 TableEnvironment
    val bsTableEnv =StreamTableEnvironment.create(bsEnv, bsSettings)

    //创建一个数据流
    val dataStream =bsEnv.fromElements(Tuple3("95003","3",97))

    //把数据流转换成表(这个知识点会在 7.1.7 节介绍)
    val table1 =bsTableEnv.fromDataStream(dataStream)

    //创建表 student
    val sinkDDL: String =
      """
        |create table student (
        | sno varchar(20) not null,
        | cno varchar(20) not null,
        | grade int
        |) with (
        | 'connector.type' ='jdbc',
        | 'connector.url' ='jdbc: mysql://localhost: 3306/flink',
        | 'connector.table' ='student',
        | 'connector.driver' ='com.mysql.jdbc.Driver',
        | 'connector.username' ='root',
        | 'connector.password' ='123456'
        | )
        """.stripMargin
```

```
    //执行 SQL 语句
    bsTableEnv.executeSql(sinkDDL)

    //注册表
    val mystudent=bsTableEnv.from("student")

    //执行 SQL 查询(这个知识点将在 7.1.5 节介绍)
    val result=bsTableEnv.sqlQuery(s"select sno,cno,grade from $mystudent")

    //打印输出
    result.toRetractStream[(String,String,Int)].print()

    //把数据插入 student 中
    table1.executeInsert("student")

    //触发程序执行
    bsEnv.execute("MySQLConnector")
  }
}
```

此外,需要在 pom.xml 文件中额外添加如下两个依赖:

```
<dependency>
    <groupId>org.apache.flink</groupId>
    <artifactId>flink-connector-jdbc_2.12</artifactId>
    <version>1.11.2</version>
</dependency>
<dependency>
    <groupId>mysql</groupId>
    <artifactId>mysql-connector-java</artifactId>
    <version>5.1.40</version>
</dependency>
```

7.1.5 查询表

1. Table API

Table API 是关于 Scala 和 Java 的集成语言式查询 API。与 SQL 相反,Table API 的查询不是由字符串指定的,而是在宿主语言中逐步构建。

Table API 是基于 Table 类的,该类表示一个表(流或批处理),并提供使用关系操作的方法。这些方法返回一个新的 Table 对象,该对象表示对输入 Table 进行关系操作的结果。一些关系操作由多个方法调用组成,例如 table.groupBy(…).select(…),其中,groupBy(…)指定 table 的分组,而 select(…) 则是在 table 分组上进行投影操作。

下面是一个简单的 Table API 聚合查询实例:

```
//获取 TableEnvironment
val tableEnv =…

//注册一个表,名称为 Orders

//扫描注册的 Orders 表
val orders =tableEnv.from("Orders")

//计算来自法国的所有顾客的收益
val revenue =orders
  .filter($"cCountry" ==="FRANCE")
  .groupBy($"cID", $"cName")
  .select($"cID", $"cName", $"revenue".sum AS "revSum")

//执行表的转换
//执行查询
```

2. SQL

Flink SQL 是基于 Apache Calcite 实现的。Calcite 是为不同计算平台和数据源提供统一动态数据管理服务的高层框架。Calcite 在各种数据源上构建了标准的 SQL,并提供多种查询优化方案,而且 Calcite 引擎也适用于流处理场景。Calcite 的目标是为不同计算平台和数据源提供统一的查询引擎,并以 SQL 访问不同数据源。

Calcite 执行 SQL 查询的主要步骤如下。

(1) 将 SQL 解析成未经校验的抽象语法树,抽象语法树是和语言无关的形式。

(2) 验证抽象语法树,主要验证 SQL 语句是否合法,验证后的结果是 RelNode 树。

(3) 优化 RelNode 树并生成物理查询计划。

(4) 将物理执行计划转换成特定平台的执行代码,如 Flink 的 DataStream 应用程序。

下面的示例演示了如何指定查询并将结果作为表对象返回:

```
//获取 TableEnvironment
val tableEnv =…

//注册一个表,名称为 Orders

//计算来自法国的所有顾客的收益
val revenue =tableEnv.sqlQuery("""
  |SELECT cID, cName, SUM(revenue) AS revSum
  |FROM Orders
  |WHERE cCountry ='FRANCE'
  |GROUP BY cID, cName
  """.stripMargin)
```

```
//执行表的转换
//执行查询
```

3. 应用实例

给出一个简单的 Table API 和 SQL 数据处理应用程序。假设已经存在一个文本文件/home/hadoop/stockprice.txt,文件内容与 7.1.4 节中的相同。下面编写一个程序,这个程序分别使用了 Table API 和 SQL 进行查询操作。程序内容如下:

```
package cn.edu.xmu.dblab

import org.apache.flink.streaming.api.scala._
import org.apache.flink.table.api.bridge.scala._
import org.apache.flink.table.api._
import org.apache.flink.table.descriptors._

case class StockPrice(stockId: String,timeStamp: Long,price: Double)

object TableAPIAndSQLTest {
  def main(args: Array[String]): Unit ={

    //获取运行时
    val bsEnv =StreamExecutionEnvironment.getExecutionEnvironment

    //设置并行度为 1
    bsEnv.setParallelism(1)

    //获取 EnvironmentSettings
    val bsSettings =EnvironmentSettings
      .newInstance()
      .useBlinkPlanner()
      .inStreamingMode()
      .build()

    //获取 TableEnvironment
    val bsTableEnv =StreamTableEnvironment.create(bsEnv, bsSettings)

    //创建数据源
    val stockTable =bsTableEnv.connect(
      new FileSystem()
        .path("file:///home/hadoop/stockprice.txt")
    ).withFormat(new Csv())
      .withSchema(new Schema()
        .field("stockId", DataTypes.STRING())
```

```
        .field("timeStamp", DataTypes.BIGINT())
        .field("price", DataTypes.DOUBLE())
      ).createTemporaryTable("stocktable")

    //使用 Table API 查询
    val stock =bsTableEnv.from("stocktable")
    val stock1 =stock.select($"stockId",$"price").filter('stockId==="stock_1")

    //注册表
    bsTableEnv.createTemporaryView("stockSQLTable",stock)

    //设置 SQL 语句
    val sql=
      """
        |select stockId,price from stockSQLTable
        |where stockId='stock_2'
        |""".stripMargin

    //执行 SQL 查询
    val stock2=bsTableEnv.sqlQuery(sql)

    //打印输出
    stock1.toAppendStream[(String, Double)].print("stock_1")
    stock2.toAppendStream[(String,Double)].print("stock_2")

    //程序触发执行
    bsEnv.execute("TableAPIAndSQLTest")
  }
}
```

程序执行以后会输出如下结果：

```
stock_1>(stock_1,22.9)
stock_2>(stock_2,43.5)
stock_1>(stock_1,22.2)
stock_2>(stock_2,42.1)
```

7.1.6 输出表

表通过写入 TableSink 来实现输出。TableSink 是一个通用接口，用于支持多种文件格式(如 CSV、Apache Parquet、Apache Avro 等)、存储系统(如 JDBC、Apache HBase、Apache Cassandra、Elasticsearch 等)或消息队列系统(如 Apache Kafka、RabbitMQ 等)。

下面的程序框架演示了如何输出到 CSV 文件中：

```
//获取 TableEnvironment
```

```
val tableEnv =…

//创建一个输出表
val schema =new Schema()
    .field("a", DataTypes.INT())
    .field("b", DataTypes.STRING())
    .field("c", DataTypes.BIGINT())

tableEnv.connect(new FileSystem().path("/path/to/file"))
    .withFormat(new Csv().fieldDelimiter('|').deriveSchema())
    .withSchema(schema)
    .createTemporaryTable("CsvSinkTable")

//使用 Table API 或者 SQL 计算一个结果表
val result: Table =…

//把结果表写入已经注册的 TableSink
result.executeInsert("CsvSinkTable")
```

给出一个具体的程序实例，代码如下：

```
package cn.edu.xmu.dblab

import org.apache.flink.streaming.api.scala._
import org.apache.flink.table.api.bridge.scala._
import org.apache.flink.table.api._
import org.apache.flink.table.descriptors._

case class StockPrice(stockId: String,timeStamp: Long,price: Double)

object TableSinkTest {
  def main(args: Array[String]): Unit ={

    //获取运行时
    val bsEnv =StreamExecutionEnvironment.getExecutionEnvironment

    //设置并行度为 1
    bsEnv.setParallelism(1)

    //获取 EnvironmentSettings
    val bsSettings =EnvironmentSettings
      .newInstance()
      .useBlinkPlanner()
      .inStreamingMode()
      .build()
```

```
    //获取 TableEnvironment
    val bsTableEnv =StreamTableEnvironment.create(bsEnv, bsSettings)

    //创建数据源
    val stockTable =bsTableEnv.connect(
      new FileSystem()
        .path("file:///home/hadoop/stockprice.csv")
    ).withFormat(new Csv())
      .withSchema(new Schema()
        .field("stockId", DataTypes.STRING())
        .field("timeStamp", DataTypes.BIGINT())
        .field("price", DataTypes.DOUBLE())
      ).createTemporaryTable("stocktable")

    //使用 Table API 查询
    val stock =bsTableEnv.from("stocktable")
    val stock1 =stock.select("stockId,price").filter('stockId==="stock_1")

    //创建一个输出表
    val schema =new Schema()
      .field("stockId", DataTypes.STRING())
      .field("price", DataTypes.DOUBLE())

    bsTableEnv.connect(new FileSystem().path("file:///home/hadoop/output.
    csv"))
      .withFormat(new Csv().fieldDelimiter('|').deriveSchema())
      .withSchema(schema)
      .createTemporaryTable("CsvSinkTable")

    //把查询结果 stock1 发送给已经注册的 TableSink
    stock1.executeInsert("CsvSinkTable")

    //打印输出
    stock1.toAppendStream[(String, Double)].print("stock_1")

    //程序触发执行
    bsEnv.execute("TableSinkTest")
  }
}
```

上面程序中，stockprice.txt 的文件内容和 7.1.4 节的相同。程序执行以后，可以看到在本地文件系统中生成了一个 output.csv 文件，文件里面的内容如下：

```
stock_1|22.9
stock_1|22.2
```

7.1.7 DataStream/DataSet 与 Table 的相互转换

Flink 提供了两种计划器(Planner),即 Flink 原生计划器和 Blink 计划器。两种计划器都可以和 DataStream API 集成,也就是说,可以将一个 DataStream 转换成一个 Table,也可以将 Table 转换成 DataStream。只有 Flink 原生计划器可以和 DataSet API 集成。Blink 计划器在基于批数据时,不能与流数据合并处理。注意,下面关于 DataSet 的介绍都是基于批处理的 Flink 原生计划器进行的。

1. 通过 DataStream 或 DataSet 创建视图

在 TableEnvironment 中可以将 DataStream 或 DataSet 注册成视图。结果视图的模式(Schema)取决于注册的 DataStream 或 DataSet 的数据类型。需要注意的是,通过 DataStream 或 DataSet 创建的视图只能注册成临时视图。

下面是一个具体实例:

```
// 获取 TableEnvironment

val tableEnv: StreamTableEnvironment =…

//创建一个 DataStream
val stream: DataStream[(Long, String)] =…

// 把这个 DataStream 注册成为视图"myTable",视图的两个字段是"f0"和"f1"
tableEnv.createTemporaryView("myTable", stream)

// 把这个 DataStream 注册成为视图"myTable2",视图的两个字段是"myLong"和"myString"
tableEnv.createTemporaryView("myTable2", stream, 'myLong, 'myString)
```

2. 将 DataStream 或 DataSet 转换成表

与在 TableEnvironment 中注册 DataStream 或 DataSet 不同,DataStream 和 DataSet 还可以直接转换成表。如果想在 Table API 的查询中使用表,这种方式是非常便捷的。

下面是一个具体实例:

```
//获取 TableEnvironment
val tableEnv =…

//创建一个 DataStream
val stream: DataStream[(Long, String)] =…

//把一个 DataStream 转换成一个表,表的默认字段是"_1"和"_2"
val table1: Table =tableEnv.fromDataStream(stream)

//把这个 DataStream 注册成为表,表的两个字段是"myLong"和"myString"
```

```
val table2: Table =tableEnv.fromDataStream(stream, $"myLong", $"myString")
```

3. 将表转换成 DataStream 或 DataSet

表(Table)可以被转换成 DataStream 或 DataSet。通过这种方式,定制的 DataStream 或 DataSet 程序就可以在 Table API 或者 SQL 的查询结果上运行了。将表转换为 DataStream 或者 DataSet 时,需要指定生成的 DataStream 或者 DataSet 的数据类型,即 Table 的每行数据要转换成的数据类型。通常最方便的选择是转换成 Row。

1) 将表转换成 DataStream

流式查询(Streaming Query)的结果表会动态更新,即当新记录到达查询的输入流时,查询结果会改变。因此,像这样将动态查询结果转换成 DataStream 需要对表的更新方式进行编码。

将表转换为 DataStream 有两种模式。

(1) Append Mode: 仅当动态表通过 INSERT 进行修改时,才可以使用此模式,即它仅是追加操作,并且之前输出的结果永远不会更新。

(2) Retract Mode: 任何情形都可以使用此模式。它使用 Boolean 值对 INSERT 和 DELETE 操作的数据进行标记。

```
//获取 TableEnvironment
val tableEnv: StreamTableEnvironment =…

//创建一个具有两个字段的表,(String name, Integer age)
val table: Table =…

//把表转换成一个 DataStream,每个元素类型为 Row
val dsRow: DataStream[Row] =tableEnv.toAppendStream[Row](table)

//把表转换成一个 DataStream,每个元素类型为 Tuple2[String, Int]
val dsTuple: DataStream[(String, Int)] = tableEnv.toAppendStream[(String,
Int)](table)
```

2) 将表转换成 DataSet

将表转换成 DataSet 的过程如下:

```
//获取 TableEnvironment
val tableEnv =BatchTableEnvironment.create(env)

//创建一个具有两个字段的表,(String name, Integer age)
val table: Table =…

//把表转换成一个 DataSet,每个元素类型为 Row
val dsRow: DataSet[Row] =tableEnv.toDataSet[Row](table)
```

```
//把表转换成一个 DataSet,每个元素类型为 Tuple2[String, Int]
val dsTuple: DataSet[(String, Int)] =tableEnv.toDataSet[(String, Int)](table)
```

3. 从数据类型到表模式的映射

表可以由 DataStream 或 DataSet 转换而来,但是,表中的模式和 DataStream/DataSet 的字段有时候并不是完全匹配的,在通常情况下,需要在创建表的时候,修改字段的映射关系。Flink 提供了两种从数据类型到表模式的映射:一种是基于字段位置;另一种是基于字段名称。

1) 基于字段位置的映射

基于字段位置的映射是根据数据集中字段位置偏移来确认表中的字段。这种映射方式可以在保持字段顺序的同时,为字段提供更有意义的名称。可用于具有特定的字段顺序的复合数据类型以及原子类型,如 Tuple、Row 以及 Case Class 这些复合数据类型都有这样的字段顺序。

```
//获取 TableEnvironment
val tableEnv: StreamTableEnvironment =…

//创建数据集
val stream: DataStream[(Long, Int)] =…

//把 DataStream 转换成表,使用默认的字段名称"_1"和"_2"
val table: Table =tableEnv.fromDataStream(stream)

//把 DataStream 转换成表,只使用一个字段名称 "myLong"
val table: Table =tableEnv.fromDataStream(stream, $"myLong")

//把 DataStream 转换成表,使用两个字段名称 "myLong"和"myInt"
val table: Table =tableEnv.fromDataStream(stream, $"myLong", $"myInt")
```

2) 基于字段名称的映射

基于字段名称的映射是指在 DataStream 或 DataSet 数据集中,使用数据中的字段名称进行映射。与使用偏移位置相比,基于字段名称的映射更加灵活,适用于包括自定义 POJO 类的所有数据类型。映射中的所有字段均按名称引用,并且可以通过 as 重命名。字段可以被重新排序和映射。若没有指定任何字段名称,则使用默认的字段名称和复合数据类型的字段顺序。

```
//获取 TableEnvironment
val tableEnv: StreamTableEnvironment =…

//创建数据集
val stream: DataStream[(Long, Int)] =…
```

```
//把 DataStream 转换成表,使用默认字段名称"_1"和"_2"
val table: Table =tableEnv.fromDataStream(stream)

//把 DataStream 转换成表,只使用一个字段名称"_2"
val table: Table =tableEnv.fromDataStream(stream, $"_2")

//把 DataStream 转换成表,并交换两个字段的顺序
val table: Table =tableEnv.fromDataStream(stream, $"_2", $"_1")

//把 DataStream 转换成表,交换两个字段的顺序,并且重命名为"myInt"和"myLong"
val table: Table =tableEnv.fromDataStream(stream, $"_2" as "myInt", $"_1" as "
myLong")
```

4. 原子数据类型

Flink 将基础数据类型(Integer、Double、String)或者通用数据类型(不可再拆分的数据类型)视为原子类型。原子类型的 DataStream 或者 DataSet 会被转换成只有一条属性的表。属性的数据类型可以由原子类型推出,还可以重新命名属性。

```
//获取 TableEnvironment
val tableEnv: StreamTableEnvironment =…

//创建数据集
val stream: DataStream[Long] =…

//把 DataStream 转换成表,使用默认的字段名称"f0"
val table: Table =tableEnv.fromDataStream(stream)

//把 DataStream 转换成表,使用字段名称"myLong"
val table: Table =tableEnv.fromDataStream(stream, $"myLong")
```

5. Tuple 类型和 Case Class 类型

Flink 支持 Scala 的内置 Tuple 类型,Tuple 类型的 DataStream 和 DataSet 都能被转换成表。可以通过提供所有字段名称来重命名字段(基于字段位置映射)。若没有指明任何字段名称,则会使用默认的字段名称。若引用了原始字段名称(_1,_2 …),则 API 会假定映射是基于字段名称的而不是基于字段位置的。基于字段名称的映射可以通过 as 对字段和投影进行重新排序。

```
//获取 TableEnvironment
val tableEnv: StreamTableEnvironment =…

//创建数据集
val stream: DataStream[(Long, String)] =…
```

```
//把 DataStream 转换成表,使用重命名的默认名称"_1"和"_2"
val table: Table =tableEnv.fromDataStream(stream)

//把 DataStream 转换成表,使用字段名称"myLong"和"myString" (基于字段位置)
val table: Table =tableEnv.fromDataStream(stream, $"myLong", $"myString")

//把 DataStream 转换成表,使用重新排序的字段"_2"和"_1" (基于字段名称)
val table: Table =tableEnv.fromDataStream(stream, $"_2", $"_1")

//把 DataStream 转换成表,使用映射后的字段"_2" (基于字段名称)
val table: Table =tableEnv.fromDataStream(stream, $"_2")

//把 DataStream 转换成表,使用重新排序和重新命名的字段"myString"和"myLong" (基于名称)
val table: Table =tableEnv.fromDataStream(stream, $"_2" as "myString", $"_1"
as "myLong")

//定义 Case Class
case class Person(name: String, age: Int)
val streamCC: DataStream[Person] =…

//把 DataStream 转换成表,使用默认的字段名字"name"和"age"
val table =tableEnv.fromDataStream(streamCC)

//把 DataStream 转换成表,使用字段名称"myName"和"myAge"(基于字段位置)
val table =tableEnv.fromDataStream(streamCC, $"myName", $"myAge")

//把 DataStream 转换成表,使用重新排序和重新命名的字段"myAge"和"myName" (基于字段名称)
val table: Table =tableEnv.fromDataStream(stream, $"age" as "myAge", $"name"
as "myName")
```

6. POJO 类型

Flink 支持 POJO 类型作为复合类型。在不指定字段名称的情况下将 POJO 类型的 DataStream 或 DataSet 转换成 Table 时,将使用原始 POJO 类型字段的名称。名称映射需要原始名称,并且不能按位置进行。字段可以使用别名(带有 as 关键字)来重命名,重新排序和投影。

```
// 获取 TableEnvironment
val tableEnv: StreamTableEnvironment =…

// Person 是一个 POJO 对象,具有字段名称"name"和"age"
val stream: DataStream[Person] =…

// 把 DataStream 转换成表,使用默认的字段名称"age"和"name" (字段根据名称进行排序)
```

```
val table: Table =tableEnv.fromDataStream(stream)

// 把 DataStream 转换成表,使用重命名字段"myAge"和"myName" (基于字段名称)
val table: Table =tableEnv.fromDataStream(stream, $"age" as "myAge", $"name"
as "myName")

// 把 DataStream 转换成表,使用映射后的字段名称"name" (基于字段名称)
val table: Table =tableEnv.fromDataStream(stream, $"name")

// 把 DataStream 转换成表,使用映射后的和重命名的字段"myName" (基于字段名称)
val table: Table =tableEnv.fromDataStream(stream, $"name" as "myName")
```

7. Row 类型

Row 类型支持任意数量的字段以及具有 null 值的字段。字段名称可以通过 RowTypeInfo 指定,也可以在将 Row 的 DataStream 或 DataSet 转换为 Table 时指定。Row 类型的字段映射支持基于字段名称和基于字段位置两种方式。字段可以通过提供所有字段名称的方式重命名(基于位置映射)或者分别选择进行投影、排序、重命名(基于字段名称映射)。

```
//获取 TableEnvironment
val tableEnv: StreamTableEnvironment =…

// Row 类型的 DataStream,具有两个字段"name"和"age",字段由 RowTypeInfo 声明
val stream: DataStream[Row] =…

// 把 DataStream 转换成表,使用默认的字段名称"name"和"age"
val table: Table =tableEnv.fromDataStream(stream)

// 把 DataStream 转换成表,使用重命名的字段名称"myName"和"myAge" (基于字段位置)
val table: Table =tableEnv.fromDataStream(stream, $"myName", $"myAge")

// 把 DataStream 转换成表,使用重命名的字段"myName"和"myAge" (基于字段名称)
val table: Table =tableEnv.fromDataStream(stream, $"name" as "myName", $"age"
as "myAge")

// 把 DataStream 转换成表,使用映射后的字段"name" (基于字段名称)
val table: Table =tableEnv.fromDataStream(stream, $"name")

// 把 DataStream 转换成表,使用映射后的并且重命名的字段"myName" (基于字段名称)
val table: Table =tableEnv.fromDataStream(stream, $"name" as "myName")
```

8. 应用实例

给出一个简单的 Table API 和 SQL 数据处理应用程序。假设已经存在一个文本文

件/home/hadoop/stockprice.txt,其内容与 7.1.4 节中的相同。

下面编写一个程序,这个程序分别使用了 Table API 和 SQL 进行查询操作。程序内容如下:

```
package cn.edu.xmu.dblab

import org.apache.flink.streaming.api.scala._
import org.apache.flink.table.api.bridge.scala._
import org.apache.flink.table.api._

case class StockPrice(stockId: String,timeStamp: Long,price: Double)

object TableAPIAndSQLDemo {
  def main(args: Array[String]): Unit ={

    //获取运行时
    val bsEnv =StreamExecutionEnvironment.getExecutionEnvironment

    //设置并行度为 1
    bsEnv.setParallelism(1)

    //获取 EnvironmentSettings
    val bsSettings =EnvironmentSettings
      .newInstance()
      .useBlinkPlanner()
      .inStreamingMode()
      .build()

    //获取 TableEnvironment
    val bsTableEnv =StreamTableEnvironment.create(bsEnv, bsSettings)

    //创建数据源
    val inputData=bsEnv.readTextFile("file:///home/hadoop/stockprice.txt")

    //设置对数据集的转换操作逻辑
    val dataStream=inputData.map(line=>{
      val arr=line.split(",")
      StockPrice(arr(0),arr(1).toLong,arr(2).toDouble)
    })

    //从 DataStream 生成表
    val stockTable = bsTableEnv. fromDataStream (dataStream, $" stockId", $"
    timeStamp",$"price")
```

```
    //使用 Table API 查询
    val stock1=stockTable.select($"stockId",$"price").filter('stockId==="
    stock_1")

    //注册表
    bsTableEnv.createTemporaryView("stocktable",stockTable)

    //设置 SQL 语句
    val sql=
      """
        |select stockId,price from stocktable
        |where stockId='stock_2'
        |""".stripMargin

    //执行 SQL 查询
    val stock2=bsTableEnv.sqlQuery(sql)

    //把结果打印输出
    stock1.toAppendStream[(String,Double)].print("stock_1")
    stock2.toAppendStream[(String,Double)].print("stock_2")

    //程序触发执行
    bsEnv.execute("TableAPIAndSQLDemo ")
  }
}
```

程序执行后会输出如下结果：

```
stock_2>(stock_2,43.5)
stock_1>(stock_1,22.9)
stock_2>(stock_2,42.1)
stock_1>(stock_1,22.2)
```

7.1.8 时间概念

对于在 Table API 和 SQL 接口中的算子中部分需要依赖时间属性，例如 GroupBy Windows 类算子等，因此，对于这类算子需要在表模式中指定时间属性。

1. 事件时间的指定

和 DataStream API 中的一样，Table API 中的事件时间也是从输入事件中提取而来的。定义事件时间的方法有 3 种：在创建表的 DDL 中定义、在 DataStream 到 Table 转换时定义、使用 TableSource 定义。这里只介绍第 2 种方式，其余方法可以参考 Flink 官网资料。

在 DataStream 到 Table 转换时定义事件时间的方法如下：

```
//方案 1

//基于 stream 中的事件产生时间戳和水位线
val stream: DataStream[(String, String)] = inputStream.assignTimestamps-
AndWatermarks(…)

//声明一个额外的逻辑字段作为事件时间属性
val table = tEnv.fromDataStream(stream, $"user_name", $"data", $"user_action_
time".rowtime)

//方案 2

//从第一个字段获取事件时间,并且产生水位线
val stream: DataStream[(Long, String, String)] = inputStream.assignTimestamps-
AndWatermarks(…)

//第一个字段已经用作事件时间抽取,不必再用一个新字段来表示事件时间
val table = tEnv.fromDataStream(stream, $"user_action_time".rowtime, $"user_
name", $"data")

//使用方法

val windowedTable = table.window(Tumble over 10.minutes on $"user_action_time"
as "userActionWindow")                    //本行代码的含义将在 7.2.4 节中介绍
```

关于指定事件时间的具体用法,7.2.4 节中会给出一个完整的实例。

2. 处理时间的指定

处理时间是基于机器的本地时间来处理数据,它是最简单的一种时间概念,但是它不能提供确定性。它既不需要从数据里获取时间,也不需要生成水位线。定义处理时间的方法有 3 种:在创建表的 DDL 中定义、在 DataStream 到 Table 转换时定义、使用 TableSource 定义。这里只介绍第 2 种方式,其余方法可以参考 Flink 官网资料。

在 DataStream 到 Table 转换时定义处理时间的方法如下:

```
val stream: DataStream[(String, String)] = …

//声明一个额外的字段作为时间属性字段
val table = tEnv.fromDataStream(stream, $"UserActionTimestamp", $"user_name",
$"data", $"user_action_time".proctime)

val windowedTable = table.window(Tumble over 10.minutes on $"user_action_time"
as "userActionWindow")                    //本行代码的含义将在 7.2.4 节中介绍
```

7.2 Flink Table API

Flink 针对不同的用户场景提供了 3 层用户 API。最下层是 ProcessFunction API，可以对状态、时间等复杂机制进行有效的控制，但用户使用的便捷性很弱，也就是说，即使很简单地统计逻辑，也需要较多的代码开发。第二层是 DataStream API 和 DataSet API，对窗口、聚合等算子进行了封装，用户的便捷性有所增强。最上层是 SQL/Table API，Table API 是一种可被查询优化器优化的高级分析 API。Table API 具备了 SQL 的各种优点。

(1) 声明式：用户只关心做什么，不用关心怎么做。

(2) 高性能：支持查询优化，可以获取最好的执行性能。

(3) 批流统一：相同的统计逻辑，既可以流模式运行，也可以批模式运行。

(4) 标准稳定：语义遵循 SQL 标准，语法语义明确，不易变动。

下面首先给出一个简单的 Table API 应用实例，然后详细介绍各种 Table API 的用法。

7.2.1 Table API 应用实例

给出一个 Table API 的简单应用实例，在这个实例中，会对单词进行词频统计并打印输出，具体程序代码如下：

```
package cn.edu.xmu.dblab

import org.apache.flink.streaming.api.scala._
import org.apache.flink.table.api.bridge.scala._
import org.apache.flink.table.api._

import scala.collection.mutable

object TableAPIDemo {
  def main(args: Array[String]): Unit ={

    //获取运行时
    val bsEnv =StreamExecutionEnvironment.getExecutionEnvironment

    //设置并行度为 1
    bsEnv.setParallelism(1)

    //获取 EnvironmentSettings
    val bsSettings =EnvironmentSettings
      .newInstance()
      .useBlinkPlanner()
```

```
      .inStreamingMode()
      .build()

    //获取 TableEnvironment
    val bsTableEnv =StreamTableEnvironment.create(bsEnv, bsSettings)

    //生成测试数据
    val data =Seq("Flink", "Spark", "HBase", "Spark", "Hadoop", "Flink","Hive")

    //创建数据源
    val source =bsEnv.fromCollection(data).toTable(bsTableEnv, 'word)

    //单词统计核心逻辑
    val result =source
      .groupBy('word)                    //单词分组
      .select('word, 'word.count)        //单词统计

    //打印输出计算结果
    result.toRetractStream[(String, Long)].print()

    //程序触发执行
    bsEnv.execute
  }
}
```

程序执行以后的输出结果如下：

```
(true,(Flink,1))
(true,(Spark,1))
(true,(HBase,1))
(false,(Spark,1))
(true,(Spark,2))
(true,(Hadoop,1))
(false,(Flink,1))
(true,(Flink,2))
(true,(Hive,1))
```

7.2.2 扫描、投影和过滤

1. from

from 的用法和 SQL 中的 FROM 从句的用法类似，用于对一个已经注册的表的扫描。具体用法如下：

```
val stock: Table =tableEnv.from("stocktable")
```

其中,stocktable 是系统中已经注册的表名称(参考 7.1.4 节中的实例)。

2. fromValues

fromValues 的用法和 SQL 中的 VALUES 从句的用法类似,它会从用户提供的行中生成一个表。具体用法如下:

```
val table =tableEnv.fromValues(
    row(1, "ABC"),
    row(2L, "ABCDE"))
```

3. select

select 和 SQL 语句中的 SELECT 用法类似,会执行选择操作。具体用法如下:

```
val stock =tableEnv.from("stocktable")
val result =stock.select($"stockId", $"price" as "stockPrice")
```

可以使用"*"选择表中的所有列。具体如下:

```
val stock =tableEnv.from("stocktable")
val result =stock.select($"*")
```

4. as

as 用于对字段进行重命名操作。具体如下:

```
val stock = tableEnv.from("stocktable").as("myStockId","myTimeStamp","
myPrice")
```

5. where

where 和 SQL 语句中的 WHERE 从句的用法类似,会执行条件筛选操作。具体如下:

```
val stock =tableEnv.from("stocktable")
val result =stock.where($"stockId" ==="stock_1")
```

6. filter

filter 用于对表中的行进行行过滤操作。具体如下:

```
val stock =tableEnv.from("stocktable")
val result =stock.filter($"stockId" ==="stock_1")
```

7.2.3 列操作

1. addColumns

addColumns 会为表增加一个列，如果表中已经存在这个列，则会报错。具体如下：

```
val stock =tableEnv.from("stocktable")
val result =stock.addColumns(concat($"stockId", "_good"))
```

增加一个列以后的效果类似如下：

```
(stock_2,1602031562148,43.5,stock_2_good)
(stock_1,1602031562148,22.9,stock_1_good)
(stock_0,1602031562153,8.3,stock_0_good)
(stock_2,1602031562153,42.1,stock_2_good)
(stock_1,1602031562158,22.2,stock_1_good)
```

2. addOrReplaceColumns

addOrReplaceColumns 会为表增加一个列，如果表中已经存在同名的列，则表中已经存在的这个列会被替换掉。具体如下：

```
val stock =tableEnv.from("stocktable")
val result = stock. addOrReplaceColumns (concat ($" stockId", " _good") as "
goodstock")
```

3. dropColumns

dropColumns 用于执行列的删除操作，只有已经存在的列才能被删除。具体如下：

```
val stock =tableEnv.from("stocktable")
val result =stock.dropColumns($"price")
```

4. renameColumns

renameColumns 用于对列进行重命名。具体如下：

```
val stock =tableEnv.from("stocktable")
val result =stock.renameColumns($"stockId" as "id", $"price" as "stockprice")
```

7.2.4 聚合操作

这里介绍常用的聚合操作，即 groupBy 聚合、基于窗口的 groupBy 聚合和 distinct，其他聚合操作可以参考 Flink 官网资料。

1. groupBy 聚合

groupBy 和 SQL 语句中的 GROUPBY 从句的用法类似，它会根据分组键对表中的

行进行分组。分组以后,就可以用于后续的聚合操作。具体如下:

```
val stock =tableEnv.from("stocktable")
val result =stock.groupBy($"stockId").select($"stockId", $"price".sum().as("
price_sum"))
```

2. 基于窗口的 groupBy 聚合

基于窗口的 groupBy 聚合和 DataStream API、DataSet API 中提供的窗口一致,都是将流式数据集根据窗口类型切分成有界数据集,然后在有界数据集上进行聚合类计算。

1) 滚动窗口

对于滚动窗口的情形,可以使用如下方式实现基于窗口的 groupBy 聚合:

```
val stock =tableEnv.from("stocktable")
val result: Table =stock
      .window(Tumble over 5.seconds() on $"timeStamp" as "w")  //定义窗口
      .groupBy($"stockId", $"w")              //根据键和窗口进行分组
      .select($"stockId", $"w".start, $"w".end, $"w".rowtime, $"price".sum as
      "price_sum")
```

其中,over 操作符指定窗口的长度,on 操作符指定事件时间字段。

2) 滑动窗口

对于滑动窗口的情形,可以使用如下方式实现基于窗口的 groupBy 聚合:

```
val stock =tableEnv.from("stocktable")
val result: Table =stock
      .window(Slide over 5.seconds() every 1.seconds() on $"timeStamp" as "w")
                                              //定义窗口
      .groupBy($"stockId", $"w")              //根据键和窗口进行分组
      .select($"stockId", $"w".start, $"w".end, $"w".rowtime, $"price".sum as
      "price_sum")
```

3) 会话窗口

对于会话窗口的情形,可以使用如下方式实现基于窗口的 groupBy 聚合:

```
val stock =tableEnv.from("stocktable")
val result: Table =stock
      .window(Session withGap 5.seconds() on $"timeStamp" as "w")   //定义窗口
      .groupBy($"stockId", $"w")              //根据键和窗口进行分组
      .select($"stockId", $"w".start, $"w".end, $"w".rowtime, $"price".sum as
"price_sum")
```

4) 应用实例

下面是运用滚动窗口执行基于窗口的 groupBy 聚合计算的一个实例:

```
package cn.edu.xmu.cn

import java.text.SimpleDateFormat

import org.apache.flink.api.common.eventtime.{SerializableTimestampAssigner,
TimestampAssigner, TimestampAssignerSupplier, Watermark, WatermarkGenerator,
WatermarkGeneratorSupplier, WatermarkOutput, WatermarkStrategy}
import org.apache.flink.streaming.api.TimeCharacteristic
import org.apache.flink.streaming.api.scala._
import org.apache.flink.table.api.bridge.scala._
import org.apache.flink.table.api._

case class StockPrice(stockId: String,timeStamp: Long,price: Double)

object GroupByWindowAggregation {
  def main(args: Array[String]): Unit ={

    //获取运行时
    val bsEnv =StreamExecutionEnvironment.getExecutionEnvironment

    //设置时间特性
    bsEnv.setStreamTimeCharacteristic(TimeCharacteristic.EventTime)

    //设置并行度为 1
    bsEnv.setParallelism(1)

    //获取 EnvironmentSettings
    val bsSettings =EnvironmentSettings
      .newInstance()
      .useBlinkPlanner()
      .inStreamingMode()
      .build()

    //获取 TableEnvironment
    val bsTableEnv =StreamTableEnvironment.create(bsEnv, bsSettings)

    //创建数据源
    val source =bsEnv.socketTextStream("localhost", 9999)

    //指定针对数据流的转换操作逻辑
    val stockDataStream =source
      .map(s =>s.split(","))
      .map(s=>StockPrice(s(0).toString,s(1).toLong,s(2).toDouble))
```

```
    //为数据流分配时间戳和水位线
    val watermarkDataStream = stockDataStream.assignTimestampsAndWatermarks
    (new MyWatermarkStrategy)

    //从 DataStream 生成表
    val stockTable = bsTableEnv.fromDataStream(watermarkDataStream, $"stockId",
    $"timeStamp".rowtime,$"price")

    //使用 Table API 查询
    val result: Table =stockTable
      .window(Tumble over 5.seconds() on $"timeStamp" as "w")   //定义窗口
      .groupBy($"stockId", $"w")              //根据键和窗口进行分组
      .select($"stockId",$"price".sum as "price_sum")

    //打印输出
    result.toRetractStream[(String, Double)].print()

    //程序触发执行
    bsEnv.execute("TableAPIandSQL")
  }

  //指定水位线生成策略
  class MyWatermarkStrategy extends WatermarkStrategy[StockPrice] {
    override def createTimestampAssigner(context: TimestampAssignerSupplier.
    Context): TimestampAssigner[StockPrice]={
      new SerializableTimestampAssigner[StockPrice] {
        override def extractTimestamp(element: StockPrice, recordTimestamp:
        Long): Long ={  element.timeStamp   //从到达消息中提取时间戳
        }
      }
    }

    override def createWatermarkGenerator(context: WatermarkGeneratorSupplier.
    Context): WatermarkGenerator[StockPrice] ={
      new WatermarkGenerator[StockPrice](){
        val maxOutOfOrderness =10000L         //设定最大延迟为 10s
        var currentMaxTimestamp: Long =0L
        var a: Watermark =null
        val format =new SimpleDateFormat("yyyy-MM-dd HH: mm: ss.SSS")

        override def onEvent(element: StockPrice, eventTimestamp: Long,
        output: WatermarkOutput): Unit ={
          currentMaxTimestamp =Math.max(eventTimestamp, currentMaxTimestamp)
          a =new Watermark(currentMaxTimestamp -maxOutOfOrderness)
```

```
            output.emitWatermark(a)
            println("timestamp: " +element.stockId +"," +element.timeStamp +"|"
            +format.format(element.timeStamp) +"," +currentMaxTimestamp +"|" +
            format.format(currentMaxTimestamp) +"," +a.toString)
          }

          override def onPeriodicEmit(output: WatermarkOutput): Unit ={
            // 没有使用周期性发送水印,因此这里没有执行任何操作
          }
        }
      }
    }
  }
```

在 Linux 终端中,使用如下命令启动 NC 程序:

```
$nc -lk 9999
```

然后运行程序 GroupByWindowAggregation,再在 NC 终端内逐行输入如下数据:

```
stock_1,1602031567000,8.14
stock_1,1602031568000,8.22
stock_1,1602031575000,8.14
stock_1,1602031577000,8.14
stock_1,1602031593000,8.14
```

程序运行以后的输出结果如下:

```
(true,(stock_1,16.36))
(true,(stock_1,16.28))
```

3. distinct

distinct 和 SQL 中的 DISTINCT 从句的作用类似,返回的是具有唯一值的记录。

```
val stock =tableEnv.from("stocktable")
val result =stock.distinct()
```

7.2.5 连接操作

这里介绍常用的连接操作,即内连接和外连接,其他连接操作可以参考 Flink 官网资料。

1. 内连接

内连接操作和 SQL 中的 JOIN 从句的功能类似,会对两个表进行连接。参与连接的两个表必须都存在具有唯一值的字段,并且具有至少一个等值连接谓词。具体实例如下:

```
val left =ds1.toTable(tableEnv, $"a", $"b", $"c")
val right =ds2.toTable(tableEnv, $"d", $"e", $"f")
val result =left.join(right).where($"a" ===$"d").select($"a", $"b", $"e")
```

2. 外连接

外连接操作和 SQL 中的 LEFT/RIGHT/FULL OUTER JOIN 的功能类似,会对两个表进行连接操作。参与连接的两个表必须都存在具有唯一值的字段,并且具有至少一个等值连接谓词。具体实例如下:

```
val left =tableEnv.fromDataSet(ds1, $"a", $"b", $"c")
val right =tableEnv.fromDataSet(ds2, $"d", $"e", $"f")

val leftOuterResult =left.leftOuterJoin(right, $"a" ===$"d").select($"a", $"
b", $"e")
val rightOuterResult =left.rightOuterJoin(right, $"a" ===$"d").select($"a",
$"b", $"e")
val fullOuterResult =left.fullOuterJoin(right, $"a" ===$"d").select($"a", $"
b", $"e")
```

7.2.6 集合操作

1. union

union 操作和 SQL 中的 UNION 从句类似,会对两个表进行连接操作,并且去除重复的记录,要求两个表必须具有相同的字段类型。具体实例如下:

```
val left =ds1.toTable(tableEnv, $"a", $"b", $"c")
val right =ds2.toTable(tableEnv, $"a", $"b", $"c")
val result =left.union(right)
```

2. unionAll

unionAll 操作和 SQL 中的 UNION ALL 从句类似,会对两个表进行连接操作,要求两个表必须具有相同的字段类型。具体实例如下:

```
val left =ds1.toTable(tableEnv, $"a", $"b", $"c")
val right =ds2.toTable(tableEnv, $"a", $"b", $"c")
val result =left.unionAll(right)
```

3. intersect

intersect 操作和 SQL 中的 INTERSECT 从句类似,对两个表进行 intersect 操作以后,会返回两个表的交集,即在两个表中都存在的记录。如果一个记录在一个表或两个表中出现了两次以上,则在返回的结果中只会出现一次,即在返回的结果集中不会存在重复

的记录。此外,还要求两个表必须具有相同的字段类型。具体实例如下:

```
val left =ds1.toTable(tableEnv, $"a", $"b", $"c")
val right =ds2.toTable(tableEnv, $"e", $"f", $"g")
val result =left.intersect(right)
```

4. intersectAll

intersectAll 操作与 SQL 中的 INTERSECT ALL 从句类似,会返回两个表的交集,即在两个表中都存在的记录。如果一个记录在一个表或两个表中出现了两次以上,则在返回的结果中也会出现相应的次数,即在返回的结果集中会存在重复的记录。此外,还要求两个表必须具有相同的字段类型。具体实例如下:

```
val left =ds1.toTable(tableEnv, $"a", $"b", $"c")
val right =ds2.toTable(tableEnv, $"e", $"f", $"g")
val result =left.intersectAll(right)
```

5. minus

minus 和 SQL 中的 EXCEPT 从句类似,它返回的结果是那些在左表中存在,但是右表中不存在的记录。左表中重复的记录,在结果中只会出现一次。此外,还要求两个表必须具有相同的字段类型。具体实例如下:

```
val left =ds1.toTable(tableEnv, $"a", $"b", $"c")
val right =ds2.toTable(tableEnv, $"a", $"b", $"c")
val result =left.minus(right)
```

6. MinusAll

minusAll 操作和 SQL 中的 EXCEPT ALL 从句类似,它返回的结果是那些在左表中存在,但是右表中不存在的记录。如果一条记录在左表中出现了 n 次,并且在右表中出现了 m 次,那么,在返回的结果中会出现 $n-m$ 次。此外,还要求两个表必须具有相同的字段类型。具体实例如下:

```
val left =ds1.toTable(tableEnv, $"a", $"b", $"c")
val right =ds2.toTable(tableEnv, $"a", $"b", $"c")
val result =left.minusAll(right)
```

7. in

in 操作和 SQL 中的 IN 从句类似,当一个表达式存在于给定的查询表当中时,in 操作会返回 true,并且要求这个查询表只能有一个列,而且这和表达式必须具有相同的数据类型。具体实例如下:

```
val left =ds1.toTable(tableEnv, $"a", $"b", $"c")
```

```
val right =ds2.toTable(tableEnv, $"a")
val result =left.select($"a", $"b", $"c").where($"a".in(right))
```

7.2.7 排序操作

orderBy 操作和 SQL 中的 ORDER BY 从句类似,返回的结果是有序的。具体实例如下:

```
val in =ds.toTable(tableEnv, $"a", $"b", $"c")
val result =in.orderBy($"a".asc)
```

7.2.8 插入操作

executeInsert 操作和 SQL 中的 INSERT INTO 从句类似,可以向一个已经注册的表中插入记录。需要注意的是,已经注册的输出表的模式必须和查询的模式相匹配。具体实例如下:

```
val stock: Table =bsTableEnv.from("stocktable")
stock.executeInsert("OutStocks")
```

7.2.9 基于行的操作

在基于行的操作的输出结果中会包含多个列。这里只介绍 map、flatMap、聚合等操作,其他操作参考 Flink 官网资料。

1. map

在执行 map 操作时,可以使用用户自定义的 Scala 函数,也可以使用系统内置的 Scala 函数。具体实例如下:

```
package cn.edu.xmu.dblab

import org.apache.flink.api.common.typeinfo.TypeInformation
import org.apache.flink.streaming.api.scala._
import org.apache.flink.table.api.bridge.scala._
import org.apache.flink.table.api._
import org.apache.flink.table.descriptors._
import org.apache.flink.table.functions.ScalarFunction
import org.apache.flink.types.Row

case class StockPrice(stockId: String,timeStamp: Long,price: Double)
object TableAPIMap {
  def main(args: Array[String]): Unit ={

    //获取运行时
```

```
    val bsEnv =StreamExecutionEnvironment.getExecutionEnvironment

    //设置并行度为 1
    bsEnv.setParallelism(1)

    //获取 EnvironmentSettings
    val bsSettings =EnvironmentSettings
      .newInstance()
      .useBlinkPlanner()
      .inStreamingMode()
      .build()

    //获取 TableEnvironment
    val bsTableEnv =StreamTableEnvironment.create(bsEnv, bsSettings)

    //创建数据源
    val stockTable =bsTableEnv.connect(
      new FileSystem()
        .path("file:///home/hadoop/stockprice.txt")
    ).withFormat(new Csv())
      .withSchema(new Schema()
        .field("stockId", DataTypes.STRING())
        .field("timeStamp", DataTypes.BIGINT())
        .field("price", DataTypes.DOUBLE())
      ).createTemporaryTable("stocktable")

    //使用 Table API 查询
    val stock =bsTableEnv.from("stocktable")
    val func =new MyMapFunction()
    val result =stock.map(func($"stockId")).as("a","b")
    result.toRetractStream[(String,String)].print()

    //程序触发执行
    bsEnv.execute("TableAPIandSQL")
  }

  class MyMapFunction extends ScalarFunction {
    def eval(a: String): Row ={
      Row.of(a, "my-" +a)
    }
    override def getResultType(signature: Array[Class[_]]): TypeInformation[_] =
      Types.ROW(Types.STRING, Types.STRING())
  }
}
```

程序的执行结果如下：

```
(true,(stock_2,my-stock_2))
(true,(stock_1,my-stock_1))
(true,(stock_0,my-stock_0))
(true,(stock_2,my-stock_2))
(true,(stock_1,my-stock_1))
```

2. flatMap

给出一个 flatMap 操作的实例。具体如下：

```
package cn.edu.xmu.dblab

import org.apache.flink.api.common.typeinfo.TypeInformation
import org.apache.flink.streaming.api.scala._
import org.apache.flink.table.api.bridge.scala._
import org.apache.flink.table.api._
import org.apache.flink.table.descriptors._
import org.apache.flink.table.functions.{ScalarFunction, TableFunction}
import org.apache.flink.types.Row

case class StockPrice(stockId: String,timeStamp: Long,price: Double)
object TableAPIFlatMap {
  def main(args: Array[String]): Unit ={

    //获取运行时
    val bsEnv =StreamExecutionEnvironment.getExecutionEnvironment

    //设置并行度为 1
    bsEnv.setParallelism(1)

    //获取 EnvironmentSettings
    val bsSettings =EnvironmentSettings
      .newInstance()
      .useBlinkPlanner()
      .inStreamingMode()
      .build()

    //获取 TableEnvironment
    val bsTableEnv =StreamTableEnvironment.create(bsEnv, bsSettings)

    //创建数据源
    val stockTable =bsTableEnv.connect(
      new FileSystem()
```

```
        .path("file:///home/hadoop/stockprice2.txt")
    ).withFormat(new Csv())
      .withSchema(new Schema()
        .field("stockId", DataTypes.STRING())
        .field("timeStamp", DataTypes.BIGINT())
        .field("price", DataTypes.DOUBLE())
    ).createTemporaryTable("stocktable")

    //使用 Table API 查询
    val stock =bsTableEnv.from("stocktable")
    val func =new MyFlatMapFunction()
    val result =stock.flatMap(func($"stockId")).as("a","b")
    result.toRetractStream[(String,Int)].print()

    //程序触发执行
    bsEnv.execute("TableAPIandSQL")
  }

  class MyFlatMapFunction extends TableFunction[Row] {
    def eval(str: String): Unit ={
      if (str.contains("#")) {
        str.split("#").foreach({ s =>
          val row =new Row(2)
          row.setField(0, s)
          row.setField(1, s.length)
          collect(row)
        })
      }
    }
    override def getResultType: TypeInformation[Row] ={
      Types.ROW(Types.STRING, Types.INT)
    }
  }
}
```

假设 stockprice2.txt 文件内容如下：

```
stock#01,1602031567000,8.17
stock#02,1602031568000,8.22
stock#01,1602031575000,8.14
```

则程序执行结果如下：

```
(true,(stock,5))
(true,(01,2))
(true,(stock,5))
```

```
(true,(02,2))
(true,(stock,5))
(true,(01,2))
```

3. 聚合

聚合(Aggregate)操作会使用聚合函数对表进行操作。需要注意的是,必须在聚合函数后面再跟上 select 操作,而这个 select 操作是不支持聚合操作的。具体实例如下:

```
package cn.edu.xmu.dblab

import org.apache.flink.api.common.typeinfo.TypeInformation
import org.apache.flink.api.java.typeutils.RowTypeInfo
import org.apache.flink.streaming.api.scala._
import org.apache.flink.table.api.bridge.scala._
import org.apache.flink.table.api._
import org.apache.flink.table.descriptors._
import org.apache.flink.table.functions.{AggregateFunction, ScalarFunction,
TableFunction}
import org.apache.flink.types.Row

case class StockPrice(stockId: String,timeStamp: Long,price: Double)

object TableAPIAggregate {
  def main(args: Array[String]): Unit ={

    //获取运行时
    val bsEnv =StreamExecutionEnvironment.getExecutionEnvironment

    //设置并行度为 1
    bsEnv.setParallelism(1)

    //获取 EnvironmentSettings
    val bsSettings =EnvironmentSettings
      .newInstance()
      .useBlinkPlanner()
      .inStreamingMode()
      .build()

    //获取 TableEnvironment
    val bsTableEnv =StreamTableEnvironment.create(bsEnv, bsSettings)

    //创建数据源
    val stockTable =bsTableEnv.connect(
```

```
    new FileSystem()
      .path("file:///home/hadoop/stockprice.txt")
  ).withFormat(new Csv())
    .withSchema(new Schema()
      .field("stockId", DataTypes.STRING())
      .field("timeStamp", DataTypes.BIGINT())
      .field("price", DataTypes.DOUBLE())
    ).createTemporaryTable("stocktable")

  //使用 Table API 查询
  val stock =bsTableEnv.from("stocktable")
  val myAggFunc =new MyMinMax()
  val result =stock
    .groupBy($"stockId")
    .aggregate(myAggFunc($"price") as ("x", "y"))
    .select($"stockId", $"x", $"y")
  result.toRetractStream[(String,Double,Double)].print()

  //程序触发执行
  bsEnv.execute("TableAPIandSQL")
}

case class MyMinMaxAcc(var min: Double, var max: Double)

class MyMinMax extends AggregateFunction[Row, MyMinMaxAcc] {
  def accumulate(acc: MyMinMaxAcc, value: Double): Unit ={
    if (value <acc.min) {
      acc.min =value
    }
    if (value >acc.max) {
      acc.max =value
    }
  }
  override def createAccumulator(): MyMinMaxAcc =MyMinMaxAcc(0.0, 0.0)
  def resetAccumulator(acc: MyMinMaxAcc): Unit ={
    acc.min =0.0
    acc.max =0.0
  }
  override def getValue(acc: MyMinMaxAcc): Row ={
     Row.of(java.lang.Double.valueOf(acc.min), java.lang.Double.valueOf
     (acc.max))
  }
  override def getResultType: TypeInformation[Row] ={
    new RowTypeInfo(Types.DOUBLE(), Types.DOUBLE())
```

```
      }
    }
  }
```

程序执行以后的输出结果如下：

```
(true,(stock_2,0.0,43.5))
(true,(stock_1,0.0,22.9))
(true,(stock_0,0.0,8.3))
```

4. 基于分组和窗口的聚合

基于分组和窗口的聚合操作，会对表进行分组和聚合，并且通常会有一个或多个分组键。需要注意的是，必须在聚合函数后面再跟上 select 操作，而这个 select 操作是不支持聚合操作的。具体实例如下：

```
package cn.edu.xmu.dblab

import java.text.SimpleDateFormat
import org.apache.flink.api.common.eventtime.{SerializableTimestamp-
Assigner, TimestampAssigner, TimestampAssignerSupplier, Watermark, Watermark-
Generator, WatermarkGeneratorSupplier, WatermarkOutput, WatermarkStrategy}
import org.apache.flink.api.common.typeinfo.TypeInformation
import org.apache.flink.api.java.typeutils.RowTypeInfo
import org.apache.flink.streaming.api.TimeCharacteristic
import org.apache.flink.streaming.api.scala._
import org.apache.flink.table.api.bridge.scala._
import org.apache.flink.table.api._
import org.apache.flink.table.functions.AggregateFunction
import org.apache.flink.types.Row

case class StockPrice(stockId: String,timeStamp: Long,price: Double)

object Test2 {
  def main(args: Array[String]): Unit ={

    //获取运行时
    val bsEnv =StreamExecutionEnvironment.getExecutionEnvironment

    //设置时间特性
    bsEnv.setStreamTimeCharacteristic(TimeCharacteristic.EventTime)

    //设置并行度为 1
    bsEnv.setParallelism(1)
```

```
  //获取 EnvironmentSettings
  val bsSettings =EnvironmentSettings
    .newInstance()
    useBlinkPlanner()
    .inStreamingMode()
    .build()

  //获取 TableEnvironment
  val bsTableEnv =StreamTableEnvironment.create(bsEnv, bsSettings)

  //创建数据源
  val source =bsEnv.socketTextStream("localhost", 9999)

  //指定针对数据流的转换操作逻辑
  val stockDataStream =source
    .map(s =>s.split(","))
    .map(s=>StockPrice(s(0).toString,s(1).toLong,s(2).toDouble))

  //为数据流分配时间戳和水位线
   val watermarkDataStream = stockDataStream. assignTimestampsAndWatermarks
   (new MyWatermarkStrategy)

  //从 DataStream 生成表
  val  stockTable  =  bsTableEnv.  fromDataStream  ( watermarkDataStream,  $"
  stockId",$"timeStamp".rowtime,$"price")

  //使用 Table API 查询
  val myAggFunc =new MyMinMax()
  val result =stockTable
    .window(Tumble over 5.seconds on $"timeStamp" as "w")
    .groupBy($"stockId",$"w")
    .aggregate(myAggFunc($"price") as ("x", "y"))
    .select($"stockId", $"x", $"y")

  //打印输出
  result.toRetractStream[(String,Double,Double)].print()

  //程序触发执行
  bsEnv.execute("TableAPIandSQL")
}

case class MyMinMaxAcc(var min: Double, var max: Double)

class MyMinMax extends AggregateFunction[Row, MyMinMaxAcc] {
```

```
    def accumulate(acc: MyMinMaxAcc, value: Double): Unit ={
      if (value <acc.min) {
        acc.min =value
      }
      if (value >acc.max) {
        acc.max =value
      }
    }

    override def createAccumulator(): MyMinMaxAcc =MyMinMaxAcc(0.0, 0.0)

    def resetAccumulator(acc: MyMinMaxAcc): Unit ={
      acc.min =0.0
      acc.max =0.0
    }

    override def getValue(acc: MyMinMaxAcc): Row ={
      Row.of(java.lang.Double.valueOf(acc.min), java.lang.Double.valueOf
      (acc.max))
    }

    override def getResultType: TypeInformation[Row] ={
      new RowTypeInfo(Types.DOUBLE(), Types.DOUBLE())
    }
  }

  //指定水位线生成策略
  class MyWatermarkStrategy extends WatermarkStrategy[StockPrice] {
    override def createTimestampAssigner(context: TimestampAssignerSupplier.
    Context): TimestampAssigner[StockPrice]={
      new SerializableTimestampAssigner[StockPrice] {
        override def extractTimestamp(element: StockPrice, recordTimestamp:
        Long): Long ={
          element.timeStamp                   //从到达消息中提取时间戳
        }
      }
    }

    override def createWatermarkGenerator(context: WatermarkGeneratorSupplier.
    Context): WatermarkGenerator[StockPrice] ={
      new WatermarkGenerator[StockPrice](){
        val maxOutOfOrderness =10000L        //设定最大延迟为 10s
        var currentMaxTimestamp: Long =0L
        var a: Watermark =null
```

```
        val format =new SimpleDateFormat("yyyy-MM-dd HH: mm: ss.SSS")

        override def onEvent (element: StockPrice, eventTimestamp: Long,
        output: WatermarkOutput): Unit ={
          currentMaxTimestamp =Math.max(eventTimestamp, currentMaxTimestamp)
          a =new Watermark(currentMaxTimestamp -maxOutOfOrderness)
          output.emitWatermark(a)
          println("timestamp: " +element.stockId +"," +element.timeStamp +"|"
          +format.format(element.timeStamp) +"," +currentMaxTimestamp +"|" +
         format.format(currentMaxTimestamp) +"," +a.toString)
        }

        override def onPeriodicEmit(output: WatermarkOutput): Unit ={
          //没有使用周期性发送水印,因此这里没有执行任何操作
        }
      }
    }
  }
}
```

输入数据如下：

```
stock_1,1602031567000,8.14
stock_2,1602031568000,18.22
stock_2,1602031575000,8.14
stock_1,1602031577000,18.21
stock_1,1602031593000,8.98
```

程序执行的输出结果如下：

```
timestamp: stock_1,1602031567000|2020-10-07    08: 46: 07.000,1602031567000|
2020-10-07 08: 46: 07.000,Watermark @1602031557000 (2020-10-07 08: 45: 57.000)
timestamp: stock_2,1602031568000|2020-10-07    08: 46: 08.000,1602031568000|
2020-10-07 08: 46: 08.000,Watermark @1602031558000 (2020-10-07 08: 45: 58.000)
timestamp: stock_2,1602031575000|2020-10-07    08: 46: 15.000,1602031575000|
2020-10-07 08: 46: 15.000,Watermark @1602031565000 (2020-10-07 08: 46: 05.000)
timestamp: stock_1,1602031577000|2020-10-07    08: 46: 17.000,1602031577000|
2020-10-07 08: 46: 17.000,Watermark @1602031567000 (2020-10-07 08: 46: 07.000)
timestamp: stock_1,1602031593000|2020-10-07    08: 46: 33.000,1602031593000|
2020-10-07 08: 46: 33.000,Watermark @1602031583000 (2020-10-07 08: 46: 23.000)
(true,(stock_1,0.0,8.14))
(true,(stock_2,0.0,18.22))
(true,(stock_1,0.0,18.21))
(true,(stock_2,0.0,8.14))
```

7.3 Flink SQL

SQL 作为 Flink 提供的接口之一,占据着非常重要的地位,主要是因为 SQL 具有灵活和丰富的语法,能够应用于大部分的计算场景。Flink SQL 底层使用 Apache Calcite 框架,将标准的 Flink SQL 语句解析并转换成底层的算子处理逻辑,并在转换过程中基于语法规则层面进行性能优化。另外,用户在使用 SQL 编写 Flink 应用程序时,能够屏蔽底层技术细节,更加方便且高效地通过 SQL 语句来构建 Flink 应用。Flink SQL 在 Table PAI 基础之上构建,并涵盖了大部分的 Table API 功能特性。同时,Flink SQL 可以与 Table API 混用,Flink 最终会在整体上将代码合并在同一套代码逻辑中,另外构建一套 SQL 代码可以同时应用在相同数据结构的流式计算场景和批量计算场景上,不需要用户对 SQL 语句做任何调整,最终达到实现批流统一的目的。

本节介绍 Flink 所支持的 SQL,包括数据定义语言、数据操作语言以及查询语言。Flink SQL 所支持的语句具体如下:

- SELECT (查询)。
- CREATE TABLE, DATABASE, VIEW, FUNCTION。
- DROP TABLE, DATABASE, VIEW, FUNCTION。
- ALTER TABLE, DATABASE, FUNCTION。
- INSERT。
- SQL HINTS。
- DESCRIBE。
- EXPLAIN。
- USE。
- SHOW。

这里只介绍 SELECT 查询的用法,其他语句的用法参考 Flink 官网资料。

7.3.1 应用实例

SELECT 语句需要使用 TableEnvironment.sqlQuery()方法加以指定,并以 Table 的形式返回 SELECT 的查询结果。Table 可以被用于随后的 SQL 与 Table API 查询、转换为 DataSet、DataStream 或输出到 TableSink。SQL 与 Table API 的查询可以进行无缝融合、整体优化并翻译为单一的程序。SELECT 语句也可以通过 TableEnvironment.executeSql() 方法来执行,将选择的结果收集到本地,该方法返回 TableResult 对象用于包装查询的结果。具体实例如下:

```
package cn.edu.xmu.dblab

import org.apache.flink.api.common.typeinfo.TypeInformation
import org.apache.flink.streaming.api.scala._
import org.apache.flink.table.api.bridge.scala._
```

```
import org.apache.flink.table.api._
import org.apache.flink.table.descriptors._
import org.apache.flink.table.functions.ScalarFunction
import org.apache.flink.types.Row

case class StockPrice(stockId: String,timeStamp: Long,price: Double)

object FlinkSQLSelect {
  def main(args: Array[String]): Unit ={

    //获取运行时
    val bsEnv =StreamExecutionEnvironment.getExecutionEnvironment

    //设置并行度为 1
    bsEnv.setParallelism(1)

    //获取 EnvironmentSettings
    val bsSettings =EnvironmentSettings
      .newInstance()
      .useBlinkPlanner()
      .inStreamingMode()
      .build()

    //获取 TableEnvironment
    val bsTableEnv =StreamTableEnvironment.create(bsEnv, bsSettings)

    //创建数据源
    val stockTable =bsTableEnv.connect(
      new FileSystem()
        .path("file:///home/hadoop/stockprice.txt")
    ).withFormat(new Csv())
      .withSchema(new Schema()
        .field("stockId", DataTypes.STRING())
        .field("timeStamp", DataTypes.BIGINT())
        .field("price", DataTypes.DOUBLE())
    ).createTemporaryTable("stocktable")

    //创建输出表
    val outTable =bsTableEnv.connect(
      new FileSystem()
        .path("file:///home/hadoop/out.txt")
    ).withFormat(new Csv())
      .withSchema(new Schema()
        .field("stockId", DataTypes.STRING())
```

```
        .field("price", DataTypes.DOUBLE())
      ).createTemporaryTable("outtable")

    //使用 SQL 查询
    bsTableEnv.executeSql(
      "INSERT INTO outtable SELECT stockId,price FROM stocktable WHERE stockId
      LIKE '%stock_1%'")

    //使用 SQL 查询
    val stock =bsTableEnv.from("stocktable")
    val result =bsTableEnv.sqlQuery(s"SELECT stockId,price FROM $stock")
    result.toRetractStream[(String,Double)].print()

    //程序触发执行
    bsEnv.execute("TableAPIandSQL")
  }
}
```

7.3.2 数据查询与过滤操作

可以通过 SELECT 语句查询表中的数据,并使用 WHERE 语句设定过滤条件,将符合条件的数据筛选出来。

```
SELECT * FROM stock

SELECT stockId, price AS stockprice FROM stock
SELECT * FROM stock WHERE stockId ='stock_1'
SELECT * FROM stock WHERE price >10
```

7.3.3 聚合操作

1. GROUP BY 聚合

GROUP BY 聚合的实例如下:

```
SELECT stockId, AVG(price) as avg_price
FROM stock
GROUP BY stockId
```

2. GROUP BY 窗口聚合

GROUP BY 窗口聚合的实例如下:

```
SELECT stockId, AVG(price)
FROM stock
GROUP BY TUMBLE(timeStamp, INTERVAL '1' DAY), stockId
```

3. DISTINCT

DISTINCT 的具体实例如下：

```
SELECT DISTINCT stockId FROM stock
```

4. HAVING

HAVING 的具体实例如下：

```
SELECT AVG(price)
FROM stock
GROUP BY stockId
HAVING AVG(price) >20
```

7.3.4 连接操作

1. 内连接

目前仅支持等值连接，具体实例如下：

```
SELECT *
FROM stock INNER JOIN stock_info ON stock.stockId =stock_info.stockId
```

2. 外连接

目前仅支持等值连接，具体实例如下：

```
SELECT * FROM stock LEFT JOIN stock_info ON stock.stockId =stock_info.stockId
SELECT * FROM stock RIGHT JOIN stock_info ON stock.stockId =stock_info.stockId
SELECT * FROM stock FULL OUTER JOIN stock _ info ON stock. stockId = stock _
info.stockId
```

7.3.5 集合操作

1. UNION

UNION 操作的具体实例如下：

```
SELECT *
FROM (
    (SELECT stockId FROM stock WHERE stockId='stock_1')
  UNION
    (SELECT stockId FROM stock WHERE stockId='stock_2'
)
```

2. UNION ALL

UNION ALL 操作的具体实例如下：

```
SELECT *
FROM (
    (SELECT stockId FROM stock WHERE stockId='stock_1')
  UNION ALL
    (SELECT stockId FROM stock WHERE stockId='stock_2'
)
```

3. INTERSECT/EXCEPT

INTERSECT/EXCEPT 操作的具体实例如下：

```
SELECT *
FROM (
    (SELECT stockId FROM stock WHERE price >10.0)
  INTERSECT
    (SELECT stockId FROM stock WHERE stockId='stock_1')
)
SELECT *
FROM (
    (SELECT stockId FROM stock WHERE price >10.0)
  EXCEPT
    (SELECT stockId FROM stock WHERE stockId='stock_1')
)
```

4. IN

若表达式在给定的表查询中存在，则返回 true。查询表必须由单个列构成，且该列的数据类型需与表达式保持一致。IN 操作的具体实例如下：

```
SELECT stockId, price
FROM stock
WHERE stockId IN (
    SELECT stockId FROM newstock
)
```

5. EXISTS

若子查询的结果多于一行，将返回 true。仅支持可以通过 join 和 group 重写的操作。具体实例如下：

```
SELECT stockId, price
```

```
FROM stock
WHERE stockId EXISTS (
    SELECT stockId FROM newstock
)
```

6. ORDER BY

ORDER BY 的具体实例如下：

```
SELECT *
FROM stock
ORDER BY timeStamp
```

7. LIMIT

LIMIT 的具体实例如下：

```
SELECT *
FROM stock
ORDER BY timeStamp
LIMIT 3
```

7.4 自定义函数

Flink Table API 不仅提供了大量的内建函数，也支持用户实现自定义函数，这样极大地拓展了 Table API 和 SQL 的计算表达能力，使得用户能够更加方便、灵活地使用 Table API 和 SQL 编写 Flink 应用。自定义函数是一种扩展开发机制，可以用来在查询语句里调用难以用其他方式表达的频繁使用或自定义的逻辑。需要注意的是，自定义函数主要在 Table API 和 SQL 中使用，对于 DataStream 和 DataSet 的应用，则无须借助自定义函数，只要在相应接口代码中构建计算逻辑即可。

在 Table API 中，根据处理的数据类型以及计算方式的不同，将自定义函数分为 3 种类型：

(1) 标量函数(Scalar Function)：将标量值转换成一个新标量值；

(2) 表值函数(Table Function)：将标量值转换成新的行数据；

(3) 聚合函数(Aggregation Function)：将多行数据里的标量值转换成一个新标量值。

7.4.1 标量函数

自定义标量函数可以把 0 到多个标量值映射成 1 个标量值，数据类型里列出的任何数据类型都可作为求值方法的参数和返回值类型。想要实现自定义标量函数，需要扩展 org.apache.flink.table.functions 里面的 ScalarFunction，并且实现一个或者多个求值方法。标量函数的行为取决于写的求值方法。求值方法必须是 public 的，而且名字必须是

eval。对于不支持的输出结果类型,可以通过实现 TableFunction 接口中的 getResultType()对输出结果的数据类型进行转换。

下面给出一个实例,介绍如何创建一个基本的标量函数,以及如何在 Table API 和 SQL 里调用这个函数。函数用于 SQL 查询前要先经过注册;而在用于 Table API 时,函数可以先注册后调用,也可以"内联"后直接使用。

```
package cn.edu.xmu.dblab

import org.apache.flink.streaming.api.scala._
import org.apache.flink.table.api.bridge.scala._
import org.apache.flink.table.api._
import org.apache.flink.table.descriptors._
import org.apache.flink.table.functions.ScalarFunction
import org.apache.flink.types.Row

case class StockPrice(stockId: String,timeStamp: Long,price: Double)

object ScalarFunctionDemo {
  def main(args: Array[String]): Unit ={

    //获取运行时
    val bsEnv =StreamExecutionEnvironment.getExecutionEnvironment

    //设置并行度为 1
    bsEnv.setParallelism(1)

    //获取 EnvironmentSettings
    val bsSettings =EnvironmentSettings
      .newInstance()
      .useBlinkPlanner()
      .inStreamingMode()
      .build()

    //获取 TableEnvironment
    val bsTableEnv =StreamTableEnvironment.create(bsEnv, bsSettings)

    //创建数据源
    val stockTable =bsTableEnv.connect(
      new FileSystem()
        .path("file:///home/hadoop/stockprice.txt")
    ).withFormat(new Csv())
      .withSchema(new Schema()
        .field("stockId", DataTypes.STRING())
        .field("timeStamp", DataTypes.BIGINT())
```

```
        .field("price", DataTypes.DOUBLE())
      ).createTemporaryTable("stocktable")
    val stock =bsTableEnv.from("stocktable")

    //在 Table API 里不经注册直接"内联"调用函数
    val result1 =stock.select(call(classOf[SubstringFunction], $"stockId",6,7))

    //注册函数
    bsTableEnv.createTemporarySystemFunction("SubstringFunction", classOf
    [SubstringFunction])

    //在 Table API 里调用注册好的函数
    val result2 =stock.select(call("SubstringFunction", $"stockId",6,7))
    val result3 =bsTableEnv.sqlQuery("SELECT SubstringFunction(stockId, 6, 7)
    FROM stocktable")

    //打印输出
    result1.toAppendStream[Row].print("result1")
    result2.toAppendStream[Row].print("result2")
    result3.toAppendStream[Row].print("result3")
    bsEnv.execute("ScalarFunctionDemo ")
  }

  //用户自定义函数
  class SubstringFunction extends ScalarFunction {
    def eval(s: String, begin: Integer, end: Integer): String ={
      s.substring(begin, end)
    }
  }
}
```

7.4.2　表值函数

与自定义标量函数一样，自定义表值函数的输入参数也可以是 0 到多个标量。但是与标量函数只能返回一个值不同，它可以返回任意多行。返回的每行可以包含 1 到多列，如果输出行只包含 1 列，会省略结构化信息并生成标量值，这个标量值在运行阶段会隐式地进行包装。

要定义一个表值函数，需要扩展 org.apache.flink.table.functions 下的 TableFunction，可以通过实现多个名为 eval 的方法对求值方法进行重载。像其他函数一样，输入和输出类型也可以通过反射自动提取出来。表值函数返回的表的类型取决于 TableFunction 类的泛型参数 T，不同于标量函数，表值函数的求值方法本身不包含返回类型，而是通过 collect(T)方法来发送要输出的行。

在 Table API 中，表值函数是通过.joinLateral(…)或者.leftOuterJoinLateral(…) 来

使用的。joinLateral 算子会把外表(算子左侧的表)的每行表值函数返回的所有行(位于算子右侧)进行交叉连接(Cross Join)。leftOuterJoinLateral 算子也是把外表(算子左侧的表)的每行与表值函数返回的所有行(位于算子右侧)进行交叉连接,并且如果表值函数返回 0,则会保留外表的这一行。

在 SQL 里面用 JOIN 或者以 ON TRUE 为条件的 LEFT JOIN 来配合 LATERAL TABLE(<TableFunction>)的使用。

下面是关于表值函数用法的一个实例。

```
package cn.edu.xmu.dblab

import org.apache.flink.api.common.typeinfo.TypeInformation
import org.apache.flink.api.java.typeutils.RowTypeInfo
import org.apache.flink.streaming.api.scala._
import org.apache.flink.table.annotation.{DataTypeHint, FunctionHint}
import org.apache.flink.table.api.bridge.scala._
import org.apache.flink.table.api._
import org.apache.flink.table.descriptors._
import org.apache.flink.table.functions.{AggregateFunction, ScalarFunction,
TableFunction}
import org.apache.flink.types.Row

case class StockPrice(stockId: String,timeStamp: Long,price: Double)

object TableFunctionDemo {
  def main(args: Array[String]): Unit ={

    //获取运行时
    val bsEnv =StreamExecutionEnvironment.getExecutionEnvironment

    //设置并行度为 1
    bsEnv.setParallelism(1)

    //获取 EnvironmentSettings
    val bsSettings =EnvironmentSettings
      .newInstance()
      .useBlinkPlanner()
      .inStreamingMode()
      .build()

    //获取 TableEnvironment
    val bsTableEnv =StreamTableEnvironment.create(bsEnv, bsSettings)

    //创建数据源
```

```
    val stockTable =bsTableEnv.connect(
      new FileSystem()
        .path("file:///home/hadoop/stockprice.txt")
    ).withFormat(new Csv())
      .withSchema(new Schema()
        .field("stockId", DataTypes.STRING())
        .field("timeStamp", DataTypes.BIGINT())
        .field("price", DataTypes.DOUBLE())
      ).createTemporaryTable("stocktable")

    //使用 Table API 查询
    val stock =bsTableEnv.from("stocktable")
    val result =stock
      //.joinLateral(call(classOf[MySplitFunction], $"stockId")
        .leftOuterJoinLateral(call(classOf[MySplitFunction], $"stockId"))
        .select($"stockId", $"word", $"length")
    result.toRetractStream[(String,String,Long)].print()

    //程序触发执行
    bsEnv.execute("TableFunctionDemo")
  }

  //通过注解指定返回类型
  @FunctionHint(output =new DataTypeHint("ROW<word STRING, length INT>"))
  class MySplitFunction extends TableFunction[Row] {
    def eval(str: String): Unit ={
      //使用 collect(…)把行发送(Emit)出去
      str.split("_").foreach(s =>collect(Row.of(s, Int.box(s.length))))
    }
  }
}
```

7.4.3 聚合函数

自定义聚合函数是把一个表(一行或者多行,每行可以有一列或者多列)聚合成一个标量值。自定义聚合函数是通过扩展 AggregateFunction 来实现的。AggregateFunction 的工作过程如下。

(1) 需要一个累加器(Accumulator),它是一个数据结构,存储了聚合的中间结果。通过调用 AggregateFunction 的 createAccumulator 方法,可以创建一个空的累加器。

(2) 对于每行数据,会调用 accumulate 方法来更新累加器。当所有的数据都处理完后,通过调用 getValue 方法来计算和返回最终的结果。

每个 AggregateFunction 必须要实现 3 个方法: createAccumulator()、accumulate()和 getValue()。对于不支持的输出结果类型,可以通过实现 TableFunction 接口中的

getResultType()对输出结果的数据类型进行转换。

7.2.9 节中的程序 TableAPIAggregate 就是采用了自定义聚合函数的实例。这里再给出一个简单的实例,具体如下:

```
package cn.edu.xmu.dblab

import org.apache.flink.api.common.typeinfo.TypeInformation
import org.apache.flink.api.java.typeutils.RowTypeInfo
import org.apache.flink.streaming.api.scala._
import org.apache.flink.table.api.bridge.scala._
import org.apache.flink.table.api._
import org.apache.flink.table.descriptors._
import org.apache.flink.table.functions.{AggregateFunction, ScalarFunction,
TableFunction}
import org.apache.flink.types.Row

case class StockPrice(stockId: String,timeStamp: Long,price: Double)

object SelfAggFunc{
  def main(args: Array[String]): Unit ={

    //获取运行时
    val bsEnv =StreamExecutionEnvironment.getExecutionEnvironment

    //设置并行度为 1
    bsEnv.setParallelism(1)

    //获取 EnvironmentSettings
    val bsSettings =EnvironmentSettings
      .newInstance()
      .useBlinkPlanner()
      .inStreamingMode()
      .build()

    //获取 TableEnvironment
    val bsTableEnv =StreamTableEnvironment.create(bsEnv, bsSettings)

    //创建数据源
    val stockTable =bsTableEnv.connect(
      new FileSystem()
        .path("file:///home/hadoop/stockprice.txt")
    ).withFormat(new Csv())
      .withSchema(new Schema()
        .field("stockId", DataTypes.STRING())
```

```
        .field("timeStamp", DataTypes.BIGINT())
        .field("price", DataTypes.DOUBLE())
      ).createTemporaryTable("stocktable")

    //使用 Table API 查询
    val stock =bsTableEnv.from("stocktable")
    val myCountFunction =new MyCountFunction()
    val result =stock
      .groupBy($"stockId")
      .aggregate(myCountFunction() as ("x"))
      .select($"stockId", $"x")
    result.toRetractStream[(String,Long)].print()

    //程序触发执行
    bsEnv.execute("SelfAggFunc")
  }

  case class MyCountAccumulator(var count: Long)

  class MyCountFunction extends AggregateFunction[Row, MyCountAccumulator] {
    def accumulate(acc: MyCountAccumulator): Unit ={
      acc.count =acc.count +1
    }

    override def createAccumulator(): MyCountAccumulator =MyCountAccumulator(0)

    override def getValue(acc: MyCountAccumulator): Row = Row.of(java.lang.
    Long.valueOf(acc.count))

    override def getResultType: TypeInformation[Row] ={
      new RowTypeInfo(Types.LONG())
    }
  }
}
```

7.5 本章小结

关系型编程接口，因其强大且灵活的表达能力，能够让用户通过非常丰富的接口对数据进行处理，有效降低了用户的使用成本，近年来逐渐成为主流大数据处理框架主要的接口形式之一。Table API 和 SQL 是 Flink 提供的关系型编程接口，能够让用户通过使用结构化编程接口高效地构建 Flink 应用。同时，Table API 和 SQL 能够统一处理批量和实时计算业务，无须切换修改任何应用代码就能够基于同一套 API 编写流式应用和批量应用，从而达到真正意义上的批流统一。本章详细介绍了如何使用 Table API 和 SQL 来构建应用程序。

7.6 习题

1. 基于 Table API 和 SQL 的数据处理应用程序主要包括哪几个步骤?
2. 简述对于批处理和流处理两种情形下 TableEnvironment 的创建方法。
3. 在 Flink 中注册表有哪几种方式?
4. Calcite 执行 SQL 查询的主要步骤有哪些?
5. TableSink 是一个通用接口,它可以支持哪些格式的输出?
6. Table API 中的事件时间也是从输入事件中提取而来的,定义事件时间的方法有哪几种?
7. Table API 有哪些不同类型的操作?
8. SQL 有哪些不同类型的操作?
9. 根据处理的数据类型以及计算方式的不同,自定义函数分为哪几种类型?

实验 6 Table API& SQL 编程实践

1. 实验目的

(1) 熟悉 Table API&SQL 的基本操作,学会链接数据源。
(2) 掌握如何使用 TableAPI&SQL 对数据进行建表转换和输出操作。
(3) 掌握在表环境下的时间语义及窗口操作。
(4) 学会使用各种函数以及自定义函数。

2. 实验平台

操作系统: Ubuntu 18.04.5。
IDE: IntelliJ IDEA。
Flink 版本: Apache Flink 1.11.2 for Scala 2.12。

3. 实验内容和要求

1) 初步使用 TableAPI&SQL

到本教程官网“下载专区”栏目的“数据集”目录的“第 7 章”子目录下,下载数据集文件 StuList,该文件包含学生的成绩数据,数据格式如下。

```
Stu_1,Selina,78.9,1547717513
Stu_1,Selina,75.6,1547718535
Stu_2,Bob,68.3,1547718148
Stu_2,Bob,72.3,1547718146
Stu_3,Mary,65.8,1547718499
...
```

根据给定的实验数据，编写一个程序，要求该程序包含如下功能。

(1) 在程序中创建一个样例类，用来对每条记录进行格式封装，样例类定义如下：

```
case class Stu(id: String,name: String,score: Double,timestamp: Long)
```

(2) 将文件内容读为数据流。

(3) 创建环境和表环境，设置并行度为1，表环境使用BlinkPlanner的流处理模式。

(4) 使用数据流创建Flink Table，Flink Table创建注册表table，建表时重命名id字段为myid。

(5) 使用Table API的方式查询myid为Stu_1的学生的所有数据，并按照name-myid-score的顺序输出，不输出timestamp。

(6) 使用Flink SQL的方式查询myid为Stu_2的学生的所有数据，并按照name-myid-score的顺序输出，不输出timestamp。

2) 链接文件系统进行建表和输出

假设数据集文件StuList已经保存到本地文件系统中，完成如下操作。

(1) 直接通过StuList注册表构建Table类。

(2) 通过Table类完成按id的分组查询，并输出每个id的记录数量(RetractStream)。

(3) 使用Flink SQL方式查询出所有记录的id和成绩信息，用单线程写入一个output.txt文件中。

其中，第(2)步的输出样例如下：

```
(true,(Stu_1,1))
(false,(Stu_1,1))
(true,(Stu_1,2))
(true,(Stu_2,1))
(false,(Stu_2,1))
(true,(Stu_2,2))
(true,(Stu_3,1))
(true,(Stu_4,1))
…
```

第(3)步的output.txt的样例如下：

```
Stu_1,78.9
Stu_1,75.6
Stu_2,68.3
Stu_2,72.3
Stu_3,65.8
Stu_4,45.3
Stu_4,65.3
…
```

3) 链接Kafka系统进行流式建表和输出

依次完成如下操作。

(1) 在 Linux 系统中安装 Kafka。

(2) 启动 Zookeeper 和 Kafka 服务,使用 jps 命令查看启动情况。

(3) 编写 Flink 程序,分别编写生产者和消费者的链接,并构建相应注册表 instudent 和 outstudent,将 instudent 中 id 为 Stu_1 的数据输出到 outstudent,注册表结构如表 7-3 所示。

表 7-3 注册表结构

id	name	score	time
STRING	STRING	DOUBLE	BIGINT

(4) 在 Kafka 中分别启动生产者和消费者,在生产者窗口中选择 StuList 的一些数据进行输入,在消费者窗口中观察处理后的输出情况。

4) Table API&SQL 中的窗口和时间语义

假设数据集文件 StuList 已经保存到本地文件系统中,完成如下操作。

(1) 从 StuList 中用流的方式建表,设置环境使用处理时间(Processing Time),使用 proctime 在表最后添加 prot 字段,输出并观察表结构和表内容。

(2) 新建一个 Scala Object 文件,同样使用流的方式进行建表操作,设置环境并行度为 1,使用事件时间(Event Time)。在流中提取 Stu 中的 timestamp 字段×1000L 作为事件时间戳,并设置水位线为 3s。建表时同样设置 timestamp 作为 rowtime,并设置别名 ts 防止在 SQL 中误处理。

(3) 用 Table API 的方式开辟一个 10s 的滚动窗口,按照 id 进行分组,统计学生参加考试次数和分数平均值并输出窗口结束时间。

(4) 将表注册到环境中,并命名为 student,用 Flink SQL 的方式开辟一个 Over 窗口(具体用法参考 Flink 官网资料),以 id 为主键,按 ts 排序,输出当前数据和之前两个数据的平均值、id、ts,以及当前窗口的数据总数。

5) 用户自定义函数的使用

假设数据集文件 StuList 已经保存到本地文件系统中,完成如下操作。

(1) 对 StuList 进行建表。

(2) 编写一个标量函数,要求有一个参数 a(Double),返回 score(百分制)在 a 分制下的等比例分数(最多保留两位小数),使用 Table API 或 Flink SQL 方法进行调用并输出 id、name、score 及转换后的成绩。

(3) 编写一个表函数,要求有 3 个 Double 类型参数,分别为优秀、一般、及格的分数线,分出 Good、Fair、Pass、Fail 4 个级别,返回 score 的级别以及哈希码,使用 Table API 或 Flink SQL 的方式将返回的数据进行侧链接并输出。

(4) 编写一个聚合函数,实现将表按 id 分组后求平均成绩的功能,使用 Table API 或 Flink SQL 的方式进行调用,输出 id 和平均成绩。

(5) 编写一个表聚合函数,统计每人最高的两个成绩并排名,使用 Table API 的方式进行调用,输出 id、成绩和成绩的排名,个人成绩数量不足两个时用 0 补齐。

4. 实验报告

《Flink 编程基础(Scala 版)》实验报告		
题目：	姓名：	日期：
实验环境：		
实验内容与完成情况：		
出现的问题：		
解决方案(列出遇到的问题和解决办法,列出没有解决的问题)：		

第8章

FlinkCEP

FlinkCEP是Flink生态系统中用于复杂事件处理的库，构建在DataStream API之上，可以从流式数据中接收事件，并提供了用于定义输入事件流模式的Pattern API。将输入事件流与模式结合后，FlinkCEP用一个Pattern Stream返回事件流中与模式匹配的结果，并提供了select方法与flatSelect方法用于提取事件。

本章首先介绍如何使用Pattern API定义模式，其次介绍如何在事件流中用定义好的模式提取出感兴趣的事件，最后用一个实例展示FlinkCEP处理复杂事件的完整流程。

8.1 概述

复杂事件处理(Complex Event Processing，CEP)将来自多个来源的数据组合在一起，以推断出更复杂情况的事件或模式。复杂事件处理的目标是识别有意义的事件，并尽快对其做出响应。可见，复杂事件处理天生带有流数据处理的一些特征，具体如下。

(1) 复杂性。需要处理多个来源的数据。

(2) 低延迟。在一些应用中需要做出秒级或毫秒级的响应。

(3) 高吞吐。需要处理海量的事件流并从中挖掘出有意义的事件。

常见的CEP用例包括欺诈检测、复杂系统中的监视和警报、检测网络入侵或可疑用户行为等。

虽然通过DataStream API也可以达到处理复杂事件的目的，但是往往需要十分复杂的逻辑才能表达出不同事件到达的顺序、次数等特征，具有很大的局限性。因此，Flink提供了专门用于复杂事件处理的库FlinkCEP。FlinkCEP组件栈构建在DataStream API之上，提供了用于定义输入事件流模式的Pattern API，并将Pattern API定义好的模式应用在输入流上，构建出一个事件流PatternStream，最后使用PatternStream的select方法从输入事件流中抽取与之前定义好的模式相匹配的事件序列。

在使用FlinkCEP库之前，需要将FlinkCEP的依赖导入pom.xml文件中。以下是FlinkCEP对应的Maven依赖：

```
<dependency>
    <groupId>org.apache.flink</groupId>
    <artifactId>flink-cep-scala_2.12</artifactId>
    <version>1.11.2</version>
</dependency>
```

8.2 Pattern API

Pattern API 用于定义我们希望从事件流中提取出来的模式，此处的模式可以是个体模式、复合模式或模式组。个体模式是模式中最小的组成部分，是寻找事件流中属性相同事件的模式；复合模式是由个体模式组成的模式序列，相比个体模式，复合模式具有更加丰富的表达能力；模式组则是复合模式的嵌套，每个复合模式完成各自内部的匹配后，最后在模式组的层面对匹配的结果进行汇总。接下来就以个体模式、复合模式和模式组的顺序介绍 Pattern API 如何定义不同的模式。

8.2.1 个体模式

一个个体模式可以是单例模式，也可以是循环模式。它们的区别在于单例模式每次只接收单个事件，而循环模式可以接收一个或多个事件。个体模式在默认情况下都是单例模式，不过可以通过定义量词将其转换为循环模式。每个模式可以对其定义若干条件来控制该模式是否要开始接收事件。以下代码通过 begin 方法定义了一个个体模式 start：

```
val start = Pattern.begin("start")
    .where(_.getName.startsWith("start"))
```

1. 量词

Pattern API 提供的量词能灵活地控制单例模式匹配的次数，将单例模式转换成循环模式。通过定义单例模式的量词，既可以指定匹配的次数，也可以指定匹配次数的范围。下面以单例模式 start 为例，介绍不同量词的效果。

(1) times 方法：指定匹配的次数。

```
// 匹配 4 次
start.times(4)
// 匹配 2、3 或 4 次
start.times(2, 4)
```

(2) optional 方法：将该模式标记为可选的，即该模式要么不匹配，要么就按照指定的次数匹配。

```
// 要么匹配 4 次，要么不匹配
start.times(4).optional()
// 要么匹配 2、3 或 4 次，要么不匹配
```

```
start.times(2, 4).optional()
```

(3) greedy 方法：将该模式标记为贪婪的，即该模式在完成指定次数匹配的情况下尽可能多地匹配。

```
// 匹配 2～4 次，并且希望尽可能多地匹配
start.times(2, 4).greedy()
```

(4) oneOrMore 方法：希望匹配一次或多次。

```
// 匹配 1 次或多次
start.oneOrMore()
// 要么匹配 1 次或多次，要么不匹配
start.oneOrMore().optional()
```

(5) timesOrMore 方法：指定匹配次数为若干次或以上。

```
// 匹配 2 次或更多次
start.timesOrMore(2)
// 匹配 0 次、2 次或更多次
start.timesOrMore(2).optional()
```

2. 条件

对于每个个体模式，都可以设置一些条件来控制该模式是否要开始接收事件或停止接收事件。只有当事件的属性满足预设的条件才可以被模式接收。Pattern API 可以为个体模式定义 5 种不同类型的条件，分别是迭代条件、简单条件、复合条件、停止条件和邻近条件。

1) 迭代条件

迭代条件能够根据之前已接收事件的属性或这些事件的子集属性的统计信息，来判断是否要继续接收后续的事件。下面的代码演示了迭代条件的使用。首先通过 subtype 方法将事件转换为 SubEvent，在 where 中使用 ctx.getEventsForPattern 方法获取模式 middle 接收的所有事件，并计算出这些事件的总价格。如果下一个事件的名称以 foo 开头，且其价格与之前价格的总和小于 5.0，则该模式 middle 将接收这一事件。要注意的是，这里用到的 ctx.getEventsForPattern 方法会获取之前接收的所有事件，因此它的开销可能很大。Flink 官方建议尽量减少该方法的使用以免对系统的性能造成影响。

```
middle.oneOrMore()
    .subtype(classOf[SubEvent])
    .where(
      (value, ctx) =>{
          lazy val sum =ctx.getEventsForPattern("middle").map(_.getPrice).sum
          value.getName.startsWith("foo") && sum +value.getPrice <5.0
      }
    )
```

2）简单条件

该类型的条件继承自 IterativeCondition 类，它根据事件本身的属性来判断是否要接收该事件。以下代码规定了只有名称以 foo 开头的事件才会被模式 start 接收。

```
start.where(event =>event.getName.startsWith("foo"))
```

3）复合条件

复合条件即多个条件的组合，多个顺序排序的 where 方法代表逻辑与，使用 or 方法连接条件代表逻辑或。以下代码规定只有名称以 foo 开头或价格小于 2.0 的事件才会被模式 middle 接收。

```
middle.where(event =>event.getName.startsWith("foo"))
    .or(event =>event.getPrice <2.0)
```

4）停止条件

对于循环模式，可以指定停止条件让其在满足条件时停止接收事件。FlinkCEP 提供了 until 方法来规定停止条件，需要注意的是，until 方法必须与 oneOrMore 方法一起使用。如下代码用 until 方法指定停止条件为遇到事件名称为 end 的事件时，停止接收事件。

```
middle.oneOrMore().until(event =>event.getName() =="end")
```

5）邻近条件

一个循环模式一次可以接收一个或多个事件，邻近条件规定了每个事件之间的相邻关系。在 FlinkCEP 中可以对循环模式规定 3 种不同的邻近条件，分别是严格邻近、宽松邻近和非确定宽松邻近。严格近邻规定，所有匹配的事件应该是严格一个接一个地出现，中间不能有任何不匹配的事件；宽松邻近允许匹配的事件之间出现不匹配的事件；非确定宽松邻近则进一步放开了条件，允许在匹配过程中忽略已经匹配的条件。在默认情况下，循环模式满足宽松邻近条件。

FlinkCEP 提供了 consecutive 方法用于定义循环模式的严格邻近条件，使用 allowCombinations 来定义非确定宽松邻近条件。以下的代码以严格邻近模式为例，为循环模式 middle 指定严格邻近条件，只有严格邻近的且名称以 foo 开头的事件才会被 middle 接收。

```
middle.where(event =>event.getName.startsWith("foo"))
    .consecutive()
```

8.2.2 复合模式

复合模式就是将不同的个体模式组合起来，因而复合模式又称模式序列。将个体模式组合起来的就是上面提到过的邻近条件。不过，在复合模式中，邻近条件的种类要比在循环模式中提到的要丰富。除了上面提到的 3 种邻近条件，还有不让某一模式出现在当前模式之后的邻近条件，以及为模式定义一个时间约束。

首先,每个复合模式都必须以一个初始模式为开头,代码如下:

```
val start =Pattern.begin("start")
    .where(_.getName.startsWith("start"))
```

接着就可以用邻近条件将不同的个体模式连接起来。

1. 严格邻近

期望所有的模式在匹配时都严格地按照定义的顺序出现,中间不出现任何不满足模式的事件,在 FlinkCEP 中用 next 方法实现。下面的代码规定 start 之后的模式必须是模式 middle。

```
val strict =start.next("middle")
    .where(event =>event.getName.startsWith("foo"))
    .times(3)
```

相应地,也可以规定不让一个模式紧跟着另一个模式发生,在 FlinkCEP 中用 notNext 方法实现。下面的代码规定模式 start 之后的模式不能是 not。

```
val strictNot =start.notNext("not")
    .where(event =>event.getName.startsWith("foo"))
```

2. 宽松邻近

允许两个匹配的模式之间出现不匹配的事件,在 FlinkCEP 中用 followedBy 方法实现。下面的代码规定 start 之后的模式是 middle,但是中间可以有不匹配的事件。

```
val relaxed =start.followedBy("middle")
    .where(event =>event.getName.startsWith("foo"))
    .times(3)
```

相应地,也可以规定不让某个模式在两个匹配的模式之间发生匹配,在 FlinkCEP 中用 notFollowedBy 方法实现。需要注意的是,模式序列不能以 notFollowedBy 结束。下面的代码规定模式 not 不能在模式 start 之间发生匹配。

```
val relaxedNot =start.notFollowedBy("not")
    .where(event =>event.getName.startsWith("foo"))
    .followedBy("middle").where(_.getPrice <2.0)
```

3. 非确定宽松邻近

非确定宽松邻近进一步放松了连续性,允许其他匹配忽略某些匹配的事件,在 FlinkCEP 中通过 followedByAny 方法实现。下面的代码规定模式 start 和模式 middle 为非确定宽松邻近:

```
val nonDetermin =start.followedByAny("middle")
```

```
    .where(event =>event.getName.startsWith("foo"))
```

4. 时间约束

可以给每个模式一个时间约束，在规定时间内到达的事件发生的匹配才是有效的，在FlinkCEP 中通过 within 方法实现。以下的代码规定模式 middle 必须在 10s 之内完成匹配，否则就不再接收事件：

```
val strict =start.next("middle")
    .where(event =>event.getName.startsWith("foo"))
    .within(Time.seconds(10)
```

通过以上的几个连接条件，就可以完整地定义一个复合模式 pattern。首先，模式 pattern 在事件流中寻找一个名称以 start 为开头的事件。其次，模式 pattern 将寻找严格连续出现且名称以 foo 开头的 3 个事件。最后，模式 pattern 需要在 10s 内到达的事件中找到两个以上价格小于 2.0 的事件。

```
val pattern =Pattern.begin("start")
    .where(_.getName.startsWith("start"))
    .followedBy("middle")
    .where(_.getName.startsWith("foo"))
    .times(3).consecutive()
    .followedBy("end").where(_.getPrice <2.0)
    .timesOrMore(2)
    .within(Time.seconds(10))
```

8.2.3 模式组

8.2.2 节介绍的复合模式是以 begin 方法开头，再通过一些邻近条件将个体模式连接起来形成的，同样地，复合模式也可以通过上面的条件连接起来，形成一个模式组。在模式组上也可以指定量词和循环模式中介绍的邻近条件。从逻辑上看，复合模式可以看作模式组的条件。每个复合模式完成各自内部的匹配后，最后在模式组的层面对匹配的结果进行汇总。以下代码展示了模式组 gPattern 的定义。

```
val gPattern =Pattern.begin(Pattern.begin("start")
    .where(_.getName.startsWith("start"))
    .followedBy("start_middle")
    .where(_.getName.startsWith("foo"))
    )
    .next(Pattern.begin("next_start")
      .where(_.getName.startsWith("buy"))
      .followedBy("next_middle")
      .where(_.getPrice <2.0)
    ).times(3).consecutive()
```

8.2.4 匹配后跳过策略

对于给定的一个模式,在事件流中可能会发生多次匹配,与此同时,一个事件可能被分配到多次匹配中。为了控制一个事件被匹配的次数,可以指定匹配后跳过策略。FlinkCEP 提供了 AfterMatchSkipStrategy,其中有 5 种跳过策略,分别如下。

(1) NO_SKIP:任意一次匹配都不会被跳过。可以通过下面代码指定匹配后跳过策略为 NO_SKIP。

```
val skipStrategy =AfterMatchSkipStrategy.noSkip()
```

(2) SKIP_TO_NEXT:丢弃以同一个事件开始的所有部分匹配。可以通过下面代码指定匹配后跳过策略为 SKIP_TO_NEXT。

```
val skipStrategy =AfterMatchSkipStrategy.skipToNext()
```

(3) SKIP_PAST_LAST_EVENT:丢弃匹配开始后但结束之前的所有部分匹配。可以通过下面代码指定匹配后跳过策略为 SKIP_PAST_LAST_EVENT。

```
val skipStrategy =AfterMatchSkipStrategy.skipPastLastEvent()
```

(4) SKIP_TO_FIRST:丢弃在匹配开始后但在指定事件第一次发生前开始的所有部分匹配,这里需要指定一个有效的 patternName。可以通过下面代码指定匹配后跳过策略为 SKIP_TO_FIRST。

```
val skipStrategy =AfterMatchSkipStrategy.skipToFirst(patternName)
```

(5) SKIP_TO_LAST:丢弃在匹配开始后但在指定事件最后一次发生前开始的所有部分匹配,这里需要指定一个有效的 patternName。可以通过下面代码指定匹配后跳过策略为 SKIP_TO_LAST。

```
val skipStrategy =AfterMatchSkipStrategy.skipToLast(patternName)
```

在创建模式时,先定义一个匹配后跳过策略,然后就可以将其应用到 begin 方法中。如果没有指定,Flink 会默认将匹配后跳过策略指定为 NO_SKIP。下面代码指定了匹配后跳过策略为 SKIP_TO_NEXT,并将其应用到模式 start 上。

```
val skipStrategy =AfterMatchSkipStrategy.skipToNext()
val start =Pattern.begin("start", skipStrategy)
  .where(_.getName.startsWith("start"))
```

8.3 模式的检测

在定义好要查找的复合模式或模式组后,就可以将其应用到输入流中,以检测潜在的匹配。想要从事件流中提取出与模式相匹配的事件必须将定义好的模式与输入流相结合,创建一个 PatternStream 类型的模式流,后续的匹配事件提取都是基于这一类型。首先,定义一个输入流 input,这里的输入流可以是 DataStream 也可以是 KeyedStream。需要注意的是,使用 DataStream 时并行度只能是 1。其次,定义一个模式,或者也可以有选择性地定义一个 comparator,用于根据事件到达时间或时间戳对事件进行排序。最后,FlinkCEP 提供了 CEP.pattern 方法来生成模式流,代码如下。

```
val patternStream =CEP.pattern(input, pattern)
```

8.3.1　匹配事件提取

创建好 PatternStream 后,输入事件流中与已定义模式相匹配的事件序列就已经存储在 PatternStream 中。此时就可以用 PatternStream 提供的 select 和 flatSelect 方法从检测到的事件序列中提取结果了。

select 方法需要输入一个选择函数(Select Function)为参数,每个被成功匹配的事件序列都会调用它。选择函数以一个 Map[String, Iterable[IN]]来接收匹配到的事件序列,其中 key 是每个模式的名称,而 value 是所有接收到的事件的 Iterable 类型。每次调用选择函数只会返回一个结果。以下代码是一个选择函数的定义,该函数会从 PatternStream 中提取出与模式 start 和模式 end 相匹配的事件序列。

```
def selectFn(pattern: Map[String, Iterable[IN]]): OUT ={
  val startEvent =pattern.get("start").get.next
  val endEvent =pattern.get("end").get.next
  OUT(startEvent, endEvent)
}
```

如果需要通过 flatSelect 方法来提取事件序列,则需要定义一个 flat 选择函数。flat 选择函数与选择函数类似,不过 flat 选择函数使用 Collector 作为返回结果的容器,因此每次调用可以返回任意数量的结果。以下代码是一个 flat 选择函数的定义,该函数会从 PatternStream 中提取出与模式 start 和模式 end 相匹配的事件序列。

```
def flatSelectFn(pattern: Map[String, Iterable[IN]]): collector: COLLECTOR
[OUT] ={
  val startEvent =pattern.get("start").get.next
  val endEvent =pattern.get("end").get.next
  for (i <-0 to startEvent.getValue){
    collector.collect(OUT(startEvent, endEvent))
  }
}
```

8.3.2　超时事件提取

对于事件流中的事件,如果到达的时间超过了模式中 within 方法规定的时间窗口,与当前模式部分匹配的事件序列就会被丢弃,这些事件被称为超时事件。FlinkCEP 提供了 select 和 flatSelect 方法来提取超时事件,且这一方法可以在提取匹配事件的同时提取超时事件。下面一段代码使用 flatSelect 方法将提取匹配事件与超时事件,最终用 getSideOutput 方法将超时事件输出。

```
// 创建一个事件流
val patternStream =CEP.pattern(input, pattern)
// 定义一个 OutputTag 并命名为 late-data
val outputTag =OutputTag[String](" late-data")

val result =patternStream.flatSelect(outputTag){
    // 提取超时事件
    (pattern: Map[String, Iterable[Event]], timestamp: Long, out: Collector
    [TimeoutEvent]) =>
   out.collect(TimeoutEvent())
} { // 提取正常事件
     (pattern: mutable. Map [ String, Iterable [ Event ]], out: Collector
     [ComplexEvent]) =>
     out.collect(ComplexEvent())
}
// 调用 getSideOutput 并指定 outputTag 将超时事件输出
val timeoutResult =result.getSideOutput(outputTag)
```

8.4 应用实例

通过以上的介绍,对 FlinkCEP 如何处理复杂事件有了一个基本的了解。一般来说,编写 FlinkCEP 独立应用程序包括如下 4 个步骤。

(1) 创建一个 DataStream 用于接收事件流。通常在开发应用程序的过程中,会用样例类来表示接收到的事件,以方便后续对事件的处理。

(2) 通过 Pattern API 定义事件模式。用户可以用 Pattern API 中提供的方法来自定义希望从事件流中提取的事件模式。

(3) 用 CEP.pattern 方法将输入事件流与模式结合起来。此时 Flink 会根据定义好的模式对事件流中的事件进行模式匹配,并把所有与模式相匹配的事件序列用 PatternStream 返回。

(4) 调用 PatternStream 的 select 或 flatSelect 方法从匹配的事件序列中提取需要输出的事件。通常需要重写 PatternSelectFunction 中的 select 或 flatSelect 方法以满足用户对输出事件的格式需求,也需要用样例类来表示输出事件。

下面通过一个案例来完整地介绍编写 FlinkCEP 应用程序的步骤。某购物网站对一些用户的点击行为(click)、加入购物车行为(order)以及购买行为(buy)的部分记录如下:

```
Adam,click,1558430815185
Adam,buy,1558430815865
Adam,order,1558430815985
Berry,buy,1558430815988
```

```
Adam,click,1558430816068
Berry,order,1558430816074
Carl,click,1558430816151
Carl,buy,1558430816641
Dennis,buy,1558430817128
Carl,click,1558430817165
Ella,click,1558430818652
```

需要从中找出用户在点击商品后立即购买的操作，并将用户名以及点击与购买的时间输出到控制台中。完整代码如下：

```
import java.util

import org.apache.flink.cep.PatternSelectFunction
import org.apache.flink.cep.scala.CEP
import org.apache.flink.cep.scala.pattern.Pattern
import org.apache.flink.streaming.api.TimeCharacteristic
import org.apache.flink.streaming.api.scala._
// 定义输入事件的样例类
case class UserAction(userName: String, eventType: String, eventTime: Long)
// 定义输出事件的样例类
case class ClickAndBuyAction(userName: String, clickTime: Long, buyTime: Long)

object UserActionDetect {
  def main(args: Array[String]): Unit = {
    val env = StreamExecutionEnvironment.getExecutionEnvironment
    env.setStreamTimeCharacteristic(TimeCharacteristic.EventTime)

    val dataList = List(
      UserAction("Adam", "click", 1558430815185L),
      UserAction("Adam", "buy", 1558430815865L),
      UserAction("Adam", "order", 1558430815985L),
      UserAction("Berry", "buy", 1558430815988L),
      UserAction("Adam", "click", 1558430816068L),
      UserAction("Berry", "order", 1558430816074L),
      UserAction("Carl", "click", 1558430816151L),
      UserAction("Carl", "buy", 1558430816641L),
      UserAction("Dennis", "buy", 1558430817128L),
      UserAction("Carl", "click", 1558430817165L),
      UserAction("Ella", "click", 1558430818652L),
    )
    // (1) 创建输入事件流
    val userLogStream = env.fromCollection(dataList)
      .assignAscendingTimestamps(_.eventTime)
      .keyBy(_.userName)
```

```
    // (2) 用户自定义模式
    val userActionPattern =Pattern.begin[UserAction]("begin")
      .where(_.eventType =="click")
      .next("next")
      .where(_.eventType =="buy")
    // (3) 调用 CEP.pattern 方法寻找与模式匹配的事件
    val patternStream =CEP.pattern(userLogStream, userActionPattern)
    // (4) 输出结果
    val result =patternStream.select(new ClickAndBuyMatch())

    result.print()

    env.execute()
  }
}
// 重写 select 方法
class ClickAndBuyMatch() extends PatternSelectFunction[UserAction,
ClickAndBuyAction] {
  override def select (map: util. Map [ String, util. List [ UserAction ]]):
ClickAndBuyAction ={
    val click: UserAction =map.get("begin").iterator().next()
    val buy: UserAction =map.get("next").iterator().next()
    ClickAndBuyAction(click.userName, click.eventTime, buy.eventTime)
  }
}
```

在运行这段代码前，需要先启动 Flink。然后，创建项目文件夹，命令如下：

```
$cd ~
$mkdir FlinkCEP
$cd FlinkCEP
$mkdir -p src/main/scala
$vim src/main/scala/UserActionDetect.scala
```

将上面的代码复制到 UserActionDetect.scala 中，接着创建一个 pom.xml 文件，并输入如下内容：

```
<project>
    <groupId>cn.edu.xmu.dblab</groupId>
    <artifactId>simple-project</artifactId>
    <modelVersion>4.0.0</modelVersion>
    <name>Simple Project</name>
    <packaging>jar</packaging>
    <version>1.0</version>
    <dependencies>
      <dependency>
```

```
        <groupId>org.apache.flink</groupId>
        <artifactId>flink-cep-scala_2.12</artifactId>
        <version>1.11.2</version>
      </dependency>
      <dependency>
        <groupId>org.apache.flink</groupId>
        <artifactId>flink-scala_2.12</artifactId>
        <version>1.11.2</version>
      </dependency>
      <!-- https: //mvnrepository. com/artifact/org. apache. flink/flink -
     streaming-scala -->
      <dependency>
        <groupId>org.apache.flink</groupId>
        <artifactId>flink-streaming-scala_2.12</artifactId>
        <version>1.11.2</version>
      </dependency>
      <dependency>
        <groupId>org.apache.flink</groupId>
        <artifactId>flink-clients_2.12</artifactId>
        <version>1.11.2</version>
      </dependency>
    </dependencies>
      <build>
        <plugins>
          <plugin>
            <groupId>net.alchim31.maven</groupId>
            <artifactId>scala-maven-plugin</artifactId>
            <version>3.4.6</version>
            <executions>
                <execution>
                    <goals>
                        <goal>compile</goal>
                    </goals>
                </execution>
            </executions>
      </plugin>
    </plugins>
  </build>
</project>
```

接着在终端中执行下面的命令将项目打包成 jar 包：

```
$cd ~/FlinkCEP
$/usr/local/maven/bin/mvn package
```

最后将 jar 包提交给 Flink 运行：

```
$/usr/local/flink/bin/flink run -c \
>UserActionDetect ./target/simple-project-1.0.jar
```

运行成功会得到如下的结果：

```
5>ClickAndBuyAction(Adam,1558430815185,1558430815865)
6>ClickAndBuyAction(Carl,1558430816151,1558430816641)
```

8.5 本章小结

FlinkCEP 是 Flink 生态系统中用于实现复杂事件处理的组件。与之前流式处理的过程不同,FlinkCEP 需要用户自定义一个模式,根据这一模式就能自动寻找事件流中与模式相匹配的事件序列。Pattern API 提供了丰富的模式定义形式,具有强大的表达能力。FlinkCEP 提供了 PatternSelectFunction 对象用于抽取与模式相匹配的事件序列,同时也能提取出匹配结果中的超时事件序列。本章按照以上的顺序介绍了 FlinkCEP 中的各个部分,最后通过一个实例演示了编写 FlinkCEP 程序的基本步骤。

8.6 习题

1. 简述复杂事件处理需要用流数据框架处理的原因。
2. 简述 DataStream API 不适合做复杂事件处理的原因。
3. 简述 Pattern API 支持定义哪几种模式？这几种模式的区别是什么？
4. 简述 3 种邻近条件的区别。
5. 简述复杂事件处理中需要指定匹配后跳过策略的原因,并指出 5 种不同策略的区别。
6. 简述 Pattern Stream 中 select 方法与 flatFelect 方法的区别。
7. 简述编写 FlinkCEP 程序的主要过程。

实验 7 FlinkCEP 编程实践

1. 实验目的

(1) 熟悉 Pattern API 的基本操作。
(2) 熟悉从 PatternStream 提取事件结果。
(3) 熟悉使用 FlinkCEP 编程解决实际具体问题的方法。

2. 实验平台

操作系统：Ubuntu 18.04.5。

Flink 版本：Apache Flink 1.11.2 for Scala 2.12。

Scala 版本：2.12。

3. 实验内容和要求

1）编写独立应用程序实现寻找匹配模式的 IP 地址

到本教程官网"下载专区"栏目的"数据集"中下载 data1.txt，该数据集包含了某些用户 IP 地址访问某些域名以及是否成功等信息，数据格式如下：

```
192.168.1.2 www.baidu.com success
192.168.2.1 www.baidu.com fail
192.168.1.5 dblab.xmu.edu.cn fail
192.168.1.2 dblab.xmu.edu.cn fail
192.168.1.2 dblab.xmu.edu.cn success
192.168.2.2 www.baidu.com success
192.168.1.3 github.com fail
192.168.1.2 github.com success
```

根据给定的实验数据，编写 FlinkCEP 独立应用程序，读取相应文件流，找出访问域名 www.baidu.com 成功后，再次成功访问域名 dblab.xmu.edu.cn 的用户 IP 地址。

2）编写独立应用程序实现超时订单和成功订单的打印

某个电商平台数据中心，会不断收到订单信息，包含某些用户与电商平台之间的交互信息，包括用户 id、订单 id、订单状态、订单金额。数据格式如下：

```
1 100 create 299
1 100 pay 299
5 101 create 899
2 102 create 24
4 103 create 688
4 104 create 88
2 102 pay 24
6 105 create 76
4 104 pay 88
7 107 create 81
6 105 pay 76
1 108 create 66
```

其中，订单状态包括创建订单、支付订单、超时订单和成功订单 4 种状态。根据给定的实验数据格式，编写 FlinkCEP 独立应用程序，打印出超时订单和成功订单的信息，包括用户 id、订单 id、订单状态、订单金额。其中，超时订单为创建订单后 5s 内没有支付，成功订单为创建订单后 5s 内支付完毕。

3）编写独立应用程序实现输出警告信息和警报信息的打印

某个气温数据中心会不断接收 10 个地区的气温情况，包括地区 id 和气温度数。数据中心会对这些地区气温不断做评级，并执行相应操作。

其中,评级结果共分为 3 个等级。

(1) 正常:某地区气温小于 30℃°。

(2) 警告:某地区气温在 3s 内连续两次大于 30℃。

(3) 严重警报:某地区气温在 8s 内连续发出两次警告。

根据以上信息,编写 FlinkCEP 独立应用程序,找出警告等级和严重警报等级的地区,并输出相应的警告信息和严重警告信息,其中,警告信息包含地区 id 和平均温度,严重警报信息包含地区 id。

4. 实验报告

《Flink 编程基础(Scala 版)》实验报告		
题目:	姓名:	日期:
实验环境:		
实验内容与完成情况:		
出现的问题:		
解决方案(列出遇到的问题和解决办法,列出没有解决的问题):		

参考文献

[1] 林子雨. 大数据导论[M]. 北京：人民邮电出版社，2020.

[2] 林子雨. 大数据导论(通识课版)[M]. 北京：高等教育出版社，2020.

[3] 林子雨. 大数据技术原理与应用 [M]. 3 版. 北京：人民邮电出版社，2020.

[4] 林子雨. 大数据基础编程、实验和案例教程[M]. 2 版. 北京：清华大学出版社，2020.

[5] 林子雨. 赖永炫，陶继平.Spark 编程基础(Scala 版) [M]. 北京：人民邮电出版社，2018.

[6] 林子雨. 郑海山，赖永炫.Spark 编程基础(Python 版) [M]. 北京：人民邮电出版社，2020.

[7] 林子雨. 大数据实训案例之电影推荐系统(Scala 版)[M]. 北京：人民邮电出版社，2019.

[8] 林子雨. 大数据实训案例之电信用户行为分析(Scala 版)[M]. 北京：人民邮电出版社，2019.

[9] 维克托·迈尔-舍恩伯格，肯尼思·库克耶. 大数据时代：生活、工作与思维的大变革[M]. 周涛，等译. 杭州：浙江人民出版社，2013.

[10] 陆嘉恒. Hadoop 实战[M]. 2 版. 北京：机械工业出版社，2012.

[11] White T. Hadoop 权威指南(中文版)[M]. 周傲英，等译. 北京：清华大学出版社，2010.

[12] 黄宜华. 深入理解大数据：大数据处理与编程实践[M]. 北京：机械工业出版社，2014.

[13] 蔡斌，陈湘萍. Hadoop 技术内幕：深入解析 Hadoop Common 和 HDFS 架构设计与实现原理[M]. 北京：机械工业出版社，2013.

[14] 陆嘉恒. 大数据挑战与 NoSQL 数据库技术[M]. 北京：电子工业出版社，2013.

[15] Rajaraman A，Ullman J D. 大数据：互联网大规模数据挖掘与分布式处理[M]. 王斌，译. 北京：人民邮电出版社，2013.

[16] Anderson Q. Storm 实时数据处理[M]. 卢誉声，译. 北京：机械工业出版社，2014.

[17] 于俊，向海，代其锋，等. Spark 核心技术与高级应用[M]. 北京：机械工业出版社，2016.

[18] 王道远. Spark 快速大数据分析[M]. 北京：人民邮电出版社，2015.

[19] 埃伦·弗里德曼，科斯塔斯·宙马斯. Flink 基础教程[M]. 王绍翾，译. 北京：人民邮电出版社，2018.

[20] 张利兵. Flink 原理、实战与性能优化[M]. 北京：机械工业出版社，2019.

[21] 余海峰. 深入理解 Flink 实时大数据处理实践[M]. 北京：电子工业出版社，2019.

图书资源支持

感谢您一直以来对清华版图书的支持和爱护。为了配合本书的使用，本书提供配套的资源，有需求的读者请扫描下方的“书圈”微信公众号二维码，在图书专区下载，也可以拨打电话或发送电子邮件咨询。

如果您在使用本书的过程中遇到了什么问题，或者有相关图书出版计划，也请您发邮件告诉我们，以便我们更好地为您服务。

我们的联系方式：

地　　址：北京市海淀区双清路学研大厦 A 座 714

邮　　编：100084

电　　话：010-83470236　010-83470237

客服邮箱：2301891038@qq.com

QQ：2301891038（请写明您的单位和姓名）

资源下载：关注公众号“书圈”下载配套资源。

资源下载、样书申请

书圈

获取最新书目

观看课程直播